dumont taschenbücher

Wolfgang Hainke, geb. 1944, Lehrer-Studium an der Pädagogischen Hochschule Bremen, seit 1970 als Lehrer in Bremen tätig mit Schwerpunkt Kunstpädagogik. 1970/72 Lehrauftrag an der PH Bremen / Fachbereich Kunst für »Experimentelle Kombinationsverfahren« im grafischen Bereich. Seit 1973 Lehrauftrag an der Universität Bremen / Fachbereich Kommunikation und Ästhetik für »Experimentelle Kombinationsverfahren«. Ab 1970 Beschäftigung mit Siebdrucktechnik und Praxis und den Anwendungsmöglichkeiten im Kunstunterricht. Seit 1970 verschiedene Ausstellungsbeteiligungen im In- und Ausland. Veröffentlichung: Siebdruck in der Hauptschule (1974).

Hans D. Voss, geb. 1926 in Bielefeld/Westfalen, gest. 1980. 1946 Beginn der Tätigkeit als Maler und Grafiker, zunächst als Autodidakt. 1949–53 Studium an der Glasfachschule Hadamar und der Werkkunstschule Wiesbaden bei den Professoren Alexander Pfohl und Vincent Weber. 1967 Seminarauftrag der Akademie der bildenden Künste in Ljubljana/Jugoslawien für Siebdruck; 1969 Seminarauftrag des Norwegischen Grafikerverbandes Oslo für Siebdruck; 1970–73 Lehrauftrag für Siebdruck an der Pädagogischen Hochschule Bremen; 1973–74 Lehrauftrag an der Fachhochschule Münster. Seit 1973 Lehrauftrag an der Universität Bremen / Fachbereich Kommunikation und Ästhetik für Siebdruckpraxis und Technologie der Serigrafie. 40 Einzelausstellungen in der Bundesrepublik Deutschland und verschiedenen europäischen Ländern; Teilnahme an rund 300 Gruppenausstellungen in der ganzen Welt; vertreten in 36 Museen und öffentlichen Sammlungen und Träger vieler Auszeichnungen und Preise.

Jürgen Weichardt, geb. 1933, studierte Germanistik und Geschichte in Göttingen und Bonn und trat 1960 in den Schuldienst in Oldenburg. Seit 1960 als Kunst- und Theaterkritiker für verschiedene Tageszeitungen und Kunstzeitschriften und als Verfasser vieler Ausstellungskataloge tätig; Lehraufträge für »Aktuelle Kunst, neuere Kunstgeschichte und Kunstliteratur« an den Universitäten Bremen (1975–77), Oldenburg (seit 1977), Osnabrück / Abt. Vechta (seit 1978) und an der Fachhochschule für Architektur in Oldenburg (seit 1975). 1974 war er Mitglied der Internationalen Jury der Grafik-Biennale in Krakau, 1978 in Fredrikstad/Norwegen. Als Vorstandsmitglied des Oldenburger Kunstvereins hat er seit 1970 viele nationale und internationale Ausstellungen in Norddeutschland, Krakau und Finnland organisiert.

Wolfgang Hainke

Siebdruck

Technik · Praxis · Geschichte

Unter Mitarbeit von
Hans D. Voss und Jürgen Weichardt

DuMont Buchverlag Köln

Umschlagabbildung Vorderseite: Schülergruppenarbeit (9. Klasse, Hauptschule). Doppelkopf. 1972. Farbsiebdruck

Umschlagabbildung Rückseite: Andy Warhol, Mao Tse-Tung. 1972 (vgl. Farbtafel 22)

CIP-Kurztitelaufnahme der Deutschen Bibliothek

Hainke, Wolfgang:
Siebdruck: Technik, Praxis, Geschichte / Wolfgang Hainke. Unter Mitarb. von Hans D. Voss u. Jürgen Weichardt. – Erstveröff. – Köln : DuMont. 1979.
(DuMont-Taschenbücher ; 77)
ISBN 3-7701-1071-4

Erstveröffentlichung

2., verbesserte und ergänzte Auflage 1981

Druck: Rasch, Bramsche
Buchbinderische Verarbeitung: Boss-Druck, Kleve

Printed in Germany ISBN 3-7701-1071-4

Inhalt

Vorwort

Obwohl der Siebdruck auf die seit Urzeiten von Menschen unterschiedlicher Kulturstufen verwendete Schablonentechnik zurückzuführen ist und diese als das wohl älteste Druckverfahren bezeichnet werden kann, entwickelte man bei uns erst zu Beginn dieses Jahrhunderts das Prinzip des Siebdrucks. Wirkliche Beachtung und Verbreitung erfuhr dieses Verfahren allerdings erst, als in den 50er und 60er Jahren Handwerk, Industrie und Bildende Kunst den Siebdruck verstärkt einsetzten. Heute hat der Siebdruck einen Stammplatz unter den Drucktechniken.

Die Grundformen des Siebdrucks sind relativ leicht zu lernen und die Geräte einfach zu behandeln. Schüler und Studenten sammeln heute erste druckgrafische Erfahrungen im Siebdruck, und die Einrichtungen der Schulen und Hochschulen kommen mit neuen Siebdruckanlagen diesen Wünschen der Auszubildenden entgegen. Gerade Lehrern und Schülern, Hochschullehrern und Studenten, aber auch dem »Hobby-Drucker« will dieses Buch eine Arbeitshilfe sein. Es will aber auch den vielen Sammlern von Grafik die bei der Betrachtung von Bildern notwendigen Kenntnisse über den Siebdruck vermitteln.

Dieses Buch beschreibt die Technik dieser für die Kunst unserer Zeit so wichtig gewordene druckgrafische Disziplin von einfachen manuellen Vorgängen bis zu komplizierten fotografischen Verfahren, zeigt die Vielseitigkeit in unterschiedlichen Anwendungsbereichen und gibt Beispiele möglicher Arbeitsweisen aus der Praxis. Ein kurzer Überblick über die Geschichte der Serigrafie, des künstlerischen Siebdrucks, ergänzt den umfangreichen Technik/Praxis-Teil.

Einführung

Der Siebdruck ist – gemessen an den anderen grafischen Techniken wie Holzschnitt, Radierung, Lithografie – jung. Er ist in der kommerziellen Version kaum ein Jahrhundert, in der künstlerischen Form kaum fünfzig Jahre alt. Da die Technik des Siebdrucks gegenüber den anderen Techniken viele Vorteile besitzt – sie ist billiger in der Produktion, vielfältiger im Anwendungsbereich, wandlungsfähiger in den künstlerischen Ausdrucksmitteln und gleichbleibender in der Höhe der Auflage – gilt der Siebdruck nicht zu Unrecht als die Druckgrafik des 20. Jahrhunderts.

Und doch hat der Siebdruck eine lange Tradition. Seine »Vorfahren« sind die Schablonendrucke, aus denen sich erst um die Mitte des 19. Jahrhunderts Siebdruckverfahren entwickelt haben. In einfachster Version ist die Schablonentechnik schon in den eiszeitlichen Bildern in den Gargas-Höhlen angewendet worden. Hier hat ein Körperteil, gewöhnlich eine Hand, als Schablone gedient und ein Blasrohr als Farbspritze, mit der die Kontur der Hand umfahren wurde. Nachweisbar sind Schablonenarbeiten auch in ägyptischen und chinesischen Kulturbereichen, wo sie häufig für Schriftzeichen eingesetzt worden sind. In römischer und gotischer Zeit haben einige Fürsten Schreibschablonen zur Signatur ihrer Pergamente benutzt. Von Quintilian sind Holz- und Goldschablonen, vom Papst Hadrian, Theoderich und Justinian solche aus Kupfer überliefert.

Früheste kommerzielle Anwendungen sind von japanischen und chinesischen Textilmanufakturen bekanntgeworden. Vielleicht haben die Chinesen sogar das schablonenhafte Bedrucken von Stoffen erfunden. Die Arten der Schablonen sind teilweise überliefert: Zwei Papierschichten werden durch Menschenhaar, später durch Seidenfäden, die wie Gewebe zwischen die beiden Schichten geklebt worden sind, zur Schablone (Abb. 1). Mit einer Kleisterlösung wird das Motiv dieser Schablonen auf den Stoff übertragen, getrocknet und dann eingefärbt. Nach Entfernen des Kleisters steht das Motiv farbig vor hellem Grund (Abb. 2).

Die Anwendungsbereiche in Europa und den USA waren vielfältig. So sind Stoffe, vor allem Seide und Brokate, mit Hilfe von Schablonen bedruckt worden, auch Spielkarten und volkstümliche oder religiöse Bilder in Massenauflagen. Amerikanische Farmer sollen mit Schablonenmalerei Farbe und Abwechslung an Wände und Möbel gebracht haben. Allerdings sind fast alle Autoren und Erfinder unbekannt geblieben: Nur der Franzose J. Papillon hat sich als Tapetenbedrucker einen Namen gemacht. Am Ende des feudalistischen Zeitalters kommen schließlich die »Images d'Epinal« in Mode, rührende Bilder nach Motiven aus der Zeit Napoleons.

1 Japanische Färberschablone. Um 1900

2 Mit Hilfe einer Färberschablone eingefärbtes japanisches Kleidungsstück

Im Jugendstil wird der Schablonendruck erstmals auch künstlerisch eingesetzt, denn diese Technik hatte den Vorzug, daß man dekorative Details immer gleichförmig drucken konnte.

Für die Entwicklung der Siebdruck-Technik ist das Jahr 1850 von besonderer Bedeutung: Als Novum wird in London ein bespannter Holzrahmen ausgestellt. 1907 meldet Samuel Simon aus Manchester seinen Rahmen für Seidensiebdrucke als Patent an. Sieben Jahre später erfinden John Pilsworth und ein Mr. Owens in San Francisco den Mehrfarbendruck von einem Sieb –

unabhängig von Simon. Diese Erfindung wurde dann während des Ersten Weltkrieges zu einem großen Erfolg; Zeichen, Embleme, Signale konnten nun auf Metall, Holz oder Stoff gedruckt werden. Weitere wichtige Stationen in der Entwicklung und Verbreitung der Siebdruck-Technik: Um 1915 entwickelte die Gesellschaft »Selectasine« ihre eigene Methode und machte es sich zur Aufgabe, von San Francisco aus den Siebdruck zu verbreiten. Aber in Westeuropa hatte der kommerzielle Siebdruck schon Fuß gefaßt: 1920 haben Biegeleisen und Kosloff den Siebdruck, allerdings vergebens, in Berlin vorgestellt. Obwohl die wirtschaftliche Situation die Einführung neuer Verfahren erschwerte, haben einzelne Firmen an der Entwicklung des Siebdrucks weitergearbeitet: Bereits 1925 hat die Firma Marabu in Württemberg die Siebdruckfarbe »Pantachrom« produziert; 1926 erwarb die Firma F. Picknes, Berlin, eine Siebdruck-Lizenz von H. Stroms; um 1927 entwickelte Hermann Pröll, damals Teilhaber der Nürnberger Farbenfabrik, eine spezielle Siebdruckfarbe; 1938 gründete Pröll eine Spezialfabrik für Siebdruckfarben; Miechels Atelier in Braunschweig erwarb 1937 ein Siebdruck-Patent von einem Schweizer, was eine Urkunde belegt.

Am Ende des Jahrzehnts tauchen die ersten Hinweise auf Experimente mit Fotoschablonen auf. Während sich in den USA zwei Firmen mit der Film-Sieb-Technik beschäftigen – die »Pro-Film« von Louis F. D'Autremont und A. S. Danemon, der das Patent erhalten hat, und die »Nu-Film« von Joe Ulano – experimentieren offenbar Künstler in Paris mit indirekten Fotoschablonen. Doch scheinen die Experimente im größeren Rahmen nicht erfolgreich gewesen zu sein. Tatsächlich ist der künstlerische Siebdruck erst 1940 begrifflich vom kommerziellen getrennt worden, als Carl Zigrosser den Namen »Serigraphie« für das Kunstprodukt prägte, um es vom reinen Industrieprodukt zu unterscheiden.

Der eigentliche Aufschwung und die verstärkte Nutzung des Siebdrucks beginnt jedoch erst nach dem Zweiten Weltkrieg, als das Verfahren in den 50er Jahren durch neue Aufgabenstellungen (Druck auf Kunststoffe, Textilien, Runddruck auf körperhafte Gegenstände u. a.) in Werbung und Industrie Verwendung findet und eine rasche Entwicklung durchmacht.

Die Technik des Siebdrucks

I Vorbemerkungen

1 Die vier grundlegenden Druckverfahren

Was heißt Drucken?

Im Prinzip besteht die Tätigkeit des Druckens, der Druckvorgang, darin, mit Hilfe einer eingefärbten *Druckform* Vervielfältigungen von Text und Bild auf geeigneten *Bedruckstoffen* (z. B. Papier, Pappe) herzustellen, indem die eingefärbte Druckform auf das zu bedruckende Material gedrückt wird und somit durch Abgeben der Farbe an den Bedruckstoff auf diesem ein »Druck-Bild« ensteht.

Für jeden Abdruck muß die Druckform neu eingefärbt werden. Nach der Art der Druckform lassen sich vier grundlegende Druckverfahren unterscheiden (Abb. 3): *Hochdruck, Tiefdruck, Flachdruck* und *Durchdruck*. (Zu diesen »echten« Druckverfahren kommen unterschiedliche *Spezialverfahren*, wie z. B. elektrostatische, fotoelektrische, elektromagnetische und elektrochemische Verfahren.)

Hochdruck:
Die hochstehenden Teile der Druckform (= druckende Teile) werden eingefärbt und geben die aufliegende Farbe an den Bedruckstoff ab: Buchdruck, Holztafeldruck, Holzschnitt, Holzstich, Metallschnitt, Stempeldruck, Linoldruck, Materialdruck, Kartoffeldruck, Prägedruck, Tapetenhochdruck.

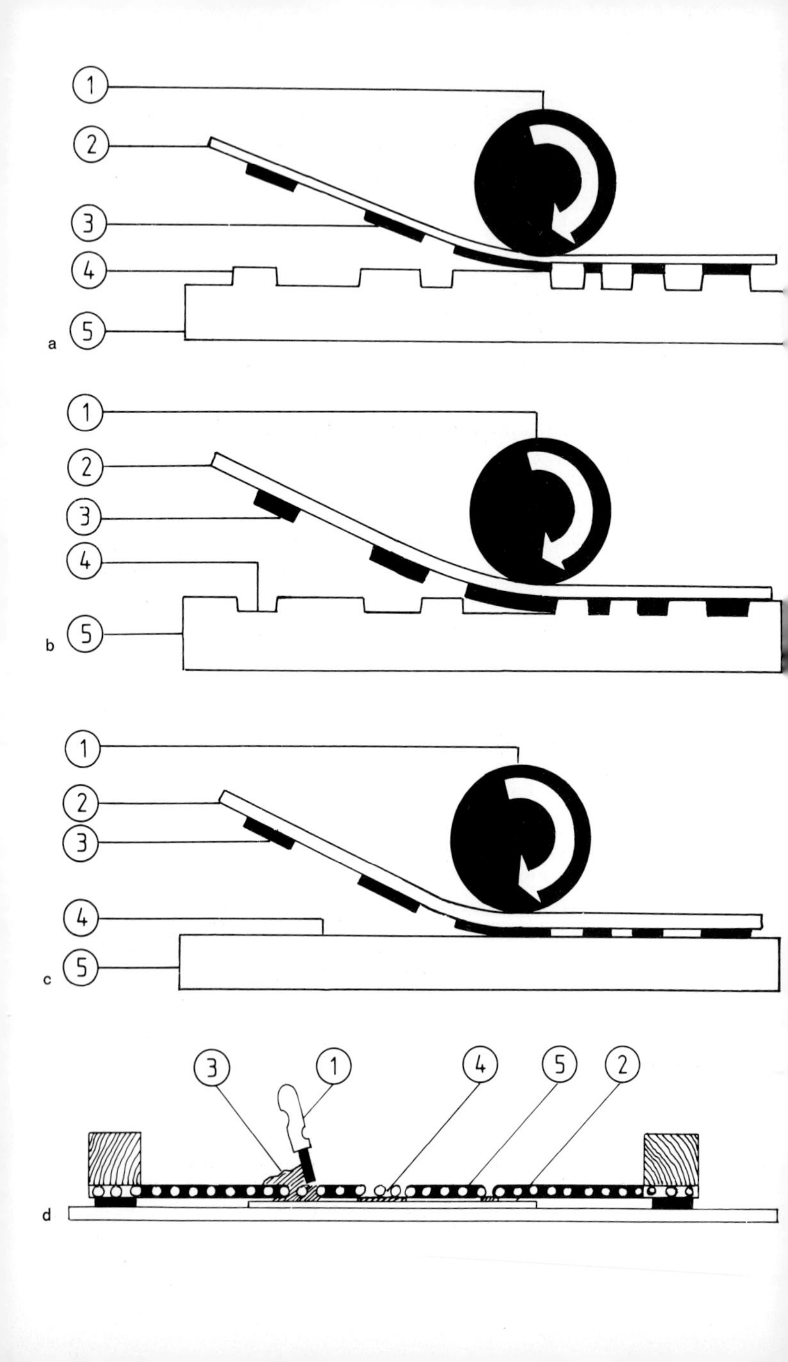
1
2
3
4
5
a
1
2
3
4
5
b
1
2
3
4
5
c
3
1
4
5
2
d

Tiefdruck:
Die tiefliegenden Teile der Druckform (= druckende Teile) werden eingefärbt und geben die darinliegende Farbe an den Bedruckstoff ab: Kupferstich, Stahlstich, Radierung, Aquatinta, Heliogravure, Rakeltiefdruck.

Flachdruck:
Druckende und nichtdruckende Teile der Druckform liegen in *einer* Ebene. Das Druckprinzip beruht auf dem gegenseitigen Abstoßen von Fett (Farbe) und Wasser. Durch Präparieren der Druckform nehmen die druckenden Teile die fetthaltige Farbe auf, sie sind farbfreundlich. Die nichtdruckenden Teile stoßen die Farbe ab: Steindruck oder Lithografie, Offsetdruck, Lichtdruck, Zinkdruck, Blechdruck, Algrafie.

Durchdruck:
Beim Durchdruck wird die Farbe durch die Druckform (eine Schablone) auf den Bedruckstoff übertragen. Beim Siebdruck besteht die Druckform aus einem siebartigen Gewebe, das die Schablone trägt. Die druckenden Stellen der Druckform sind offen (farbdurchlässig), die nichtdruckenden Stellen sind geschlossen (farbundurchlässig): Schablonendruck (Wachs- und Kunststoffschablonen), Metallschablonen, Siebdruck, Filmdruck (Siebdruck auf Textilien).

2 Das Prinzip des Siebdruckverfahrens

Hoch-, Tief- und Flachdruck werden als die »klassischen Druckverfahren« bezeichnet, da sie in unterschiedlichen Ausprägungen teilweise seit Jahrhunderten bekannt sind und benutzt werden. Allen gemeinsam ist, daß sie *von* einer Druckform auf einen Druckträger drucken, während das »vierte Druckverfahren«, der Durchdruck (Siebdruck, Schablonendruck) sich grundsätzlich

◁ 3 Schematische Darstellung der vier grundlegenden Druckverfahren: a) Hochdruck – b) Tiefdruck – c) Flachdruck – d) Durchdruck (Siebdruck): 1 Druckzylinder (bei Siebdruck: Druckrakel) – 2 Bedruckstoff – 3 Farbe – 4 druckende Teile der Druckform – 5 Druckform

FIRE ALARM

a

b

c

von den anderen Verfahren dadurch unterscheidet, daß er *durch* seine Druckform (das Gewebe, die Schablone) die Farbe auf das zu bedruckende Material überträgt (Abb. 4). *Siebdruck ist demnach Durchdruck.*

Genaugenommen handelt es sich weniger um ein Druckverfahren, als vielmehr um eine Schabloniertechnik, die seit Urzeiten von Menschen aller Kulturstufen verwendet worden ist. Aus einem dünnen, haltbaren Material (Papier, Pappe, Holz, Kunststoff) wird eine Form, ein Muster ausgeschnitten: die Schablone (Schablone = ausgeschnittene Form, Muster).

Die Schablone wird auf das zu bedruckende Material gelegt und mit Farbe betupft oder bestrichen, so daß durch die ausgeschnittenen, offenen Stellen die Farbe auf den Bedruckstoff dringt und sich auf diesem das Druckmotiv abbildet. Anschließend kann die Schablone auf das nächste Objekt gelegt und der Schabloniervorgang wiederholt werden. In unterschiedlichen Varianten ist die Schabloniertechnik jahrhundertelang benutzt worden, um damit Textilien, Wandflächen, Möbel, aber auch Spielkarten und Holzschnitte zu kolorieren und zu dekorieren. Noch heute ist es üblich, mit Blechschablonen, aus denen Buchstaben oder Ziffern ausgestanzt worden sind, Kisten, Kartons, Maschinenteile oder auch Fahrzeuge zu beschriften.

Der Nachteil dieser Technik besteht darin, daß sich keinerlei *innere Formen* bei Mustern, Buchstaben oder Ziffern abbilden lassen, ohne daß störend wirkende Stege, die Innen- und Außenform verbinden, im Druckbild erscheinen.

Ohne diese Stege würden die Innenteile jedoch aus der Schablone herausfallen, da sie keinen Halt finden. In Abb. 5 sind solche Haltestege in den Blechschablonen und im dazugehörenden Druckbild bei den Buchstaben A, a und den Ziffern 9 und 6 zu sehen.

Vermutlich dürften die Japaner oder die Chinesen die ersten gewesen sein, die auf die Idee kamen, eine Art Gewebe aus Haaren oder aus Seide als Haltegrund für die einzelnen Schablo-

◁ 4 Durchdruck- oder Schabloniertechniken: a) einfache Blechschablone; Innenformen müssen durch Stege gehalten werden – b) japanische Färberschablone (um 1900); als Haltegrund für das feine, handgeschnittene Motiv aus Papier dient ein feines Netz aus Haaren oder Seide – c) Siebdruck-Schablone (fotomechanisch hergestellt); das auf einen Rahmen aufgespannte, farbdurchlässige Siebgewebe »trägt« die Schablone; freistehende Innenformen im Motiv (»Inseln«) können nicht herausfallen

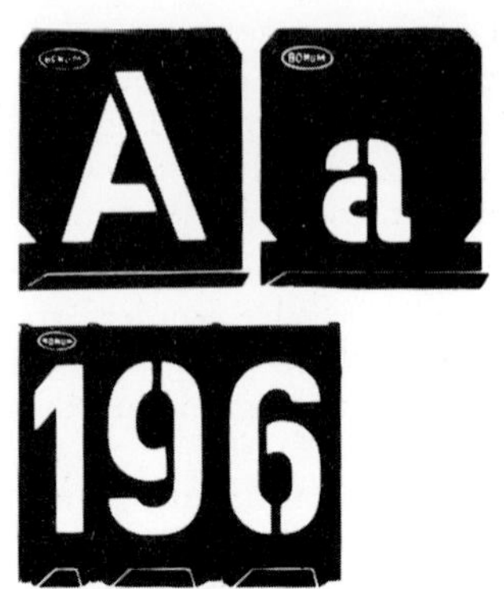

a b

5 Prinzip des Schablonendrucks (Blechschablone): a) die Druckform, aus Blech gestanzte Buchstaben und Ziffern; Innenformen müssen durch Stege gehalten werden, um nicht aus der Schablone zu fallen – b) das Druckbild; die Stege unterbrechen die Formen und wirken störend

6 Prinzip des Siebdrucks: a) die Druckform, über einen Rahmen gespanntes siebartiges Gewebe, mit einer Sperrschicht versehen an den Stellen, die nicht drucken sollen (dunkle Fläche); die Farbe dringt nur durch die offenen Gewebemaschen (helle Flächen); das Gewebe trägt die Schablone, auch die alleinstehenden Innenformen, Stege sind nicht nötig – b) das Druckbild beim Siebdruck; störend wirkende Stege wie beim Schablonendruck treten hier nicht auf

a b

nenteile zu benutzen, um die gestalterischen und technischen Einschränkungen der einfachen Schablone zu überwinden (Abb. 4b).

Aus zwei übereinanderliegenden, imprägnierten Papieren wurden die gewünschten Muster ausgeschnitten. Anschließend verleimte man zwischen den beiden deckungsgleich geschnittenen Papierschablonen ein feines Netz aus Haaren oder Seide. Lose Schablonenteile, die erwähnten Innenformen bei Mustern, Buchstaben oder Ziffern, konnten nun nicht mehr herausfallen, sie wurden von dem eingeleimten Netz aus Haaren oder Seide gehalten. Damit war im Grunde das Prinzip des Siebdrucks erfunden, nämlich eine Art Gewebe als Haltegrund für die Schablone zu benutzen.

Heute wird die Schablone von einem farbdurchlässigen Gewebe, einem siebartigen Material aus Natur-, Chemiefasern oder Metalldrähten getragen (Abb. 4c). Das Siebgewebe wird über einen Rahmen aus Holz oder Metall gespannt. Schließt man nun das Siebgewebe mit einer Sperrschicht an den Stellen, die nicht drucken sollen, macht es also farbundurchlässig, so erhält man eine Schablone, die Farbe nur an den *offenen* Gewebestellen durchläßt. Siebdruckschablonen lassen sich auf unterschiedlichste Art und Weise herstellen und ermöglichen eine Vielfalt bildnerischer Möglichkeiten.

Abb. 6 zeigt schematisch das Prinzip des Siebdrucks. Das Siebgewebe ist überall mit einer farbundurchlässigen Sperrschicht versehen, nur das Druckmotiv (Buchstaben und Ziffern) bleibt offen. Die inneren Schablonenteile bei den Buchstaben A, a und den Ziffern 9 und 6 werden durch das Gewebe gehalten. Störend wirkende Haltestege wie im Druckbild von Blechschablonen werden dadurch vermieden. Die Gewebefäden sind heute so fein, daß sie im Druckbild nicht sichtbar sind. Der Druck selbst erfolgt, indem mit einer Rakel die Farbe über das Sieb gezogen wird. Dabei dringt Farbe an den offenen Stellen durch die Gewebemaschen, und das gewünschte Motiv wird auf den Bedruckstoff übertragen, gedruckt.

Eine Arbeitssituation soll das Prinzip des Siebdrucks genauer verdeutlichen und mit einigen Fachbegriffen vertraut machen (Abb. 7). Gezeigt wird die Situation nach dem Druckvorgang. Der Siebdruckrahmen ist vom Drucker leicht angehoben worden und gibt das gerade eben bedruckte Material, das Papier (= Bedruckstoff [10]), frei, auf dem das Druckergebnis, das Wort »Siebdruck«, ablesbar ist.

7 Arbeitssituation nach dem manuellen Druckvorgang: 1 Rahmenbefestigung (zum Heben und Senken) – 2 Rakel – 3 Rahmen-Innenseite (Rakelseite) – 4 Druckfarbe – 5 Offene, farbdurchlässige Stellen (= druckende Teile) – 6 Geschlossene, farbundurchlässige Stellen (= nichtdruckende Teile, Gewebe mit Sperrschicht abgedeckt) – 7 Siebdruckrahmen – 8 Druckbild (entsprechend den farbdurchlässigen Stellen in der Druckform) – 9 Anlegemarke – 10 Bedruckstoff – 11 Druckbasis (Drucktisch)

Darüber erkennt man die Siebdruckform, auch »Sieb« genannt, bestehend aus einem Metallrahmen mit aufgespanntem Gewebe (7), das die Schablone trägt. Über die sichtbare Rahmen-Innenseite (Rakelseite [3]) wurde vom Drucker die Rakel (2) geführt, um damit die Farbe durch die offenen (hellen) Stellen der Schablone (hier: der Schriftzug »Siebdruck« [8]) auf den Bedruckstoff zu übertragen. Das übrige Gewebe (dunkel) ist mit einer Sperrschicht versehen und somit farbundurchlässig (6).

Nachdem man das bedruckte Material herausgenommen hat, wird ein neuer Bogen Papier eingelegt, der Rahmen gesenkt und der Druckvorgang mit der Rakel wiederholt. Will man mehrfarbige Drucke herstellen, so muß für jede weitere Farbe jeweils eine neue Druckform, eine Schablone, angefertigt werden. Erst wenn bei einem Druck die gesamte Auflage in der ersten Farbe gedruckt ist, wird die Schablone gewechselt und die gesamte

Druckauflage in der zweiten Farbe gedruckt. So addieren sich die Druckdurchgänge für die einzelnen Farben schließlich zum fertigen mehrfarbigen Siebdruck.

An diesen grundlegenden Prinzipien des Siebdrucks hat sich bis heute wenig geändert, abgesehen von einer ständigen Verbesserung der Geräte, Hilfsmittel und Schablonenverfahren, zumindest gilt dies für den manuellen Siebdruck im Schul-, Werkstatt- und Hobbybereich.

In der Industrie hingegen haben vor allem sich verändernde Bedürfnisse, Bedingungen und besondere drucktechnische Anforderungen zu einer stürmischen Weiterentwicklung der im Prinzip so einfachen Siebdruck-Technik geführt: zum maschinellen Siebdruck. Anlagen und Vorgänge sind technisch hoch kompliziert und weitgehend automatisiert. Eine Vielfalt von Techniken, wie z. B. Zylinderdruck, Runddruck, Rotationsdruck, elektrostatischer Siebdruck, rakelloser Durchdruck, Multi-Color-Druck, eröffnen neue Anwendungsbereiche und Einsatzmöglichkeiten.

II Die Siebdruck-Grundausstattung

Die folgenden Beschreibungen, Verarbeitungshinweise und Erläuterungen beziehen sich naturgemäß nur auf den *manuellen Siebdruck*, wie er in Schule, Hochschule oder Hobby-Werkstatt praktiziert wird. Aus technischen und finanziellen Gründen kommt wohl zur Zeit das Arbeiten mit halbautomatischen oder vollautomatischen Siebdruckanlagen, wie sie in der Industrie verwendet werden, in der Schule oder im privaten Bereich kaum in Betracht. Spezielle Anwendungsverfahren und Geräte der Industrie werden daher nur gelegentlich berücksichtigt. Demgegenüber werden die Erläuterungen des manuellen Druckvorgangs, der vielfältigen Möglichkeiten der Schablonenherstellung und der Vorlagenherstellung für die Kopie durch Fotoschablonen einen breiten Raum einnehmen.

Ein großer Vorteil des Siebdrucks besteht darin, daß im Vergleich zu anderen Druckverfahren nicht unbedingt teure und aufwendige Druckvorrichtungen notwendig sind. Zwar sind grundsätzlich alle Geräte, Materialien und Hilfsmittel über den Fachhandel zu erwerben, doch gerade für den Siebdruck von Hand im Hobby- und Schulbereich lassen sich durchaus bestimmte Geräte billig selbst herstellen oder beschaffen, z. B. Druckrahmen, Drucktische und Trockenvorrichtungen. Entscheidend beim Eigenbau ist, daß technisch einwandfreies Material benutzt und sachgerecht verarbeitet wird, um beim Druckergebnis selbst keine Fehlschläge zu erleiden.

Jede Siebdruckwerkstatt sollte nach der besonderen Art der Zweckbestimmung eingerichtet werden. Die komplizierte und kostspielige Anlage ist nicht immer die zweckmäßigste. Einfache Anlagen können ebenso oder besser ihre Aufgabe erfüllen. Selbst in hochmodern ausgerüsteten kommerziellen Siebdruck-Betrieben findet sich auch heute noch zum Teil der einfache Handdruck-Tisch.

8a–d

a

c

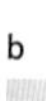

b

d

8e

8 Grundausstattung für eine einfache Siebdruck-Einrichtung: a) Siebdruckrahmen, mit einem siebartigen Gewebe bespannt, das die Schablone trägt (hier: das Wort »Siebdruck«); Rahmen, Gewebe und Schablone bilden zusammen die Siebdruckform – b) Rakel; ein Holz- oder Metallgriff, in den ein Streifen aus Gummi oder Kunststoff eingelassen ist; mit der Rakel wird die Farbe über das Sieb gezogen und dabei durch die offenen Gewebemaschen auf den Bedruckstoff gedruckt – c) Drucktisch (Druckbasis), ein stabiler Tisch mit fester, ebener Platte; dient zur Aufnahme des Bedruckstoffes während des Druckvorganges und zum Befestigen einer Vorrichtung zum Heben und Senken des Rahmens (hier: Rahmenklammern) – d) Trockenvorrichtung, z. B. Hängeleiste, Trockengestell, Regal; wird zum Ablegen druckfrischer Arbeiten benötigt, bis die Farbe trocken und stapelfähig ist (hier: Ausschnitt aus einer Hängeleiste) – e) Hilfsmittel (Auswahl): Materialien und Geräte für Entwurfsgestaltung, Schablonenherstellung, Druck und Reinigung, u. a. Lineale, Messer, Spachtel, Farben, Beschichtungsrinne, Abdeckfarbe, Lösungs- und Reinigungsmittel

Zu einer *Siebdruck-Grundausstattung* (Abb. 8) gehören: Siebdruck-Rahmen – Siebdruck-Gewebe – Siebdruck-Rakel – Druckbasis (Drucktisch) – Rahmenbefestigung – Trockenvorrichtung – Farben und Hilfsmittel.

Hinzu kommen *Geräte und Materialien* für: Entwurfsgestaltung – Kopiervorlagenherstellung – Schablonenherstellung – Druck – Reinigung.

1 Der Siebdruckrahmen

Funktion und Anforderungen

Als Schablonenträger dient beim Siebdruck ein siebartiges Gewebe. Dieses Gewebe wird zur besseren Handhabung, zur Sicherstellung einer gleichmäßig hohen Gewebespannung und damit zur Erzielung eines einwandfreien Druckbildes auf einen Rahmen aus Holz oder Metall straff aufgespannt.

Siebdruckrahmen lassen sich unterscheiden nach:
- Material: Holz- oder Metallrahmen (Stahl, Aluminium)
- Technik des Gewebespannens: starre und selbstspannende Rahmen
- Rahmenprofil: quadratische, liegend rechteckige, dreieckige und Spezial-Profile.

Das Druckergebnis ist u. a. weitgehend von der Qualität des Rahmens abhängig. An den Siebdruckrahmen werden hohe Anforderungen gestellt:
- Stabilität: Gewährleistung einer dauerhaften und gleichmäßig hohen Gewebespannung
- Verzugsfestigkeit: um ein Verwinden und Verziehen des Rahmenmaterials zu vermeiden, Gewährleistung einer dauerhaften planen Lage auf dem Bedruckstoff
- Rechtwinkliger Bau des Rahmens: um exaktes Gewebespannen zu erleichtern, Ermöglichung eines fadengeraden Gewebeverlaufes
- Widerstandsfähigkeit: Vermeidung negativer physikalischer und chemischer Einflüsse durch Temperaturschwankungen, Feuchtigkeit, Farben, Lösungs- und Reinigungsmittel
- Geringes Gewicht: bessere Handhabung
- Einfache Pflege: schnelle und problemlose Reinigung
- Langlebigkeit: häufige Wiederverwendung, Kostenfaktor
- Saubere Verarbeitung: Vermeidung von Gewebezerstörungen

Rahmen kann man fertig kaufen oder selbst bauen. Den gestellten Anforderungen kommt vom Material her der *Metallrahmen* am nächsten. Er ist unempfindlich, pflegeleicht, stabil und von langer Lebensdauer. Deshalb sollte man, falls möglich, verzinkte Stahl- oder gegen Korrosion weitgehend unempfindliche Aluminiumrahmen mit einem quadratischen oder liegend rechteckigen Profil wählen, wobei Aluminiumrahmen wegen ihres geringen Gewichtes leichter zu handhaben sind.

Profilgrößen und Profilwandungen müssen entsprechend der Rahmengröße, der Zugbeanspruchung durch das Gewebe und der Belastung durch den Rakeldruck ausgelegt sein, um ein Durchbiegen des Rahmens und einen Spannungsabfall des Gewebes zu vermeiden (s. Übersicht S. 28/29).

Von der Verwendung von *Holzrahmen* ist aufgrund der hohen Anforderungen an den Rahmen abzuraten. Sicher wird in der Schule beispielsweise der einfache, stabile Holzrahmen für den Anfang seinen Zweck erfüllen. Bei Fotoschablonen und bei der Rasterkopie vor allem wird es problematisch. Starke Gewebespannungen, Naßarbeiten (Temperatur- und Feuchtigkeitsschwankungen) bei der Schablonenherstellung und Reinigung begünstigen das Verziehen der Holzrahmen, was passergenaues, mehrfarbiges Drucken erschwert.

Sollte man trotzdem auf Holzrahmen angewiesen sein, sind bestimmte Regeln beim Selbstbau unbedingt zu beachten (s. Arbeitshinweise, S. 32).

Der Vorteil *starrer Holzrahmen* liegt darin, das Gewebe ohne Inanspruchnahme eines teuren Spanngerätes oder eines Spanndienstes selbst aufspannen zu können. *Starre Metallrahmen* dagegen sind nur mit Hilfe eines Spanngerätes nach dem Durchstreichklebeverfahren einwandfrei zu bespannen. Bei *selbstspannenden Rahmen* aus Holz oder Metall (z. B. »Me-System«) erübrigt sich ein zusätzliches Spanngerät durch die direkt in den Rahmen eingebaute Spannvorrichtung (s. Spannen des Gewebes, S. 46).

Starre und selbstspannende Rahmen

STARRE RAHMEN

Rahmen, auf die das Gewebe mit Hilfe einer Spannvorrichtung aufgespannt werden muß

Starrer Holzrahmen (Eigenbau)

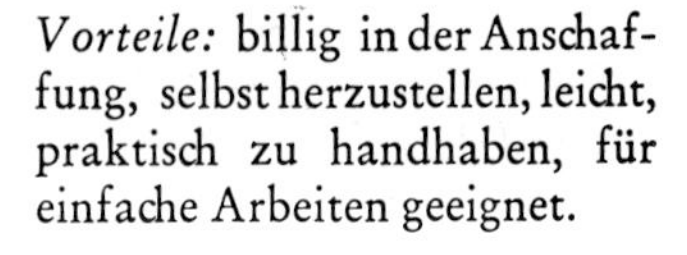

Vorteile: billig in der Anschaffung, selbst herzustellen, leicht, praktisch zu handhaben, für einfache Arbeiten geeignet.

Nachteile: empfindlich gegen Temperaturschwankungen und Feuchtigkeit, neigt zum Verziehen und Arbeiten des Holzes, Nachspannen nicht möglich, ungeeignet für passergenauen Mehrfarbendruck, zusätzliche Spannvorrichtung notwendig.

Starrer Metallrahmen (Stahl oder Aluminium)

Vorteile: verwindungsfest, unempfindlich gegen Temperaturschwankungen und Feuchtigkeit, weitgehend korrosionssicher gegen Lösungs- und Reinigungsmittel, leicht zu handhaben, gut zu reinigen, gleichmäßig hohe Gewebespannung und fadengerader Verlauf des Gewebes; Aluminium leicht durch geringes spezifisches Gewicht; Stahl billiger als Aluminium, lange Lebensdauer.

Nachteile: Aufkleben des Gewebes verlangt eine zusätzliche Spannvorrichtung, teurer als Holzrahmen, Stahlrahmen müssen vor Korrosion durch Verzinken geschützt werden, hohes Gewicht bei Stahl, höherer Preis bei Aluminium.

SELBSTSPANNENDE RAHMEN

Rahmen, die es ermöglichen, mit einer eingebauten Spannvorrichtung das Gewebe selbst zu spannen

Selbstspann-Holzrahmen (Eigenbau)

Me-Selbstspannrahmen (Aluminium)

Vorteile: eingebaute Spannvorrichtung, Nachspannen möglich, Eigenbau möglich, billig in der Anschaffung.

Nachteile: großes Gewicht, unhandlich, Verziehen des Holzes möglich, empfindlich gegen Temperaturschwankungen und Feuchtigkeit.

Vorteile: eingebaute Spannvorrichtung erübrigt ein zusätzliches Spanngerät, Nachspannen möglich, Metallrahmen unempfindlich gegen Temperaturschwankungen und Feuchtigkeit, Selbstspannen in kürzester Zeit möglich, Siebspannung genau einstellbar, gut für den passergenauen Druck durch gleichmäßig hohe Gewebespannung und fadengeraden Gewebeverlauf, lange Lebensdauer, Baukastensystem ermöglicht bei Me-Rahmen mit austauschbaren Schenkellängen die Rahmengröße zu verändern.

Nachteile: hoher Anschaffungspreis, empfindlicher gegen Verschmutzung als starre Metallrahmen.

Wahl des Rahmenformates

Rahmenformate sollten sich nach der DIN-Norm für Papierformate richten. Will man das volle Papierformat ohne Schwierigkeiten ausdrucken können, müssen die Rahmeninnenmaße, je nach Größe des Rahmens, allseitig 8–30 cm größer als die entsprechenden DIN-Maße des Papiers sein (Abb. 9).

Die eigentliche nutzbare Druckfläche ist demnach erheblich kleiner als das Rahmeninnenmaß. Jedes Druckmotiv sollte so bemessen sein, daß ein ausreichender Abstand zur Rahmeninnenkante gegeben ist. Bei zu geringem Abstand könnte es durch ungleichmäßigen Anpreßdruck der Rakel an das Gewebe zu ungleichmäßigem Kontakt mit dem Bedruckstoff kommen, wodurch das Druckbild an den Seiten teilweise gequetscht wirkt, nicht voll ausgedruckt oder der Passer versetzt ist.

Die ungenutzte Gewebefläche zwischen Druckmotiv und Rahmeninnenkante wird als *Farbruhe* bezeichnet. Sie nimmt nach dem Druckvorgang die Farbe auf und dient zur Rakelumsetzung. Eine gute Hilfestellung für die richtige Rahmenwahl beim Druck und beim Rahmenselbstbau bieten die von der Schweizerischen Seidengazefabrik zusammengestellten »Empfehlungen für Rahmenformate und Profile für Handdruck«, die detaillierte Maßangaben zu DIN-Formaten, Druckgrößen und notwendigen Farbruhen liefern (s. Tabelle S. 31).

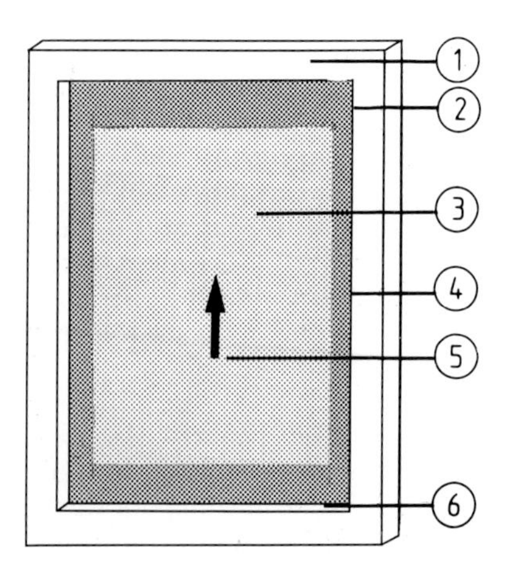

9 Rahmenformat und nutzbare Druckfläche. Zwischen Druckfläche und Rahmeninnenkante ist je nach Rahmenformat ein unterschiedlich großer Abstand einzuhalten, um das Motiv voll ausdrucken zu können:
1 Rahmen
2 Farbruhe (Höhe 20-30 cm)
3 Nutzbare Druckfläche
4 Farbruhe (Seite 8-15 cm)
5 Rakelrichtung
6 Rahmeninnenkante

Empfehlungen für Rahmenformate und Profile für Handdruck (Rakelbewegung in Längsrichtung)

Format DIN	Druckgröße cm	Farbruhen Seite/Höhe cm	Rahmen innen cm	Rahmen außen cm	Stahl-Profil und Wandung m/m	Alu-Profil und Wandung m/m
A 4	21 x 30	2 x 8/12	37 x 54	43 x 60	30 x 30 1,5 (A 4 und A 3)	30 x 30 2,5 (A 4 und A 3)
A 3	30 x 42	2 x 10/12	50 x 66	56 x 72		
A 2	42 x 59	2 x 10/14	62 x 87	70 x 95	40 x 40 1,75 (A 2 und A 1)	40 x 40 2,5
A 1	59 x 84	2 x 14/16	87 x 116	95 x 124		40 x 50 3,0
A 0	84 x 118	2 x 16/18	116 x 154	126 x 164 bzw. 128 x 166	40 x 50 2,0	40 x 60 3,0
–	118 x 420	2 x 15/30	148 x 480	168 x 500		60 x 100 4,0–5,0

(Schweiz. Seidengazefabrik, Thal)

- Gut abgelagertes, astfreies Weichholz (Kiefer, Fichte, Erle) verwenden, wenn das Gewebe mit Heftklammern befestigt werden soll
- Wird das Gewebe aufgeklebt, sind auch Hartholzrahmen denkbar (Nachteil: unhandlich durch das große Gewicht)
- Ein quadratisches (ca. 4 x 4 cm) oder liegend rechteckiges Rahmenprofil (ca. 4 x 5 cm) wählen (Abb. 10)
- Um Verziehen des Rahmens zu vermeiden, ist es vorteilhaft, den Rahmen aus zwei Teilen zusammenzuleimen
- Saubere und haltbare Eckverbindungen (Abb. 11) anfertigen, die durch Winkeleisen verstärkt werden können
- Rahmenkanten abrunden, um Gewebebeschädigungen zu vermeiden
- Den Rahmen mit Nut für verschraubbare Spannleiste versehen (Abb. 11)
- Das Holz gegen Feuchtigkeit und Lösungsmittel mit Lack- oder Holzschutzmittel imprägnieren
- Das Rahmenformat sollte die Ausmaße von 40 x 60 cm nicht überschreiten
- Spannleisten abrunden, um das Gewebe beim Spannen nicht zu beschädigen

11 Mögliche Rahmeneckverbindungen für selbstgebaute Holzrahmen ▷

10 Mögliche Rahmenprofile für selbstgebaute Holzrahmen (mit Spannleisten für das Gewebe)

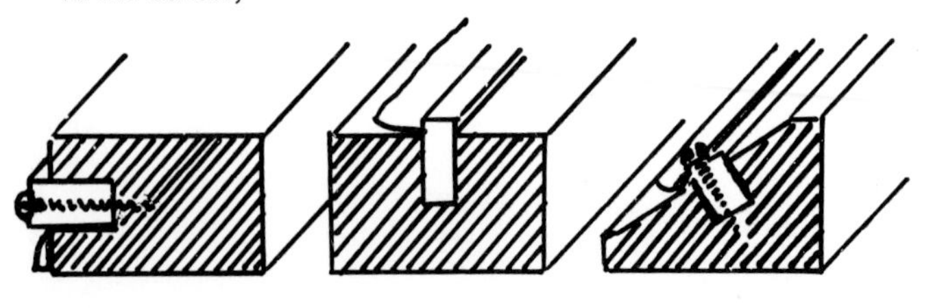

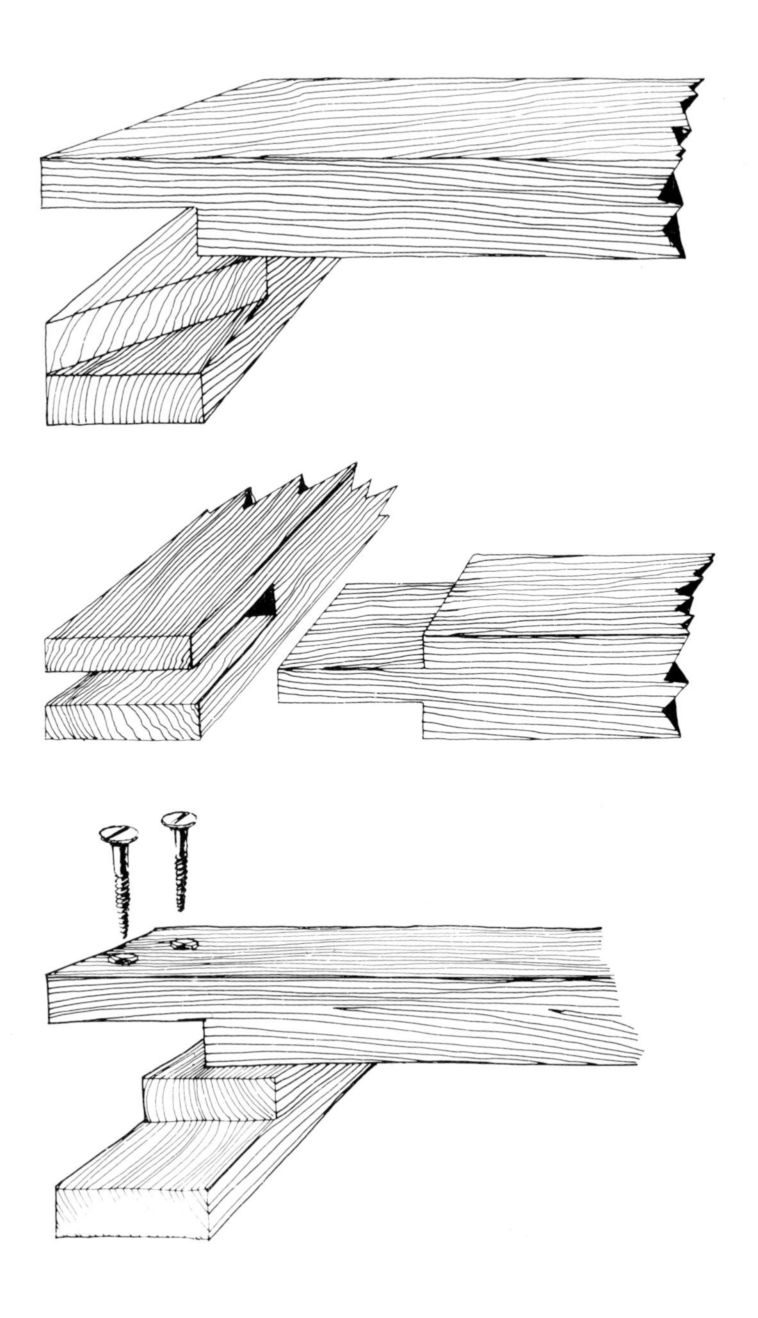

Vergleich der drei wichtigsten Gewebegruppen

NATUR-SEIDEN-GEWEBE (S)	SYNTHETIK-GEWEBE (Chemiefaser auf synthetischer Basis)		METALL-GEWEBE
(tierische Faser)	POLYAMID	POLYESTER (PES)	– Phosphorbronze (Bz) – rostfreier Stahl (V-2A)
	– Nylon (N) – Perlon (P)	– Trevira – Diolen – Tergal	
Vorteile: – hohe Elastizität – Unempfindlichkeit bei Stoß and Schlag – gute Haftung der Schablonen – gute Spannfähigkeit *Nachteile:* – geringer Farbdurchlaß – unregelmäßiger Fadenverlauf (ungleichmäßiger Farbauftrag) – mehradriger und verhältnismäßig dicker Faden – Anfälligkeit gegen chemische Lösungen (abgesehen von Säuren)	*Vorteile:* – hervorragende Farbdurchlässigkeit – hohe Reißfestigkeit – hohe Scheuer- und Abriebfestigkeit – Feinmaschigkeit – häufige Wiederverwendungsfähigkeit – einfache Reinigung – hohe Farbdurchlässigkeit – gleichmäßiger Fadenverlauf – Widerstandsfähigkeit gegenüber Stoß und Schlag	*Vorteile:* – hervorragende Farbdurchlässigkeit – sehr gute Dehnfestigkeit – maßhaltig bei Temperatur- und Feuchtigkeitsschwankungen – häufige Wiederverwendungsfähigkeit – hervorragende Säure- und Lichtbeständigkeit – gute Scheuer- und Abriebfestigkeit bei monofilen (einadrigen) Geweben	*Vorteile:* – unbedingte Maßhaltigkeit bei Temperatur- und Feuchtigkeitsschwankungen – Widerstandsfähigkeit gegen alle chem. Mittel – hohe Feinmaschigkeit – Fadenstärken bis 0,03 mm möglich – Farbdurchlässigkeit gut – gleichmäßiger Fadenverlauf – optimale Passergenauigkeit durch geringe Dehnbarkeit

NATUR-SEIDEN-GEWEBE (S)	SYNTHETIK-GEWEBE (Chemiefaser auf synthetischer Basis)		METALL-GEWEBE
(tierische Faser)	POLYAMID – Nylon (N) – Perlon (P)	POLYESTER (PES) – Trevira – Diolen – Tergal	– Phosphorbronze (Bz) – rostfreier Stahl (V-2A)
Nachteile: – schwierig zu reinigen (großer Zeitaufwand) – hoher Preis – geringere Scheuer- und Abriebfestigkeit als Synthetik-Gewebe (mehradriges Gewebe) – Gewebefeinheit eingeschränkt (nur bis ca. 75 Fäden per cm) – große Feuchtigkeitsaufnahme (—11%)	*Vorteile:* – größere Dehnbarkeit als Polyester (wichtig für Körperdruck) *Nachteile:* – nicht so dehnfest wie Polyester (nachteilig bei passergenauem Druck) – höhere Feuchtigkeitsaufnahme als Polyester (3–4%) – geringe Lichtbeständigkeit – Säurebeständigkeit mittelmäßig	*Vorteile:* – geringe Dehnbarkeit (Vorteil für passergenauen Druck) – gleichmäßiger Fadenverlauf – einfache Reinigung (geringe Feuchtigkeitsaufnahme) *Nachteile:* – die Haftung von Papierschablonen und Wachsschneideschablonen ist nicht sehr gut – nicht so dehnbar wie Polyamid – mäßige Beständigkeit gegen Laugen	*Nachteile:* – geringe Elastizität – Stoß- und Druckempfindlichkeit – Beschädigungen- (Beulen, Knicke lassen sich nicht entfernen) – hoher Preis

2 Das Siebdruckgewebe

Funktion und Anforderungen

Das Siebdruckgewebe trägt die Schablone. Die DIN-Norm 16610 »Begriffe für den Siebdruck« bezeichnet das Siebdruck- oder Schablonengewebe daher auch als den *Siebdruckschablonenträger* = »Im Druckrahmen aufzuspannendes siebartiges Material, das zur Aufnahme der Schablone dient«. In der Praxis bezeichnet man die Einheit von Rahmen und aufgespanntem Schablonenträger (Siebdruckgewebe, Schablonengewebe) mit »Sieb«.

Siebdruckgewebe können aus Naturfasern (Organdy, Seide), synthetischen Fasern (Perlon, Nylon, Polyester) oder aus Metalldrähten (Bronze, rostfreier Stahl) bestehen. Die in der Frühzeit des Verfahrens häufig verwendeten Naturgewebe aus Organdy (Baumwolle) und Seide sind heute weitgehend durch moderne einadrige (monofile) Synthetikgewebe abgelöst worden. Für besondere künstlerische Arbeiten wird auch heute noch Seide verwendet.

Gewebeart und Gewebequalität bestimmen weitgehend das Druckergebnis. Siebdruckgewebe sollten möglichst folgende Anforderungen erfüllen:

- Gute Farbdurchlässigkeit
- Reißfestigkeit: um die optimale Spannung zu ermöglichen
- Dehnfestigkeit: um Passerschwierigkeiten zu vermeiden
- Elastizität: um nach dem Druck das Ablösen des Gewebes vom Bedruckstoff zu gewährleisten
- Scheuer- und Abriebfestigkeit gegenüber Lösungsmitteln und Abrieb durch die Rakel
- Stoßfestigkeit gegenüber Schlag und Stoß
- Beständigkeit gegen Lösungsmittel und Licht
- Gute Haftungseigenschaften: um die Schablone einwandfrei zu übertragen
- Geringe Feuchtigkeitsaufnahme: um Spannungsschwankungen zu vermeiden
- Einfache Reinigungsmöglichkeit
- Lange Haltbarkeit und häufige Wiederverwendungsmöglichkeit

Siebdruckgewebe lassen sich unterscheiden nach:
- Gewebegruppe
- Struktur des Gewebefadens
- Gewebefeinheit (Nummer)
- Fadenstärke (Qualität)

Struktur des Gewebefadens

Nach der Struktur ihres Fadens lassen sich die Siebdruckgewebe unterteilen in:

- multifile Gewebe (= mehradrige Gewebe), Multifilament und
- monofile Gewebe (= einadrige Gewebe), Monofilament.

Multifile Fäden setzen sich aus mehreren zusammengedrehten Einzelfasern zusammen. Monofile Fäden haben einen einfachen, glatten, durchgehenden Aufbau (Abb. 12).

2 Struktur des Gewebefadens: multifile und monofile Fäden

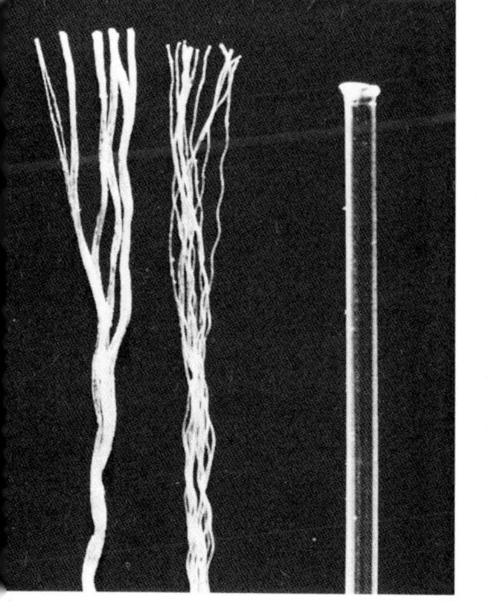

13 Durchgescheuertes multifiles (mehradriges) Gewebe

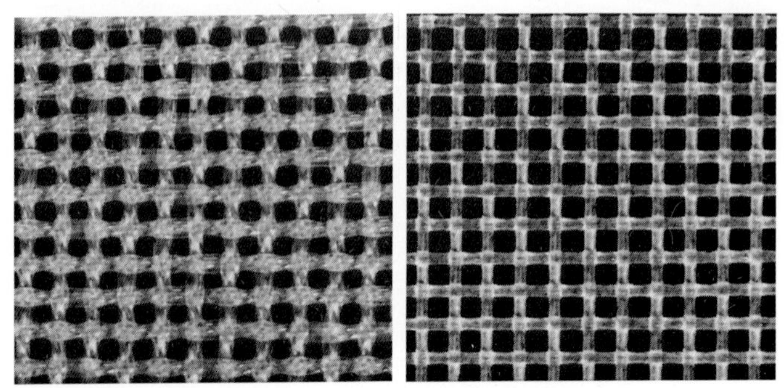

14 Vergleich der Maschenöffnung bei multifilem und monofilem Gewebe gleicher Nummer: jeweils 77 Fäden per cm; ca. 31fach vergrößert

Bei multifilen Geweben (z. B. Seide) werden nach längerem Gebrauch durch das Reiben beim Rakeln einzelne Fasern durchgescheuert, so daß der Faden auffasert und schließlich reißt (Abb. 13). Mehradrige Fäden sind dicker als monofile Fäden. Die Maschenöffnungen sind kleiner, die Farbdurchlässigkeit dementsprechend geringer (Abb. 14).

Gewebefeinheit (Nummer)

Die Gewebefeinheit bezeichnet die Anzahl der Gewebefäden per Zentimeter. Die Feinheiten werden in Nummern angegeben. Die Nummern entsprechen der Fadenzahl per Zentimeter. Es

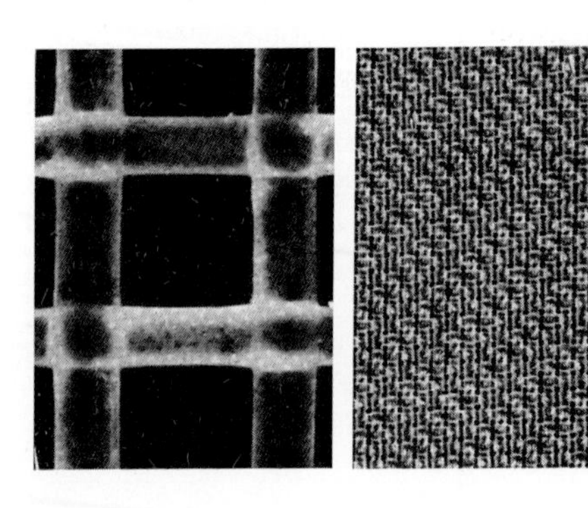

15 Die Spanne möglicher Gewebefeinheiten: von 15 Fäden per cm (links) bis zu 200 Fäden per cm; ca. 30fach vergrößert

gibt Siebdruckgewebefeinheiten von 15 Fäden per cm bis zu 200 Fäden per cm (Abb. 15). Die gebräuchlichsten Feinheiten liegen zwischen Nr. 80 und Nr. 150, je nach dem Verwendungszweck; je höher die Nummern, um so feiner die Fäden selbst (Abb. 15).

Fadenstärke (Qualität)

Innerhalb ein und derselben Gewebenummer (gleiche Fadenzahl per cm) lassen sich Gewebe mit verschiedenen Fadenstärken herstellen (Abb. 16).

Zur Bestimmung der Fadenstärke verwenden die Schweizer Gewebehersteller vier Qualitätsgruppen:

S = leichte Qualität für Spezialfälle (small)
M = leichte bis mittelschwere Qualität (medium)
T = mittelschwere Qualität (thick)
HD = schwere Qualität (heavy duty)

Die unterschiedlichen Fadenstärken der Qualitäten S, M, T und HD bei *gleicher Nummer* (Fadenzahl per cm) bedingen unterschiedliche Werte für die Gewebedicke, die offene Siebfläche und die lichte Maschenweite (Abb. 17). Demnach sind bei einem Gewebe mit dem dünnsten Faden (S-Qualität) offene Siebfläche und Maschenweite am größten, während bei einem Gewebe der HD-Qualität der Faden am dicksten ist, also offene Siebfläche und Maschenweite entsprechend kleiner ausfallen.

Daraus folgt für den Druck: Die *Farbdurchlässigkeit* von Geweben mit gleicher Nummer ist bei der S-Qualität am größten, bei der HD-Qualität am geringsten. Andererseits ist der *Farbauftrag* bei der S-Qualität am dünnsten und bei der HD-Qualität am dicksten, denn die Fadenstärke (der Durchmesser des Fadens) bestimmt die *Gewebedicke* und ist demnach entscheidend für die *Steuerung des Farbauftrags* und für den Farbverbrauch. Als *Faustregel* zur Steuerung der Farbauftragsdicke kann vereinfacht gelten:

- Je dünner die Fadenstärke, um so dünner die Gewebedicke und um so geringer die Farbauftragsdicke
- Je dicker die Fadenstärke, um so dicker die Gewebedicke und um so größer die Farbauftragsdicke

16 Unterschiedliche Fadenstärken (Qualitäten) bei gleicher Gewebenummer (Fadenzahl per cm): a) 62(16)S – b) 62(16)T – c) 62(16)HD

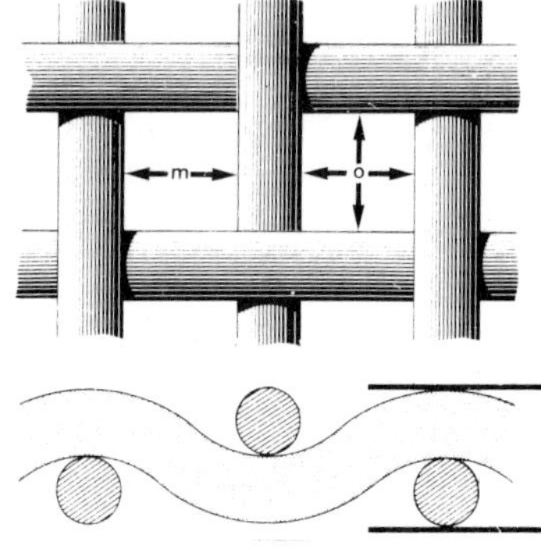

17 Für die Gewebebestimmung wichtig Daten: m = Maschenweite in Mikro o = offene Siebfläche in %, d = Ge webedicke in Mikron

Gewebekennzeichnung

Bespannte Rahmen sollten stets gekennzeichnet werden. Zur Unterscheidung der Gewebearten sind folgende Abkürzungen üblich:

S = Seide – P = Perlon – PES = Polyester – VA = rostfreier Stahl – Bz = Bronze.

Eine Gewebekennzeichnung kann folgende Angaben umfassen: die Bezeichnung der Gewebegruppe – die Gewebefeinheit (Nummer) – die Fadenstärke (Qualität) – das Datum des Bespannens.

Beispiel: N 90T 1. 11. 78
Die Kennzeichnung bedeutet, daß es sich um ein synthetisches Nylon-Gewebe handelt, mit einer Fadenzahl von 90 Fäden per cm und einer Fadenstärke von mittelschwerer Qualität (T), das am 1. 11. 78 gespannt worden ist.

Bei bestimmten Geweben kann die Kennzeichnung auch eine Abkürzung des Firmennamens und der Gewebemarke enthalten.

Beispiel: ESTAL MONO 120T 1. 11. 78

ES	=	Abkürzung für PolyESter
TAL	=	Abkürzung für ThAL, Sitz der Herstellerfirma
MONO	=	Abkürzung für MONOfilament (Einadrigkeit)
120	=	Bezeichnung der Gewebefeinheit (120 Fäden per cm)
T	=	mittelschwere Qualität
1. 11. 78	=	Datum des Bespannens.

Gewebewahl

Der richtigen Gewebewahl kommt beim Siebdruck eine große Bedeutung zu. Haftungsprobleme der Schablonen, Schwierigkeiten mit der Farbdurchlässigkeit und fehlerhafte Druckergebnisse sind nicht zuletzt auf unsachgemäßen Einsatz und falsche Auswahl des Gewebes zurückzuführen. Zwar lassen sich aus Kostengründen auch Trevira-Gardinen oder Glasbatist verwenden, die siebdrucktechnischen Anwendungsmöglichkeiten sind allerdings begrenzt. Was durch diese »Ersatzgewebe« bei der Anschaffung zu sparen ist, wird in der Praxis mit häufigem Gewebewechsel, erhöhtem Farbverbrauch, Druck- und Passerschwierigkeiten und zum Teil enttäuschenden Ergebnissen teuer erkauft. Aus diesem Grund sollten auch im Schul- und Hobbybereich grundsätzlich nur spezielle Siebdruckgewebe benutzt werden.

Die *Idealgewebe* sind *monofile Nylon- und/oder Polyestergewebe.* Sie können universell eingesetzt werden, sind in einer Vielzahl von Gewebefeinheiten erhältlich, können häufig wiederverwendet werden und haben eine lange Lebensdauer. Für Drucke mit höchster Passergenauigkeit (Rasterdruck) ist das Polyestergewebe ideal. Für Drucke auf unebenen Flächen und Körperdruck ist Nylongewebe geeigneter.

Metallgewebe finden hauptsächlich für Spezialaufgaben in der Textil-, Keramik- und Tapetenindustrie Verwendung. Für den hier beschriebenen manuellen Siebdruck kommen sie aus Kostengründen und wegen ihrer großen Empfindlichkeit gegenüber Schlag und Stoß nicht in Frage.

Von den Gewebeherstellern für die meisten Druckaufgaben empfohlen und in der Praxis am häufigsten verwendet werden Gewebe mittelschwerer Qualität (T-Qualität). Sie sind reißfester und stabiler als die S- und M-Qualitäten, die sich besonders für spezielle Druckaufgaben (dünnster Farbauftrag) eignen. Für Drucke mit starkem Farbauftrag (z. B. Reliefdruck, dekkende Flächen auf strukturiertem Bedruckstoff) und bei hoher mechanischer Beanspruchung sind HD-Qualitäten geeigneter.

Die in der Praxis gebräuchlichsten Feinheiten liegen je nach Einsatzbereich zwischen den Nummern 80 und 140. Die folgenden Übersichten fassen *Empfehlungen zur Gewebewahl* verschiedener Gewebehersteller tabellarisch zusammen.

Die Verseidag-Industrietextilien GmbH Kempen gibt für die gebräuchlichsten Feinheiten ihrer *VS-Schablonengewebe* (monofile Synthetikgewebe aus Nylon, Perlon, Polyester) unterschiedliche Anwendungsbereiche an, die auch bei Auswahl und Einsatz von Geweben für den manuellen Siebdruck zutreffen (s. u.).

Die Praxis hat gezeigt,
daß sich aus der Vielzahl der Schablonengewebe vier Feinheiten herauskristallisiert haben, die in erster Linie für die Schablonenherstellung verwendet werden: **Die Feinheiten 80, 100, 120 und 140.**
Es erscheint uns zweckmäßig, möglichst gerade Zahlen für die Numerierung der Schablonengewebe zu wählen. Wir führen daher ab sofort ein 80-fädiges Gewebe, das wir anstelle eines 77-fädigen Gewebes empfehlen möchten.
Der Einsatz dieser vier Gewebefeinheiten richtet sich nach verschiedenen drucktechnischen Möglichkeiten. Grundsätzlich empfehlen wir diese Gewebe für folgende Anwendungsbereiche:

80-fädige Gewebe
grob angelegte Plakate – Druck auf Hartfaser- und Rauhfaserplatten – Planen – grobkörnige Folien zum Auftragen von Schlußlacken – Unterlegen von Flächen.

100-fädige Gewebe
einfarbiges Raster – normale Plakate – grobe Schriften – feinkörnige Folien – Transparentdrucke – Verpackungen – Schilder.

120-fädige Gewebe
mehrfarbige, grobe Raster – direkte und indirekte feine Linien – glatte Folien – gedruckte Schaltungen – mittlere Schriften.

140-fädige Gewebe
mehrfarbige, feine Raster – sehr feine Linien – zarte Flächen – Etiketten – Meßskalen – Zifferblätter – Landkarten – feine Schriften.

(Verseidag-Industrietextilien, Kempen)

Die Schweiz. Seidengazefabrik AG Thal spricht ähnliche Empfehlungen für die monofilen Synthetikgewebe *ESTAL MONO* (Polyester Monofilament) und *NYTAL* (Nylon Monofilament) aus und macht darüber hinaus noch Angaben zur Gewebe-Qualität, zum Druck auf Textilien (grobe Stoffe, Jeans, T-Shirts usw.) und zum Körperdruck (Flaschen usw.) (s. u.).

Empfehlung für die Wahl der Siebdruckgewebe

Siebdruck

34 T – 49 T	Sport- und Reisetaschen, grobe Stoffe, Jeans etc.
49 T – 77 T	Rauhe, absorbierende Oberflächen, Druck auf grobfaseriges Holz, Wimpeldruck
77 T – 100 T	Plakate, große Schriften, deckende Farben, Leuchtfarben, grob pigmentierte Farben, strukturierte Oberfläche, Überlackierung
100 T – 120 T	Raster bis ca. 20 Pt./cm, feine Schriften und Konturen, Flächen, Skalen, Schilderdruck, Selbstklebe-Etiketts
ab 140 T	Feinste Raster, Stufendruck, reduzierter Farbauftrag
ESTAL MONO	(monofiles Polyestergewebe)
110 HD 120 T	**Meist gebrauchte Siebdruckgewebe für universellen Einsatz, Schaltungsdruck**

T-Shirt

28 T – 34 T	Helle Farbe auf dunklem Grund
43 T – 55 T	Dunkle Farbe auf hellem Grund
62 T – 77 T	Rasterdruck und feinste Konturen
24 T – 32 T	Flockprint: Druck des Flockklebers

Körperdruck

NYTAL	(monofiles Nylongewebe) Druck auf Kunststoff-Flaschen, Reklame-Artikel, Kugelschreiber etc.
120 – 140	Feine Raster, reduzierter Farbauftrag für schnellaufende Druckmaschinen
ESTAL MONO	für hohe Passergenauigkeit
NYTAL	ideales Siebdruckgewebe für unebene Flächen und Körperdruck

(Schweiz. Seidengazefabrik, Thal)

Einsatzmöglichkeiten von Geweben bei allgemeinen Druckaufgaben

Gewebetyp Einsatzbereich	monofiles Nylon (MOnyl)	monofiles Nylon, gefärbt (MOnyl-rot)	monofiles Polyester (MONOlen)	multifile (mehradrige) Naturseide
für einfache Drucke mit Abdeck- oder Schnittschablonen ohne große Konturenschärfe	Nr. 36 S bis 81 T			Nr. 8 bis 25
für einfache Drucke mit indirekten Foto- und Schnittschablonen	Nr. 73 T bis 100 T			Nr. 16 bis 25
für die meisten Drucke mit direkten und indirekten Fotoschablonen	Nr. 90 T bis 120 T			
für Drucke mit höchster Druckqualität mit indirekten Fotoschablonen	Nr. 120 T bis 180 S			
für Drucke mit höchster Konturenschärfe sowie Feinstrich- und Raster-Druck mit direkten Fotoschablonen		Nr. 120 T bis 165 T		
für Drucke mit höchster Passergenauigkeit			Nr. 40 T bis 120 HD	

(Züricher Beuteltuchfabrik, Rüschlikon)

Einsatzmöglichkeiten von Geweben bei speziellen Druckaufgaben

<table>
<tr><th>Gewebetyp
Einsatzbereich</th><th>monofiles
Nylon
(MOnyl)</th><th>monofiles
Nylon,
gefärbt
(MOnyl-rot)</th><th>monofiles
Polyester
(MONOlen)</th><th>multifile
(mehradrige)
Naturseide</th></tr>
<tr><td>für Drucke mit starkem Farbauftrag wie dekkende Flächen auf kontrastierenden oder strukturierten Untergründen</td><td>Nr.
61 T
bis
81 HD</td><td></td><td>Nr.
51 T
bis
81 HD</td><td>Nr.
16
bis
25</td></tr>
<tr><td>für Drucke mit Bronze-, Leucht-, Keramik-, Glas-, Email-Farben</td><td></td><td></td><td></td><td></td></tr>
<tr><td>indirekte Fotoschablonen</td><td>Nr.
36 T
bis
100 T</td><td></td><td rowspan="2">Nr.
40 T
bis
90 T</td><td rowspan="2"></td></tr>
<tr><td>direkte Fotoschablonen</td><td>Nr.
61 T
bis
81T</td><td>Nr.
81 T
bis
100 T</td></tr>
<tr><td>Skalen- und Schaltungs-Druck je nach Druckgut, Feinheit der Zeichnung und Passeransprüchen</td><td></td><td></td><td></td><td></td></tr>
<tr><td>indirekte Fotoschablonen</td><td>Nr.
81T
bis
130 T</td><td></td><td rowspan="2">Nr.
81 T
bis
120 HD</td><td rowspan="2"></td></tr>
<tr><td>direkte Fotoschablonen</td><td></td><td>Nr.
100 T
bis
165 T</td></tr>
</table>

(Züricher Beuteltuchfabrik, Rüschlikon)

Aus der tabellarischen Übersicht der Züricher Beuteltuchfabrik AG über Einsatzmöglichkeiten der monofilen Synthetikgewebe *MOnyl* (monofiles Nylongewebe), *MOnyl-rot* (monofiles Nylongewebe, eingefärbt), *MONOlen* (monofiles Polyestergewebe) und multifiler Naturseidengewebe lassen sich zusätzliche Hinweise zur Schablonenwahl entnehmen (S. 44, 45).

Spannen des Gewebes

Neben der Grundregel, nur stabile Rahmen zu verwenden, und der Wahl des richtigen Gewebes ist exakte Gewebespannung eine weitere Voraussetzung für ein gutes Druckergebnis und eine hohe Schablonenfestigkeit.

Will man sich das zeitraubende und gar nicht so einfache Gewebespannen ersparen, können die Rahmen beim Fachhandel bespannt werden. Gut sortierte Siebdruckhändler haben die gebräuchlichsten Rahmenformate und Gewebe am Lager und unterhalten einen *Spanndienst,* durch den zerstörte Gewebe schnell und fachgerecht ersetzt werden. Das erübrigt die Anschaffung eigener, teurer Spanngeräte.

Das Selbstspannen erfordert einige Kenntnisse und Fertigkeiten. *Wichtige Regeln* sind: Beachten des fadengeraden Gewebeverlaufs parallel zu den Seiten des Rahmens, Erzielen einer hohen, gleichmäßigen Gewebespannung.

Druckfehler, durch zu gering gespanntes Gewebe verursacht, können sein:

- Ungenau verlaufende und verzerrte Flächenbegrenzungen und Linien im Druckbild
- Festkleben des Gewebes am Bedruckstoff nach dem Druckvorgang
- Passerschwierigkeiten bei mehrfarbigen Drucken (die einzelnen Druckformen, Schablonen, »passen« nicht zusammen, das Druckbild ist verschoben)
- Vorzeitige Abnutzung, Zerstörung der Schablone

Spann- und Befestigungsmethoden sind abhängig von der jeweiligen Rahmenausführung.

Spannmethoden:
- Von Hand ausgeführtes Spannen (bei starren Holzrahmen)
- Spannen mit Hilfe besonderer Spanngeräte (bei starren Holz- und Metallrahmen)
- Spannen mit in den Rahmen eingebauten Spannvorrichtungen (bei selbstspannenden Rahmen)

Befestigungsmethoden:
- Anheften, Klammern des Gewebes mit Hilfe der Heftpistole (bei starren Holzrahmen)
- Kleben des Gewebes mit Hilfe von Spezial-Klebern (bei starren Holz- und Metallrahmen)
- Einklemmen oder Aufstecken des Gewebes (bei Selbstspannrahmen)

Das von Hand ausgeführte Spannen von Holzrahmen mittels der Heftmethode wird durch die Verwendung von Spannzange und Heftpistole erheblich erleichtert (Abb. 18). Anschließendes zusätzliches Kleben des Gewebes ist vorteilhaft. Um mögliche Beschädigungen des Bedruckstoffes durch die Heftklammern zu vermeiden, sollten diese mit einem Klebeband abgedeckt werden. Das Gewebe kann aber auch um die Rahmenkante herumgezogen und auf der Rahmenaußenseite befestigt werden. Spannzange und Heftpistole lassen sich auch gut zum Vorspannen des Gewebes bei starren Holzrahmen mit eingebauter Spannleiste einsetzen.

18 Das Bespannen von Hand mit Spannzange und Heftpistole

Das Bespannen starrer Metallrahmen kann nur nach der Klebemethode mit Hilfe besonderer Spanngeräte erfolgen. Es gibt *Spanngeräte* mit mechanischem, pneumatischem und hydraulischem Spannmechanismus, die entweder mit starren Gewebehalterungen (Nadelleisten, Klemmvorrichtungen; Abb. 19) oder beweglichen Gewebehalterungen (Spannkluppen; Abb. 20) ausgestattet sind.

Bei *mechanischen* Spanngeräten mit starrer Gewebehalterung wird das Gewebe mittels Einsteckleisten an den Spannleisten befestigt, durch Spannböcke mit Gewindespindeln gespannt und anschließend verklebt (Abb. 19). Bei *pneumatischen* Spanngeräten mit beweglicher Gewebehalterung (Abb. 20) wird das Gewebe durch die einzelnen Spannkluppen gefaßt und über die angeschlossene Druckluftleitung durch das System selbständig exakt gespannt. Spannungsdifferenzen in der Gewebefläche sind ausgeschlossen. Der gewünschte Grad der Spannung ist genau einstellbar, ablesbar und beim nächsten Spannvorgang wiederholbar. Pneumatisches Spannen ist die zur Zeit optimalste, aber auch teuerste Spannmethode.

19 Mechanisches Spanngerät mit starrer Gewebehalterung (EMM-Sieb-Spanngerät Nr. 12)

20 Pneumatisches Spanngerät mit beweglicher Gewebehalterung (SPS-Pneuspanner)

Eine weitere, billige Möglichkeit zum Bespannen starrer Rahmen bietet der sogenannte *Mutterrahmen* (Abb. 21). Ein großer Holzrahmen wird von Hand bespannt. In diesen werden mehrere kleine Rahmen eingelegt, verklebt und nach dem Trocknen des Klebers herausgeschnitten.

Selbstspannende Rahmen dagegen haben ihre eigene Spannvorrichtung eingebaut. Bei dem *SAB-Rahmen* wird das Gewebe vor dem Spannen auf einen abnehmbaren Geweberahmen ge-

21 Bespannen und Verkleben mehrerer Rahmen mit Hilfe eines Mutterrahmens

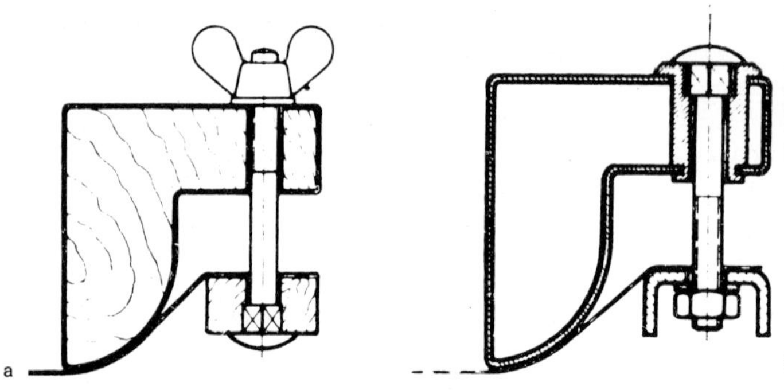

22 SAB-Selbstspannrahmen (Querschnitt): a) Holz – b) Metall

23 Me-Selbstspannrahmen: Das Gewebe wird durch Auseinanderdrehen des Rahmens an den Spannecken gespannt

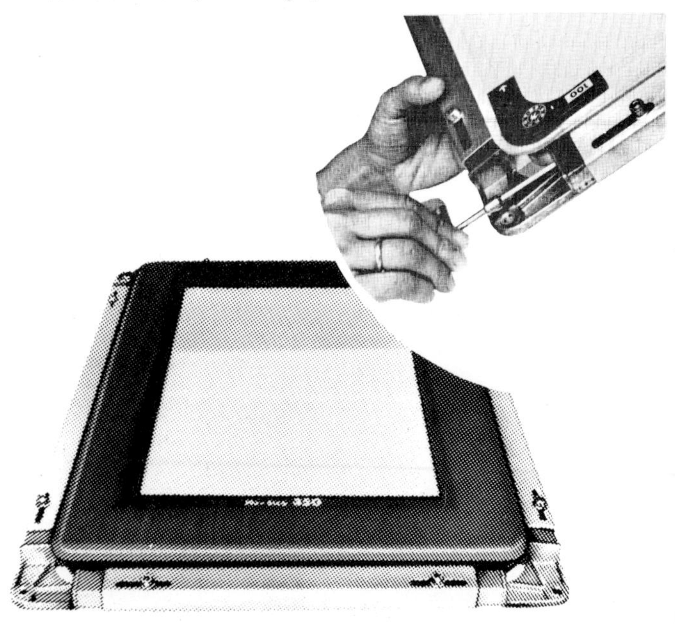

klebt, der in einen Profilrahmen eingelegt wird. Durch das Anschrauben von Muttern, die beide Rahmenelemente verbinden, spannt sich das Gewebe (Abb. 22).

Der *Me-Rahmen* (Abb. 23) besteht aus vier Selbstspannecken und aus Aluminiumprofilen, in die das Gewebe mittels Einsteckleisten eingeklemmt oder als vorfabriziertes Einhängesieb (Abb. 24) aufgesteckt wird. Durch Auseinanderdrehen des Rahmens an den Spannecken (Abb. 23) wird das Gewebe in kürzester Zeit gespannt. Die genaue Spannung kann an einer Skala abgelesen werden. Selbstspannende Rahmen können auch als Spanngerät für starre Rahmen kleineren Formats benutzt werden.

Für das *Kleben der Gewebe* auf starren Rahmen bietet der Fachhandel besondere Schablonenkleber an (Kontakt- und Zweikomponentenkleber). Wegen ihrer weitgehenden Lösungsmittelbeständigkeit sind Zweikomponentenkleber vorteilhafter. Sie müssen allerdings nach dem Ansetzen in kürzester Zeit verarbeitet werden.

Schablonenkleber werden nach dem Spannen mit dem Pinsel durch das Gewebe hindurch auf den Rahmen gestrichen (Durchstreichverfahren). Nach dem Durchhärten des Klebers kann der fertig bespannte Rahmen aus dem Spanngerät genommen werden. Vor dem Kleben muß die zu beklebende Rahmenseite von Farb- und Kleberesten gereinigt, durch Schmirgeln aufgerauht und mit einem geeigneten Lösungsmittel entfettet werden (s. Gewebebehandlung, S. 56/57).

24 Einhängen des Siebes bei Me-Selbstspannrahmen (Schema): a) mittels vorfabriziertem Einhängesieb, an dem Einsteckprofile befestigt sind – b) mittels Einsteckleisten

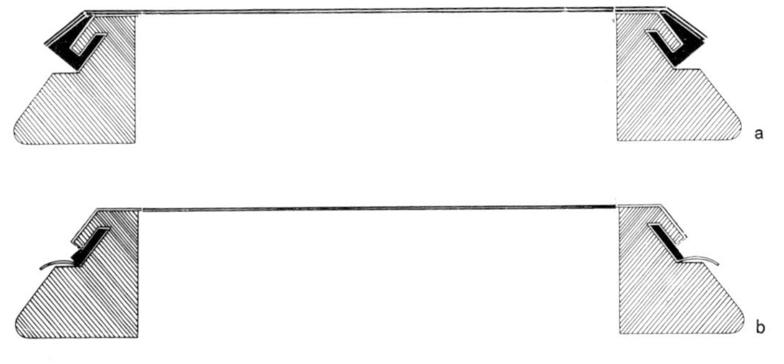

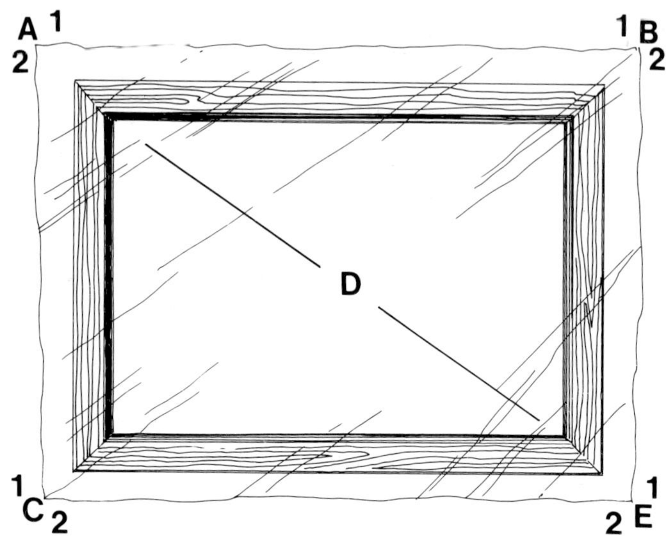

25 Schema für das von Hand ausgeführte Bespannen von Holzrahmen

Arbeitshinweise (in Anlehnung an ein Spannschema der Schweiz. Seidengazefabrik) *für das von Hand ausgeführte Bespannen starrer Holzrahmen* (vgl. Abb. 25):

- Gewebe nach dem Rahmenaußenformat mit einigen Zentimetern Zugabe (5–10 cm) zuschneiden und auf den Rahmen legen
- Gewebe an der Ecke A1 auf der Rahmenoberfläche oder auf der Rahmenaußenseite fadengerade (parallel) zu der Rahmenseite A–B anpassen und festheften
- Gewebe fadengerade bei A2 anpassen und festheften
- Gewebe von Hand oder mit Hilfe einer Spannzange von A1 nach B1 ziehen und unter ständiger Spannung einige Heftklammern in der Mitte setzen, dann bei B1 und anschließend die ganze Seite A1–B1 befestigen
- Gleiche Arbeitsweise bei der Rahmenseite A2–C1
- Gewebe bei E fassen, in der Diagonalen D spannen und bei E1 festheften
- In der Mitte der Rahmenseite B2–E1 unter Spannung einige Heftklammern setzen und anschließend die ganze Seite befestigen

- An der Seite C2–E2 genauso verfahren
- Gewebe an den Ecken seitlich umlegen und befestigen
- Heftklammern notfalls mit einem Hammer nachschlagen
- Zusätzlich einen Zweikomponentenkleber aufbringen.

Messen der Gewebespannung

Die optimale Spannung hängt von der Dehn- und Reißfestigkeit des jeweiligen Gewebes ab. Allgemein gilt: Monofile Synthetik-Gewebe (Nylon, Polyester) sind reißfester als Naturseide. Die Reißfestigkeit von Nylon und Polyester ist etwa gleich. Polyester und mit Einschränkung Naturseide sind dehnfester als Nylon.

Die richtige Gewebespannung kann gemessen werden. Im kommerziellen Siebdruck werden dazu unterschiedliche Methoden und Geräte benutzt.

Gute Spannergebnisse gewährleisten die beschriebenen pneumatischen Spanngeräte (Abb. 20), bei denen auf einem Manometer die genaue Gewebespannung in atü (atü = Druck in kg/cm²) abzulesen und zu kontrollieren ist. Die Gewebehersteller geben für die einzelnen Gewebe genaue atü-Werte zum Spannen an (s. Gewebebehandlung, S. 56/57).

Eine in der Praxis häufig verwendete Kontrolle des Spannens ist das *Messen der Gewebedehnung*. Dabei werden vor dem Spannen nach faltenfreiem Ausrichten des Gewebes (Abb. 26a) jeweils zwei Meßpunkte in beide Webrichtungen auf dem Gewebe eingezeichnet (Abb. 26b). Beim Spannen wird mit einem Spannungsmesser (Skala für Dehnung in Prozenten) die Ausdehnung des Gewebes in Prozenten gemessen (Abb. 26c).

Beispiel: In der Abbildung beträgt die Distanz zwischen den Meßpunkten AB vor dem Spannen 60 cm, nach dem Spannen 63 cm, d. h. die Gewebedehnung beträgt 3 cm oder 5 %.

Die richtige prozentuale Dehnung liegt bei monofilen Nylongeweben zwischen 3 % und 6 %, bei monofilen Polyestergeweben bei etwa 2 %. Auch die prozentuale Gewebedehnung wird von den Herstellern für die einzelnen Gewebe angegeben.

Sehr schnell und exakt läßt sich die Gewebespannung mit einem mechanischen Gewebespannungsmeßgerät (Abb. 27) ermitteln. Nach Aufsetzen des Gerätes auf das Gewebe zeigt eine Skala den relativen Spannwert an.

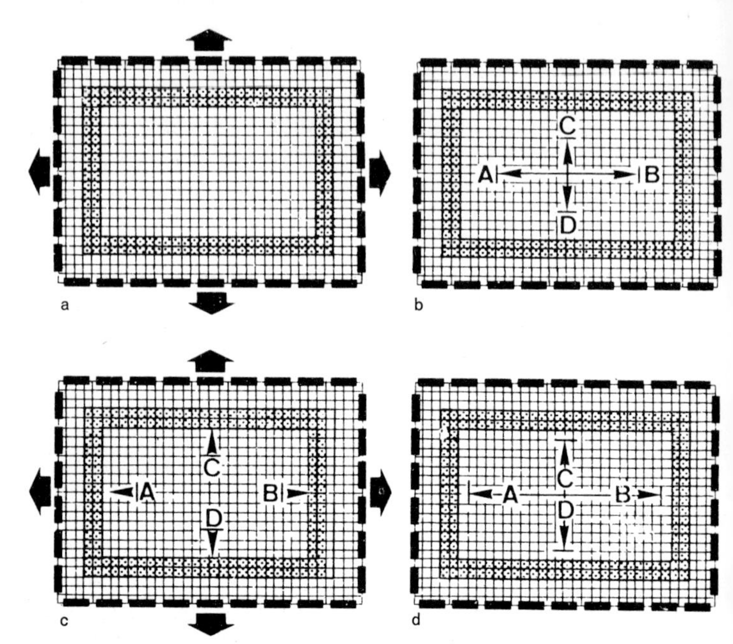

26 Spannkontrolle durch Messen der Gewebedehnung: a) Gewebe bis auf Faltenfreiheit vorspannen – b) Einzeichnen der Meßpunkte AB, CD; Beispiel: AB = 60 cm, CD = 30 cm – c) Spannen unter Messen der Dehnung der Strecken AB, CD – d) Beispiel: bei 5% Dehnung ist AB = 63 cm, CD = 31,5 cm

27 Spannkontrolle durch mechanisches Gewebespannungsmeßgerät (Serimeter)

Vorbehandlung des Gewebes

Zur umsichtigen Gewebebehandlung gehört neben dem richtigen Spannen das Reinigen des Gewebes vor dem Einsatz, das Aufrauhen und Entfetten – zwei wichtige Faktoren sorgfältiger Schablonenvorbereitung.

Die Vorbehandlung durch Aufrauhen monofiler Gewebe ermöglicht eine bessere Haftung indirekter Schablonen. Dazu wird das neue Gewebe mit Hilfe eines *Aufrauhmittels* (z. B. »Pregan-SC«, »Pregan-Paste« oder »Siliciumcarbid 500«) einmalig vor der Benutzung aufgerauht. Für direkte Schablonen ist diese Vorbehandlung durch Aufrauhen nicht unbedingt nötig. Alle Gewebe müssen allerdings grundsätzlich, ob neu oder alt, jedesmal kurz vor der Benutzung entfettet werden, d. h. von Fettspuren, Staub- und Faserteilchen und anderen Fremdkörpern gereinigt werden, um eine möglichst fehlerlose Übertragung, Haftung und Auflagenfestigkeit der Schablone zu gewährleisten.

Das Entfetten erfolgt mit einem im Fachhandel erhältlichen *Entfettungsmittel* (z.B. »Pregan-Paste«, »Pregan-A9«) oder mit 20%iger Natronlauge. Bei Verwendung von Natronlauge muß das Gewebe allerdings anschließend mit 5%iger Essigsäure neutralisiert werden, was bei den handelsüblichen Entfettungsmitteln nicht erforderlich ist (s. Gewebebehandlung, S. 56/57).

Für die *Gewebereinigung* allgemein gültige Regeln sind:
- Beim Umgang mit gefährlichen Chemikalien ständig Schutzkleidung (Handschuhe, Brille, Gummischürze) tragen
- Stets die vom Hersteller für Reinigungs- und Entfettungsmittel erlassenen Verarbeitungsvorschriften beachten
- Möglichst nur umweltfreundliche, nicht ätzende, geruchlose und gewebeschonende Produkte benutzen
- Niemals Haushaltsscheuermittel und Reinigungsmittel verwenden (Gefahr der Gewebezerstörung)
- Nach dem Entfetten das Gewebe nicht mehr berühren
- Rahmen mit entfetteten Geweben nicht lange herumstehen lassen, um erneutes Verstauben und Verschmutzen des Gewebes zu vermeiden. Die Schablone sofort übertragen

Vom Ansetzen eigener Reinigungslösungen möchte ich im Schul- und Hobbybereich abraten. Der Fachhandel bietet gebrauchsfertige Entfettungs- und Reinigungsmittel mit genauen Verarbeitungshinweisen an, die ein Experimentieren mit selbstangesetzten Präparaten erübrigen.

Gewebebehandlung vor dem Einsatz

(Lagern, Spannen, Kleben, Kennzeichnen, Vorbehandeln)

GEWEBE	monofiles Nylongewebe	monofiles Polyestergewebe
Lagern	Aufbewahrung in Hülsen oder verschließbarem Schrank (Nylon ist lichtempfindlich!)	Aufbewahrung in Hülsen oder verschließbarem Schrank (Polyester ist lichtbeständig)
Spannen	– unter Kontrolle der Gewebedehnung: 3–6%	ca. 2%
	– bei pneumatischen Spanngeräten: 2,5–5,5 atü	3–4 atü
	Die exakte Spannung ist abhängig von Gewebenummer und Qualität. Genaue Spannwerte der Gewebehersteller beachten! Auf Spanngeräten mit starren Spannschenkeln: Ecken weniger stramm spannen! Auf Spanngeräten mit Nadelkämmen: Ecken erst gegen Schluß einnadeln! Kein Anfeuchten monofiler Polyestergewebe vor dem Spannen. Anfeuchten monofiler Nylongewebe möglich, nicht notwendig.	
RAHMEN		
Vorbehandeln	Bei neuen, nicht sandgestrahlten Metallrahmen Klebeflächen aufrauhen durch Schleifen oder Aufrauhmittel (z. B. »Pregan-Paste«) Bei gebrauchten Rahmen vor dem Kleben Farbreste und scharfe Kanten beseitigen. Klebeflächen mit Nitroverdünnung, Aceton, Alkohol oder speziellem Reinigungsmittel (z. B. »Pregan-SC«) entfetten.	
Kleben	Kleben mit Kontakt- oder Zweikomponentenkleber. Verarbeitungsvorschriften der Hersteller beachten! Kontaktkleber: besonders geeignet zum Kleben mehrerer kleinerer Rahmen auf einem Spanngerät oder einem Mutterrahmen.	

Kleben	Nachteil: nicht lösungsmittelbeständig! Abdecken der Klebeflächen mit Schutzlack notwendig! Rahmeninnenseite mit Schutzband abkleben, damit keine Lösungsmittel und Farbe zwischen Rahmen und Gewebe dringen. Besser: lösungsmittelbeständige Zweikomponentenkleber verwenden! (z. B. »Colestal« der Schweiz. Seidengazefabrik, »Schablonenkleber 930« oder »Kiwobond–940« von Kissel & Wolf)
Kennzeichnen	Bespannte Rahmen kennzeichnen: Gewebeart (Gewebemarke), Gewebenummer, Qualität, Datum des Bespannens. Etikett zum Schutz gegen Lösungsmittel mit klarem Zweikomponenten-Lack überziehen. Oder Beschriftung mit lösungsmittelbeständiger Zweikomponentenfarbe.
GEWEBE	
Vorbehandeln Reinigung der Gewebe vor dem Einsatz durch Aufrauhen und Entfetten	Aufrauhen: für indirekte Schablonen neue monofile Nylon- und Polyestergewebe einmalig mit Aufrauhmittel (z. B. »Pregan-SC«, oder »Siliciumcarbid 500«) behandeln. Keine Haushaltsscheuermittel verwenden! Entfetten: für indirekte und direkte Schablonen neues und altes Gewebe vor jedem Gebrauch entfetten. – mit gebrauchsfertigem Entfettungsmittel (z. B. »Pregan–A9«, »BarNex L«): Entfetter beidseitig gut verteilen, einbürsten, kurz einwirken lassen, mit reichlich Wasser nachspülen. Kein Neutralisieren erforderlich! Oder: – mit $20^{0}/_{0}$iger Natronlauge: mit Nylonbürste beidseitig auftragen, abbürsten, 10 Minuten einwirken lassen, gründliches Ausspülen mit Wasser, mit $5^{0}/_{0}$iger Essigsäure neutralisieren und wieder mit Wasser gründlich ausspülen. Keine Haushalts-Reinigungsmittel verwenden! Schutzkleidung tragen!
WEITERVERARBEITUNG	Für das Beschichten, Entwickeln, Reinigen und Entschichten von Fotoschablonen sind die Vorschriften und Arbeitsanleitungen der Hersteller zu beachten. Zum Übertragen und Entfernen manuell hergestellter Schablonen s. Schablonenherstellung, S. 100 ff.

(in Anlehnung an die Übersicht »Gewebebehandlung im Siebdruck« der Schweiz. Seidengazefabrik, Thal)

3 Die Siebdruckrakel

Funktion

Die Rakel hat die Aufgabe:
- Die Farbe auf der Rahmen-Innenseite (Rakelseite) über das Gewebe zu bewegen (zu verteilen)
- Die offenen Stellen der Schablone mit Farbe zu füllen
- Dabei die Druckform auf den Bedruckstoff zu pressen, so daß sich die Farbe durch die offenen Gewebemaschen auf den unter dem Rahmen liegenden Bedruckstoff überträgt

Rakelausführungen

Eine Rakel besteht aus der *Rakelfassung* (eine Holz-, Metall- oder Kunststoffgriffleiste) und dem *Rakelblatt*, einem flachen, geraden Streifen aus Naturgummi (Neopren) oder Kunststoff (Vulkollan, Ulan). Das Rakelblatt ist in eine Nut der Rakelfassung geklebt, geschraubt oder geklemmt. Naturgummirakel zeigen bei längerer Beanspruchung starke Abnutzung durch Abrieb. Kunststoffrakel (Vulkollan) haben eine gute Abriebfestigkeit.

Es gibt Rakel mit fest eingelassenem Rakelblatt (Abb. 28 a) und sog. »Klemmrakel«, bei denen sich das Rakelblatt entfernen und wechseln läßt (Abb. 28 b).

Zu empfehlen sind leichte, nicht rostende und einfach zu reinigende Handrakel mit Aluminiumgriff und Klemmprofil zum schnellen Wechseln des Rakelblattes (Abb. 28 c).

Für großformatige Drucke von Hand wird die »Einhandrakel« (Einmannrakel; Abb. 38), eine mechanisch geführte, aber manuell bediente Rakel, bevorzugt.

Die Rakel selbst wird dabei an eine Halterung geschraubt, eine Art beweglichen Arm, der auf einer stählernen Gleitschiene montiert ist und durch diese eine präzise Führung während des Rakelns erhält. An einem Handgriff zieht der Drucker die Einhandrakel entlang der Gleitschiene über die Druckform.

Rakelblätter sind nicht nur in unterschiedlichen Materialien, sondern auch in unterschiedlichen Härtegraden und Profilen erhältlich. Die Auswahl der Härte, des Profils und der Höhe des

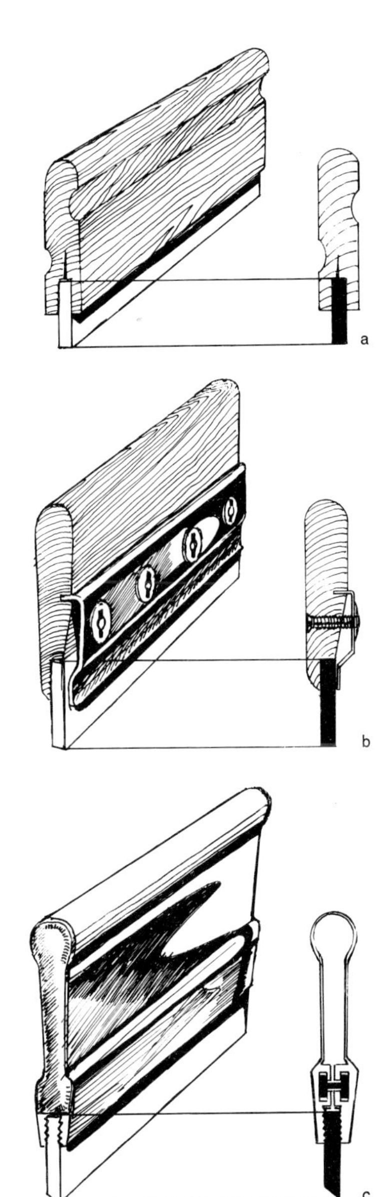

28 Rakelausführungen für den Handdruck: a) »Starre« Holzrakel mit festeingelassenem Rakelblatt – b) »Klemmrakel« aus Holz mit auswechselbarem Rakelblatt – c) »Klemmrakel« aus Metall mit auswechselbarem Rakelblatt

Rakelblattes richtet sich nach Farbkonsistenz, Gewebefeinheit, Oberflächenbeschaffenheit des Bedruckstoffes, gewünschter Farbauftragsdicke, Form des zu bedruckenden Gegenstandes, verwendeter Schablone, Druckmotiv und beim Handdruck nach individuellen Gewohnheiten des Druckers.

Rakelhärte

Die Härte bzw. Elastizität der Rakelblätter wird in Shore angegeben. Üblich sind die drei Rakelhärten »weich« (55–65° Shore), »mittel« (65–75° Shore) und »hart« (75–85° Shore). Die gebräuchlichsten und allgemein empfohlenen Rakelhärten liegen zwischen 60–70° Shore (mittel). *Härtere* Rakel sind eher geeignet bei großformatigen Drucken, feinen Linien, Rasterdrukken, weichen Bedruckstoffen wie Filz, Pappe und dickerer Farbe. *Weichere* Rakel sind eher geeignet bei größeren Flächen, unebener Oberfläche des Bedruckstoffes, harten Bedruckstoffen wie Glas, Metall, Kunststoff und dünnerer Farbe.

Zu harte Rakel verlangen einen hohen Rakeldruck. Der Reibungswiderstand auf dem Sieb erhöht sich, die Rakel verschiebt und verzieht das Gewebe, wodurch Passerschwierigkeiten auftreten können.

Rakelprofile

Die vielfältigen siebdrucktechnischen Aufgaben verlangen speziell angeschliffene Rakelkanten (Abb. 29). Für verschiedene Anwendungsbereiche gibt es *Rakelprofile* mit:

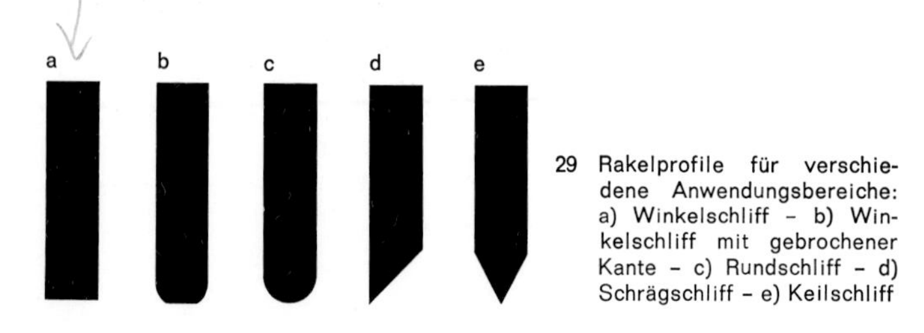

29 Rakelprofile für verschiedene Anwendungsbereiche: a) Winkelschliff – b) Winkelschliff mit gebrochener Kante – c) Rundschliff – d) Schrägschliff – e) Keilschliff

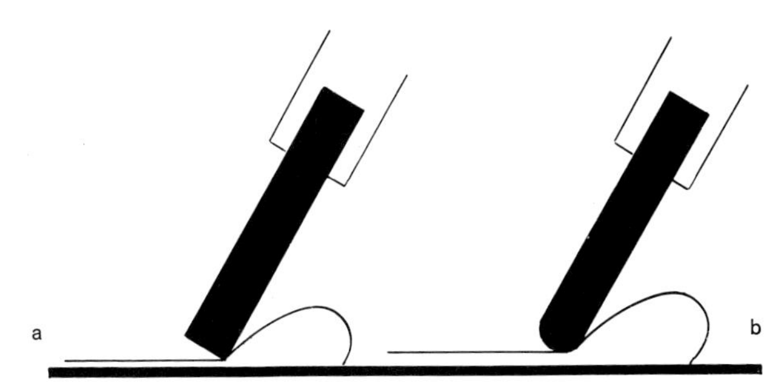

30 Das Rakelprofil ist mitbestimmend für die Farbauftragsdicke: a) scharfkantiges Profil = dünnerer Farbauftrag – b) rundes Profil = stärkerer Farbauftrag

- Winkelschliff (rechteckiges Profil) für feine Details, Linien, Rasterdrucke, kantenscharfe Drucke auf Papier, Karton (Abb. 29 a)
- Winkelschliff mit gebrochener Kante für starken und deckenden Farbauftrag, Druck auf dunklem Untergrund, Tagesleuchtfarben. Der Druck ist nicht so kantenscharf wie beim Winkelschliff (Abb. 29 b)
- Rundschliff für kräftigen Farbauftrag, vor allem bei Textildruck auf saugfähigen Materialien (Abb. 29 c)
- Schrägschliff für den Druck auf nichtsaugenden, harten Materialien wie Glas, Metall, Keramik, Kunststoff (Abb. 29 d)
- Keilschliff für den Druck mit Halb- und Vollautomaten auf runden oder konischen Formen (Körperdruck) (Abb. 29 e).

Durch das Rakelprofil wird die Farbauftragsdicke mitbestimmt: *Scharfe* Rakelkanten (Winkelschliff mit rechteckigem Profil) ergeben einen dünnen Farbauftrag (Abb. 30 a). *Stumpfe* und *runde* Rakel (Winkelschliff mit gebrochener Kante, Rundschliff) ergeben einen stärkeren Farbauftrag (Abb. 30 b).

Beim normalen Handdruck auf Flächen sind Rakel mit Winkelschliff üblich und für die meisten Druckaufgaben ausreichend.

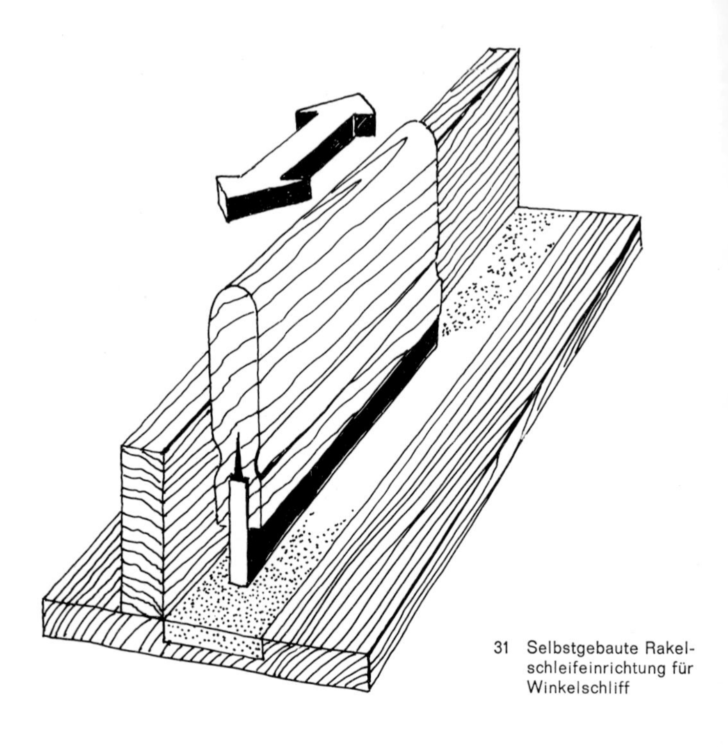

31 Selbstgebaute Rakelschleifeinrichtung für Winkelschliff

Schleifen der Rakel

Unebene Rakelstreifen, abgenutzte (rundgewordene, schartige) oder schlecht geschliffene Rakelprofile (Rakelkanten) verursachen kantenungenaue, streifige und/oder verschmierte Drucke.

Mit Hilfe einer Rakelschleifmaschine oder einer selbstgebauten Schleifeinrichtung (Abb. 31) können Rakel gerade, scharf und rechtwinklig nachgeschliffen werden. Zusätzlich sollten die Ecken an beiden Rakelblattenden abgerundet werden, um eine unnötige Gewebebelastung beim Anpressen der Rakel durch scharfkantige Ecken zu vermeiden (Abb. 32). Eine selbstgebaute Schleifeinrichtung (Abb. 31) besteht aus zwei in Längsrichtung rechtwinklig zusammengefügten Brettern. Sie dienen zum einen als Führung beim Schleifen der Rakel und zum anderen als Haltegrund für das Schleifpapier, das die Reibefläche darstellt.

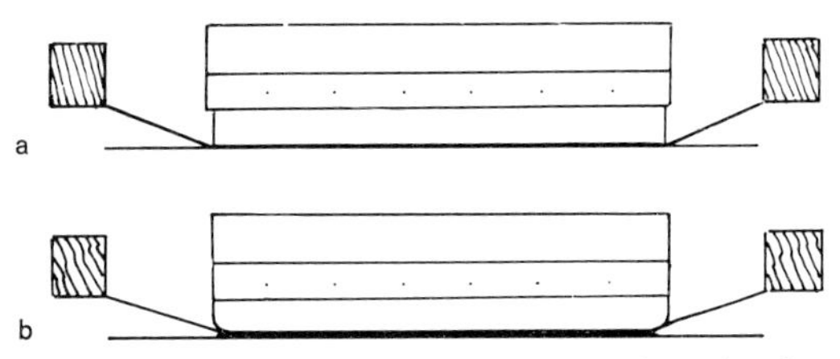

32 Abgeschliffene Rakelblattenden vermindern die Gewebebelastung: a) größere Gewebebelastung durch scharfkantige Rakelblattenden – b) geringere Gewebebelastung durch abgerundete Rakelblattenden

Neben dem regelmäßigen Schleifen der Rakel ist es unbedingt erforderlich, diese nach dem Gebrauch sofort sorgfältig mit Testbenzin von Farbresten zu säubern. Nitroverdünnung löst Gummi an und ist nicht geeignet. Zu langes Einwirken von Lösungsmitteln weicht das Rakelmaterial auf, läßt es aufquellen, wellig und damit unbrauchbar werden. Sorgfältige Rakellagerung verhindert unnötige Beschädigungen des Rakelblattes (Abb. 33).

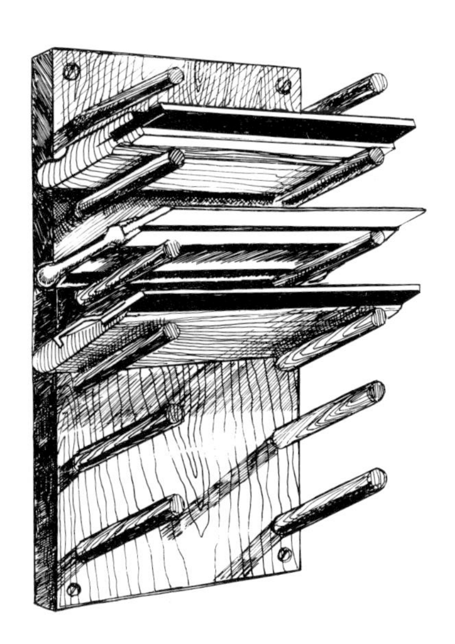

33 Rakellagerung (9,9 mm Bohrung, 10 mm Rundholz [Schrägbohrung])

4 Die Druckvorrichtung (Druckbasis und Rahmenbefestigung)

Eine Druckvorrichtung ist die Kombination von Druckbasis und Rahmenbefestigung. Die *Druckbasis*, beim Flachsiebdruck in der Regel eine absolut plane und glatte Tischplatte aus Holz, Stahl oder Kunststoff, trägt während des Druckvorgangs den Bedruckstoff.

Die *Rahmenbefestigung* ist eine an der Druckbasis montierte Vorrichtung zum Heben und Senken des Rahmens. Sie muß zudem bei jedem Druckvorgang die ständig gleiche Position des Rahmens auf dem Drucktisch gewährleisten, damit der Stand des jeweiligen Druckmotivs auf dem Bedruckstoff während der gesamten Auflage absolut derselbe ist – eine unerläßliche Voraussetzung für den Mehrfarbendruck – sollen Verschiebungen einzelner Farben zueinander (»Passerungenauigkeiten«) im Druckbild vermieden werden.

Druckvorrichtungen können als einfache Scharnierverbindungen selbst hergestellt werden und sind vom Fachhandel in vielfältigen Ausführungen lieferbar: von einfachen Handdruckgeräten (für kleine Auflagen), Vakuum-Drucktischen (für mittlere Auflagen von 100–500 Drucken) über halbautomatische Druckmaschinen (für Auflagen von 500–1000 Drucken) bis zu vollautomatischen Siebdruckstraßen (für Großauflagen von mehreren 1000 Drucken) und Spezialmaschinen.

Druckvorrichtungen für den Handdruck:
- Einfache, selbstgebaute Scharnierverbindungen
- Tischzwingen (Rahmenklammern)
- Tisch- oder Rahmenschwingen mit und ohne Einhandrakel
- Einfache Drucktische ohne Ansaugvorrichtung
- Vakuumdrucktische, kombiniert mit Rahmenschwingen und Einhandrakel
- Spezialgeräte (Abb. 43, 44) für den manuellen Druck auf körperhafte, zylindrische, konische Gegenstände (z. B. Flaschen, Dosen, Fässer) und auf Textilien (z. B. T-Shirts).

Vor Anschaffung einer bestimmten Druckvorrichtung sind für jeden Einsatzbereich Fragen nach der Absicht, der in der Regel zu druckenden Auflagenhöhe, nach Druckformat, Drucktechnik,

Art des Bedruckstoffes, Häufigkeit des Einsatzes und bedienungstechnische, finanzielle, zeitliche, im Schulbereich beispielsweise auch pädagogische und künstlerische Gesichtspunkte gegeneinander abzuwägen.

Die *einfache Scharnierverbindung* (Abb. 34) als die billigste Druckvorrichtung kann selbst hergestellt werden. Sie ist beim Einrichten und Wechseln des Rahmens sehr unpraktisch, durch hohes Gewicht unhandlich, erfüllt nicht alle Anforderungen an große Passergenauigkeit und ist daher nur für einfache Druckaufgaben, kleinere Druckformate und Auflagen ausreichend.

Für kleinere und mittlere Rahmengrößen eher zu empfehlen sind *Tischzwingen* (Rahmenklammern; Abb. 35 a). Sie können an jeden stabilen Tisch oder jede Platte montiert werden. Siebdruckzwingen mit präziser Höhenverstellung ermöglichen zudem das Drucken auf körperhaften Gegenständen (Abb. 35 b). Da in der Schule mehrere Druckplätze gleichzeitig benutzbar sein sollten, stellen Tischzwingen mit ihrer Zuverlässigkeit, der praktischen Handhabung und dem günstigen Anschaffungspreis eine vorteilhafte Rahmenbefestigung dar, die auch ideal für den Hobbybereich geeignet ist. Ein zusätzlich am Rahmen angebrachter Gewichtsausgleich (Abb. 36) erleichtert die praktische

34 Einfache, selbstgebaute Scharnierverbindung, mit Schraubzwingen an der Tischplatte befestigt

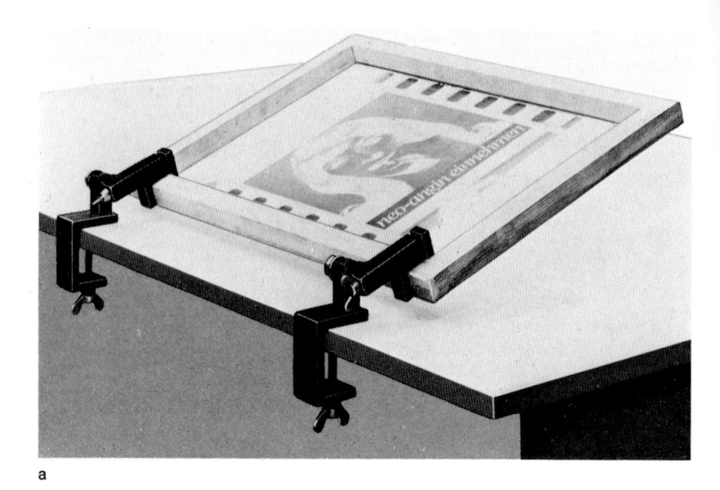

a

35 Tischzwingen (Rahmenklammern): a) ohne Höhenverstellung (Klipp-Klapp-Siebdruckzwingen Nr. 101; Werkfoto EMM-Siebdruckmaschinen, Nordheim) – b) mit Höhenverstellung (Klipp-Klapp-Siebdruckzwingen Nr. 101 H; Werkfoto EMM-Siebdruckmaschinen, Nordheim)

b

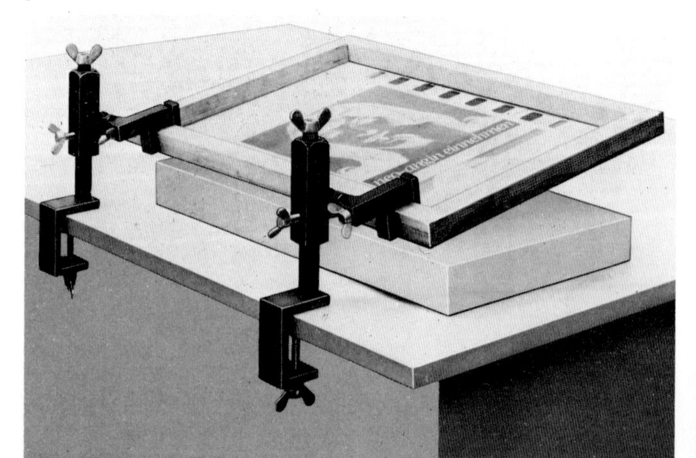

36 Handdrucktisch mit Tischschwinge und Einhandrakel; auch mit Vakuumplatte lieferbar (SPS-Handdrucktisch Modell 20)

37 Tischschwinge mit Federzug; dreidimensionale Feineinstellung des Schwingbalkens; größere Typen mit Einhandrakel kombinierbar (Messerschmitt-Albert Alfra-TS)

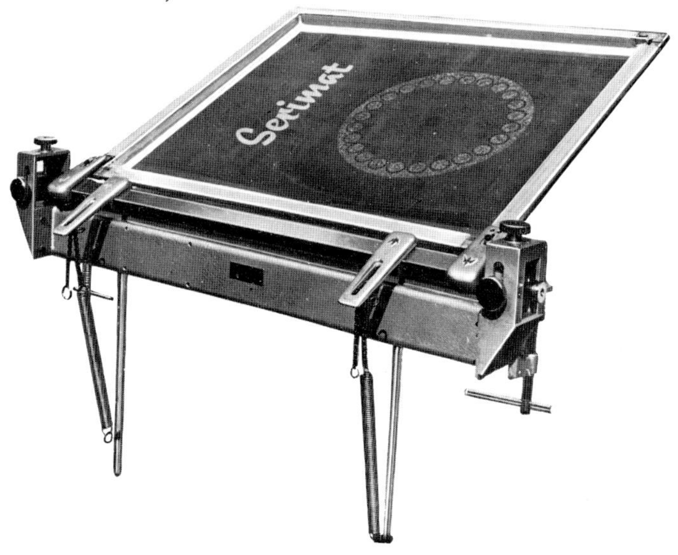

38 Tischschwinge mit Einhandrakel, kombiniert mit einem Vakuum-Drucktisch: Die Einhandrakel wird an die Achse der Tischschwinge geklemmt; sie erleichtert den Druck großer Flächen (Gruso-Rahmenschwinge 58S mit Einhandrakel E63; Foto: Gröner)

Arbeit beim Druckvorgang. Bei größeren, schwereren Rahmen, starker Dauerbeanspruchung, schnellem Arbeiten, großen Formaten und Druckaufgaben, die hohe Passergenauigkeit erfordern, ist die *Tisch-* oder *Rahmenschwinge* ein praktisches, leistungsfähiges Handdruckgerät (Abb. 36, 37).

Stellschrauben gewährleisten eine dreidimensionale Feineinstellung. Der Rahmen wird an einem Schwingbalken befestigt und kann über verstellbare Gegengewichte (Abb. 36) oder über Ziehfedern (Abb. 37) nach dem Druckvorgang stufenlos in der gewünschten Stellung gehalten werden.

Verstärkte Ausführungen ermöglichen das Einsetzen einer *Einhandrakel* und lassen sich zusätzlich mit einem *Vakuum-Drucktisch* kombinieren (Abb. 38).

Eine »kleine« Siebdruck-Werkstatt ist der kombinierte *Kopier-* und *Drucktisch* (Abb. 39), ein Mehrzweckgerät, bei dem die

39 Kopier- und Drucktisch, ein Mehrzweckgerät: als Montage-, Leucht-, Kopier- und Drucktisch einsetzbar (EMM-Deko-Anlage »TECHNOLOG Nr. 29«; Werkfoto)

Druckbasis aus einer transparenten Glas-Tischplatte besteht. Außer zum Druck läßt sich diese Anlage durch den Einbau verschiedener Lichtquellen auch zu Montage-, Entwurfs-, Retuschier- und Kopierarbeiten verwenden.

Die Weiterentwicklung dieser eher einfachen, an einem normalen Tisch oder einer Platte zu befestigenden Druckvorrichtungen führte zum *Vakuum-Drucktisch* (Abb. 40, 41) mit einer an der Oberseite perforierten Tischplatte, unter der sich ein Hohlraum (Vakuumraum) befindet. Beim Senken des Rahmens zieht ein unter dem Tisch angebrachter Vakuummotor blitzschnell die Luft aus dem Hohlraum der Vakuum-Tischplatte. Durch die engflächigen Bohrungen in der Oberseite der Platte saugt sich der Bedruckstoff während des Druckvorganges auf der Druckbasis unverrückbar fest – eine wichtige Verbesserung zur absoluten Passergenauigkeit vor allem bei leichten Bedruck-

40

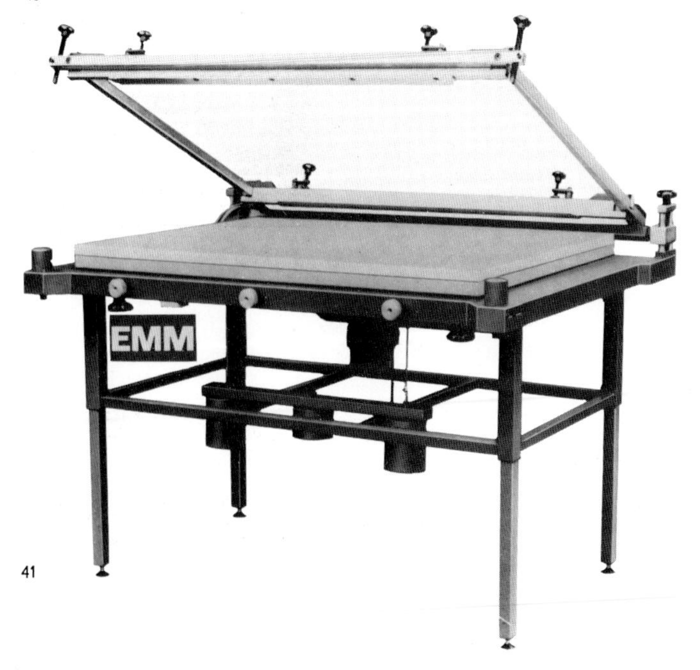

41

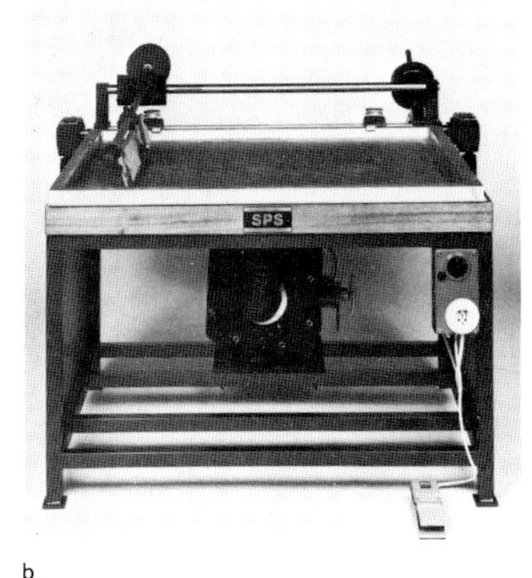

b

2 Baukastensystem: Ausbaumöglichkeiten von Handdrucktischen zu halbautomatischen Druckmaschinen mit automatischer Rakelführung (SPS-Handdrucktisch Modell 17 und Ausbaustufen): a) SPS-Handdrucktisch 17S mit Tischschwinge und Vakuumeinrichtung – b) SPS-Handdrucktisch 17S mit Tischschwinge, Einhandrakel – c) SPS-Drucktisch 17 SCR mit automatischer Rakel, Tischschwinge und Vakuumeinrichtung; aus dem Handdrucktisch ist eine halbautomatische Druckmaschine geworden

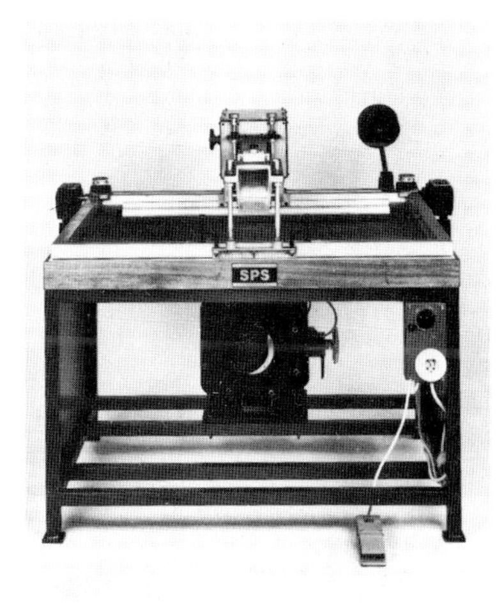

c

◁ 40 Vakuum-Drucktisch mit Tischschwinge und Einhandrakel: Das Vakuum wird mit Öffnen und Schließen des Rahmens automatisch betätigt; dreidimensionale Rahmenfeineinstellung (SIRI-Drucktisch 2000)

◁ 41 Präzisions-Vakuum-Drucktisch mit Tischschwinge: Der Drucktisch verfügt über eine Basisplatten-Feineinstellung; besonders geeignet für hochwertige, passergenaue Handdrucke; mit Einhandrakel kombinierbar (EMM-Präzisionsdrucktisch 54/34 XY)

43 Spezial-Handdruckgerät für den Mehrfarbendruck auf T-Shirts und Textilien (Alfra-handtex, Albert-Frankenthal): Die Druckformen sind karussellartig angeordnet und lassen sich nacheinander zum Druck der einzelnen Farben über den Bedruckstoff schwenken, so daß ein passergenauer Mehrfarbendruck möglich ist

44 Spezial-Handdruckgerät für den Runddruck; für Flach- und Körperdruck umrüstbar (EMM-Uni-Rondo/Präzision Nr. 26)

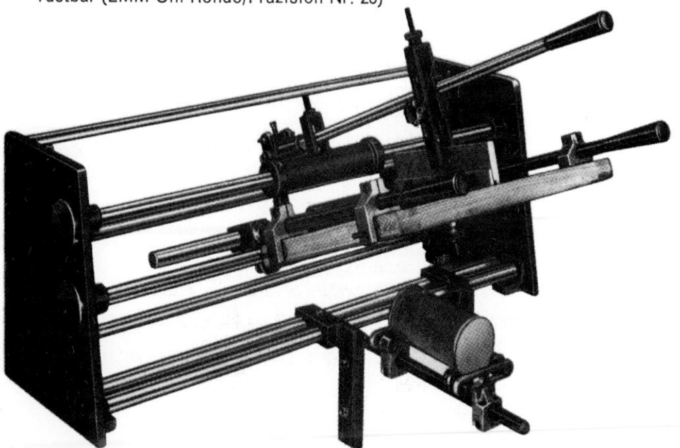

stoffen wie Papier, Folien, Textilien. Beim Anheben des Rahmens oder Betätigen eines Schalters wird das Vakuum automatisch unterbrochen, der Bedruckstoff läßt sich leicht vom Tisch nehmen. Steht kein Drucktisch mit Ansaugvorrichtung zur Verfügung, so kann zum Fixieren leichter Bedruckstoffe während des Druckvorganges ein Haftspray (Adhäsiv) als Vakuumersatz auf die Druckbasis gesprüht oder gestrichen werden.

Verschiedene Hersteller bieten Drucktische nach dem Baukastenprinzip an, die sich durch zusätzliche Systemelemente in ihrer Leistung und Anwendungsmöglichkeiten vom einfachen Handdrucktisch über den Vakuum-Drucktisch mit Einhandrakel bis zur halbautomatischen Druckmaschine (mit automatischer Rakelführung) ausbauen lassen (Abb. 42 a–c).

Spezial-Handdruckgeräte (Abb. 43, 44) ermöglichen auch den passergenauen Mehrfarbendruck auf Textilien (z. B. T-Shirts) und auf körperhafte Gegenstände (z. B. Flaschen, Dosen, Tonnen).

5 Die Trockenvorrichtung

Siebdruck ist Durchdruck mit einem verhältnismäßig dicken Farbauftrag, der den Trocknungsvorgang verzögert. Ein direktes Aufeinanderstapeln des bedruckten Materials sofort nach dem Drucken ist nicht möglich. Eine Trockenvorrichtung zum vorübergehenden Lagern noch feuchter Drucke ist erforderlich.

Vor allem für den maschinellen Siebdruck mit hoher Druckleistung sind unterschiedliche, zum Teil vollautomatische Trockenanlagen und -systeme entwickelt worden, wie Durchlauftrockner, Wandertrockner, Ultrakurzwellentrockner, Strahlungstrockner, Infrarottrockner u. a., die durch Anblasen mit Warmluft oder durch Infrarotbestrahlung die Drucke kurzfristig trocknen. Diese »Trockenmaschinen« kommen für den Handdruck nicht in Frage. Hier bieten sich folgende *Trocknungsmöglichkeiten* an:

- Ablage der Drucke auf Regalen, Tischen oder Stellagen
- Hängen der Drucke an selbstgebaute Hängeleisten oder speziellen Siebdruck-Trockenleisten
- Ablage auf Trockengestellen

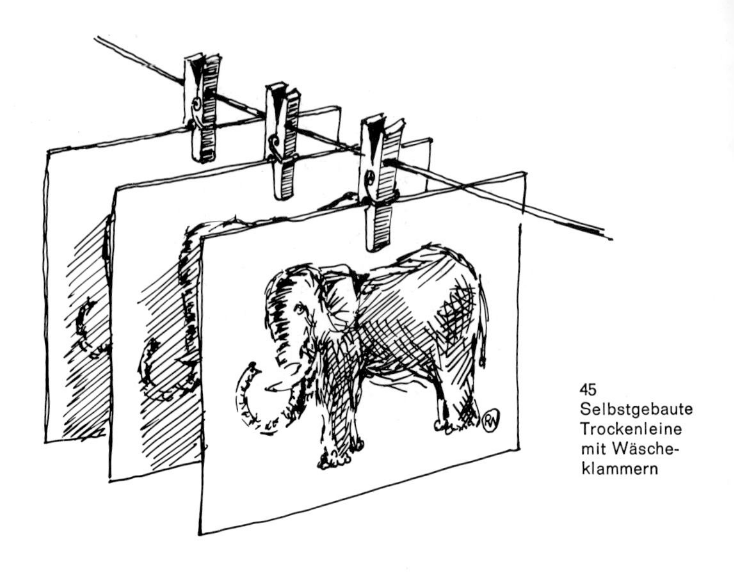

45
Selbstgebaute Trockenleine mit Wäscheklammern

Das Trocknen auf Tischen, Regalen, Stellagen ist sehr platz- und zeitraubend und nur bei kleinen Formaten, kleinen Auflagen und genügend großen Raumverhältnissen eine Möglichkeit. Eine einfache, billige und platzsparende Lösung bietet die *selbstgebaute Trockenleine* aus Stahldraht mit Wäsche- oder Papierklammern (Abb. 45). Zwischen den einzelnen Klammern aufgezogene Plastikschlauchstücke eignen sich als Distanzhalter. Aus Platzgründen sollten die Klammern so angebracht werden, daß die Drucke quer zur Leine hängen. Holzwäscheklammern kann man anbohren und aufziehen.

Eine zweckmäßige Trockenvorrichtung für den Siebdruck in der Schule und zu Hause ist die *Aufhängeleiste* (Abb. 46). Sie spart Arbeitsfläche und Zeit beim Aufhängen. Aufhängeleisten gibt es in 2-m-Stücken mit 60 Haltern. Die Leiste kann auf die jeweils notwendige Länge zugeschnitten werden. Der eingehängte Druck wird durch die in eine schräg zulaufende Bahn eingelassene Stahlrolle gehalten, die den Druck durch sein eigenes Gewicht festkeilt. Durch Anheben der Stahlrolle kann der Druck nach dem Trocknen abgehängt werden. Die Aufhängeleiste sollte sinnvollerweise an den Enden auf Schienen aufliegen (an der Decke montieren) oder mit Schraubenhaken

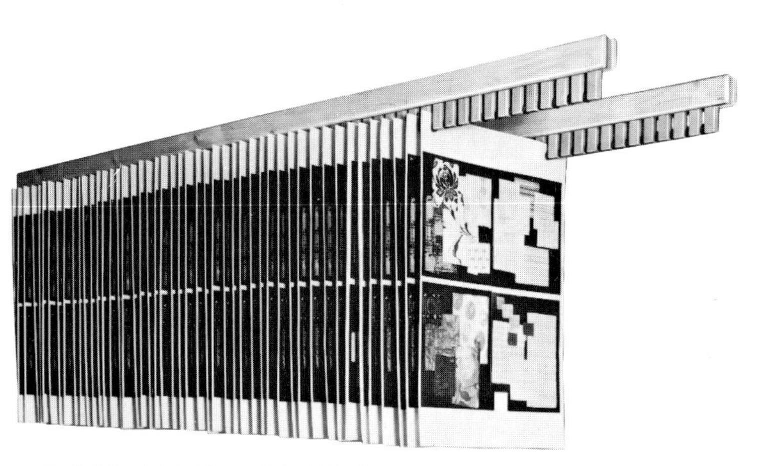

46 Aufhängeleiste (Gruso, Foto: Gröner)

verschiebbar an ein straff gespanntes Stahlseil gehängt werden (von Wand zu Wand spannen). So wird es möglich, die Leisten an den jeweils notwendigen Arbeitsplatz zu ziehen und sie nach dem jeweiligen Format des Bedruckstoffes zusammen- oder auseinanderzurücken.

Fahrbare Trockengestelle aus verzinktem Metall (Etagentrockner, Stapeltrockner oder Hordenwagen) liefern optimale Ablageflächen auf engstem Raum (Abb. 47). Sie bestehen aus klappbaren, mit Drahtgewebe bespannten Rosten, die einzeln durch Zugfedern in waagerechter oder schräger (geöffneter) Stellung gehalten werden. Der große Öffnungswinkel erleichtert das Ablegen und Herausnehmen der Drucke. Etagentrockner gibt es in verschiedenen Größen, die Formate bis DIN A 0 aufnehmen können.

Bei physikalisch trocknenden Farben (Trocknen durch Verdunstung des Lösungsmittels) und oxydativ trocknenden Farben (Trocknen durch Sauerstoffaufnahme aus der Luft) verlangsamen solche Gestelle allerdings den Trockenvorgang. Bedingt durch waagerechte Lage der Drucke und geringen Abstand zwischen den einzelnen Rosten füllt sich der enge Raum zwischen den Drucken durch Verflüchtigung der Lösungsmittel und Sauerstoff-

47 Fahrbares Trockengestell (Etagentrockner aus verzinktem Metall)

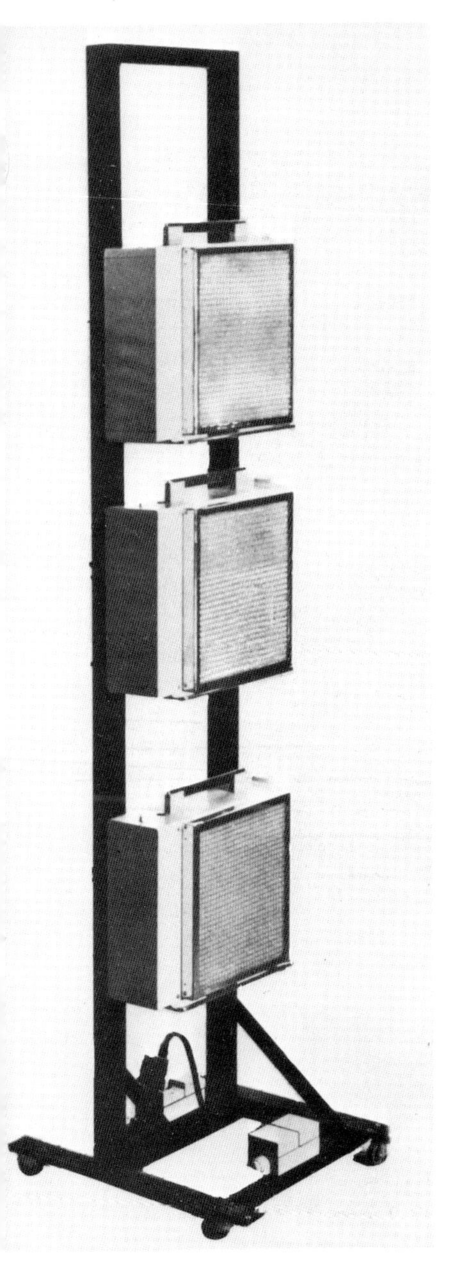

entzug aus der Luft allzu schnell mit Lösungsmitteldämpfen, die Trocknung wird unterbrochen. Die Möglichkeit guter Entlüftung und ständiger Abtransport der Lösungsmitteldämpfe sind unbedingt wichtig, auch aus gesundheitlichen Gründen!

Eine erhebliche Verkürzung der Trockenzeit gewährleisten transportable Schnelltrockengeräte (Abb. 48) mit eingebauten, staubfreien Warm- und Kaltluftgebläsen, die neben oder hinter dem Etagentrockner aufgestellt werden können.

48 Transportables Schnelltrockengerät (Devappa SHT)

6 Siebdruckfarben und Hilfsmittel

Eine wesentliche drucktechnische Besonderheit des Siebdrucks ist es, daß im Gegensatz zu anderen Druckverfahren nahezu alle Materialien in unterschiedlicher Form, Struktur, und Oberflächenbeschaffenheit zu bedrucken sind.

Für den Siebdruck werden dazu Spezialfarben benötigt. Es ist nicht ratsam, beliebige andere Farben zu verwenden. Allgemein sind Siebdruckfarben pigmenthaltiger als Farben anderer Druckverfahren. Dies ermöglicht eine stärkere Pigmentdeckung und somit eine größere Farbintensität auf dem Bedruckstoff, bringt aber andererseits durch den verhältnismäßig dicken Farbauftrag Probleme bei der Trocknung mit sich.

Trocknungsarten

Die Trocknungsart ist durch Farbzusammensetzung, verwendete Binde- und Lösemittel vorgegeben.

Bei *physikalisch trocknenden Farben* verdunsten die in der Farbe enthaltenen Lösemittel bei normaler Raumtemperatur, beschleunigt bei Luftbewegung und Wärme. Alle herkömmlichen Siebdruckverfahren, z. B. Mattfarben für Papier und sog. Jet-Farben (schnelltrocknende Farben) mit einem Bindemittel auf Kunstharz- oder Zellulosederivatebasis trocknen physikalisch. Bei Lufttrocknung sind sie in der Regel zwischen 10 und 50 Minuten »stapeltrocken«, d. h. die Farbschicht fühlt sich trocken an, ist aber noch nicht vollständig durchgetrocknet. Die Trocknungszeit ist erheblich kürzer als bei oxydativ trocknenden Farben. Bei Beschleunigung durch Trockenmaschinen kann die Trocknungszeit auf wenige Sekunden gesenkt werden.

Oxydativ trocknende Farben trocknen durch Aufnahme von Sauerstoff aus der Luft und durch gleichzeitige Polymerisation der Farbbestandteile, d. h. durch chemische Veränderung der molekularen Struktur der Farbe. Zu dieser Gruppe gehören verschiedene glänzende Druckfarben mit Bindemitteln auf der Basis trockner Öle. Die Trocknungszeit kann bei Lufttrocknung bis zu mehreren Stunden dauern. Die vollständig durchgehärtete Farbschicht ist weitgehend lösemittelresistent.

Bei *physikalisch-oxydativ trocknenden Farben* verdunsten zuerst die Lösemittel, was die schnelle Trocknung an der Oberfläche bewirkt. Erst dann kommt es zur langsamen Durchhärtung durch Luftsauerstoffaufnahme. Solche »modernen« Farben sind teilweise sehr widerstandsfähig gegen mechanische und chemische Einwirkungen.

Bei *chemisch trocknenden Farben* erfolgt eine Härtung des Farbfilms bei Luft- oder Wärmetrocknung durch chemische Reaktion zweier Komponenten (Farbe und Härter), die eine Verbindung eingehen. Der durchgehärtete Farbfilm ist im allgemeinen sehr widerstandsfähig, chemisch nur schwer lösbar und hochgradig witterungsbeständig.

Farbangebot

Der Fachhandel liefert ein vielfältiges Farbangebot an Standard- und Spezialsiebdruckfarben für jeden Einsatzbereich, mit unterschiedlichen Eigenschaften, einer Fülle von Anwendungsmöglichkeiten und für beinahe jedes Material. Siebdruckfarben lassen sich nach verschiedensten Gesichtspunkten unterscheiden, u. a. nach:

- der bereits beschriebenen Trocknungsart
- Bedruckstoff: Farben für Papier, Pappe, Karton, Holz und Holzerzeugnisse wie Hartfaser und Preßspan, für Glas, Metall, Keramik, Kunststoffe aller Art, Textilien, Gummi, Leder u. a.
- optischer Eigenschaft (Glanzgrad, Deckvermögen, Oberflächenstruktur, farbliches Aussehen): matte, seidenglänzende, glänzende, hochglänzende Farben; transparente, lasierende, deckende Farben, samtmatte Farben, Farben mit Hammerschlag- und Temperaeffekt, selbstleuchtende, tages- und nachtleuchende Farben, Pop-Farben
- sonstigen Eigenschaften (Belastbarkeit, Widerstandsfähigkeit, spezifischer Wirksamkeit): elastische, kratz-, haft-, abrieb- und griffeste, biege-, tiefzieh-, schweiß-, stanz- und falzfähige Farben, wasser-, wetter-, fett-, öl-, licht-, lösemittel- und hitzebeständige Farben, einbrenn-, aufbügel-, glasschmelz- und überdruckbare Farben, koch- und lichtechte, isolierende, leitende, klebende, lötfreudige, ätzfähige und giftfreie Farben, flachliegende und reliefartige Farben

- Einsatzbereich und Verwendungszweck: Farben für Innen- und Außeneinsatz, Farben für Skalen- und Schaltungsdruck, Verpackungsdruck, Dekorationsmittel, Poster, Plakate, Glas- und Metallschilder, Planen, selbstklebende Papiere, Folien, Textilien und Abziehbilder, Farben für Keramik, Flaschen, für Kombinationsdrucke zwischen Buchdruck bzw. Offset und Siebdruck, Flächen- und Rasterdruck, Serigrafien, Landkarten u. a.

Der Siebdrucker muß in der Lage sein, unter Berücksichtigung des jeweiligen Bedruckstoffes und Einsatzbereiches die geeignete Farbe aus diesem breiten Angebot auszuwählen, will er nicht durch schlechte Druckergebnisse enttäuscht werden. Eigenarten bestimmter Materialien können zu unerwünschten Wechselwirkungen zwischen Farbe und Bedruckstoff führen, z. B. zu Farbveränderungen oder Haftungsproblemen, die Vorversuche notwendig machen.

Bedingt durch verhältnismäßig dicken Farbauftrag ist der Farbverbrauch wesentlich größer als bei anderen Druckverfahren.

Grundsätzlich sind alle Farben einer Sorte und zum Teil auch unterschiedlicher Sorten untereinander mischbar, durch Hilfsmittel verdünnbar, streckbar und abschwächbar. Beim *Farbenmischen* sollte man unbedingt mit einer geringen Menge Farbe beginnen und versuchen, den gewünschten Farbton auf der Basis von möglichst wenigen Ausgangstönen, idealerweise durch zwei Farbtöne und Zumischen einer dritten Farbe, zu erreichen. Der genaue Farbton ist erst nach dem endgültigen Durchtrocknen auf dem Bedruckstoff zu beurteilen. Bei komplizierten mehrfarbigen Drucken, beispielsweise mit Lasurfarben, sollten vor dem Auflagendruck Andrucke oder Probedrucke gemacht werden.

Die anwendungstechnischen Abteilungen der Farbenhersteller helfen gern, auftretende Farbprobleme zu lösen. Sie liefern darüber hinaus Farbtonkarten, Farbfächer mischbarer Farbtöne und Anwendungsübersichten mit Kurzinformationen über Eigenschaften, Einsatzmöglichkeiten, Hilfsmittel, Bedruckstoffe, Trocknungsart und -dauer der verschiedenen Farbsorten, die beim Verarbeiten genau beachtet werden sollten.

Bekannte Siebdruckfarbenhersteller in der Bundesrepublik sind u. a. Marabuwerke (Tamm), die Farbenfabrik Hermann

Pröll (Treuchtlingen), die A. M. Ramp & Co. GmbH, Ruco-Druckfarben (Eppstein), die Hermann Wiederhold Lackfabriken (Nürnberg) und in England die Sericol Group Ltd. (London).

Die verschiedenen Farben sind üblicherweise in einer bestimmten Anzahl Basisfarbtöne lieferbar, aus denen mit Hilfe vorgegebener Mischrezepte der Hersteller eine Vielzahl Farbtöne selbst ermischt werden kann.

Die Firma Marabu hat für verschiedene Farbsorten ein *Farb-Misch-System* mit 14 Basisfarbtönen entwickelt, auf dessen Grundlage durch Mischen von nicht mehr als jeweils drei Basistönen mehr als 70 ausgewählte Farbtöne herstellbar sind.

Von Wiederhold gibt es für einige Farbsorten das *System Colormix* »400 Farbtöne aus 12 Grundfarben«.

Für den künstlerischen Siebdruck im Hobby- und Schulbereich kommen wohl in erster Linie matte und seidenglänzende *Deckfarben* für Papier, Pappe und Karton in Frage, dazu spezielle Farben für den Druck auf Kunststoff und Textilien. Für Papier und Textilien stehen auch *Farben auf wasserlöslicher Basis* zur Verfügung, die mit Wasser verdünnbar sind und die Reinigung erheblich vereinfachen. Drucke auf Papier bleiben ohne Lacküberdruck allerdings wasserempfindlich. Heutige wasserlösliche Papiermattfarben sind in erster Linie nur für einfache Einfarbendrucke des Siebdruckanfängers zu benutzen. Sollte es den Siebdruckherstellern gelingen, die Eigenschaften wasserlöslicher Farben allgemein zu verbessern, wäre eine solche Farbe aus gesundheitlichen Gründen, Gesichtspunkten des Umweltschutzes und wegen der einfachen Reinigung nicht nur für den Schul- und Hobbybereich ideal. Bei Marabu und bei Wiederhold sind solche verbesserten wäßrigen Farben in der Entwicklung.

In der Schule, wo häufig in Gruppen an mehreren Drucktischen gleichzeitig und unter Umständen noch in schlecht lüftbaren und/oder überheizten Räumen gearbeitet wird, sind aus gesundheitlichen Gründen *geruchsarme* lösungsmittelhaltige Farben vorzuziehen. Der englische Farbenhersteller Sericol liefert beispielsweise die seidenglänzende Dünnfilmfarbe »Jet Satin« für Papier, Pappe, Holz auf Testbenzinbasis und die matte Farbe »Plastipure« für Kunststoffe mit außergewöhnlich mildem und angenehmen Geruch von Farbe und Druck.

Ähnlich geruchsarm sind u. a. die matte, deckende, mit Testbenzin verdünnbare Papierfarbe »Maraplak MM« und »Marapid A« von Marabu, die »Wiedozell Lasurfarbe Sorte L« für mehrfarbigen Flächendruck und Rasterdruck auf Papier und die »Wiedacryl Glanzfarbe Sorte P« für Kunststoffe aller Art von Wiederhold.

Neben deckenden Farben bieten *Lasurfarben* (durchscheinend, aber nicht durchsichtig) für den mehrfarbigen künstlerischen Siebdruck besondere bildnerische Möglichkeiten, nämlich durch Überdruck verschiedener Farbtöne Farbmischungen, Mehrfarbigkeit mit weniger Druckvorgängen zu erzielen. Allerdings ist einige Erfahrung zur Verarbeitung solcher Farben notwendig. Man unterscheidet Lasurfarben für den Flächen- und den speziellen Rasterdruck (Drei- und Vierfarbendruck) auf Papier und Kunststoff. *Rasterfarben* gibt es in den drei Grundfarben Gelb, Rot (Purpur, Magenta), Blau (Cyan) und in Schwarz, lieferbar in drei Farbskalen (Normen mit festgelegten Werten für Druckfarben): der DIN-Skala (die farbtonmäßig »kälteste« Skala), der Kodak-Skala (die farbtonmäßig »wärmere« Skala) und der Europa-Skala (die farbtonmäßig zwischen den beiden anderen liegende Skala).

Für spezielle Druckaufgaben bieten die Farbenhersteller darüber hinaus *Siebdruckbronzen* in Gold-, Silber- und Kupfertönen an. Diese Bronzen, bestehend aus feinsten Metallplättchen (Aluminium für Silberbronzen) oder aus Metallpulvern (Kupfer und Zinn für Goldbronzen), werden als Fertigpasten oder als Pulver mit dem jeweiligen Bronzebinder zur Eigenmischung geliefert.

Siebdruckfarben sind nicht nur innerhalb einer Sorte mischbar, sie sind zusätzlich durch verschiedenartige Hilfsmittel verdünnbar, streckbar, abschwächbar, d. h. auf den jeweiligen Bedruckstoff, den Einsatzbereich, die gewünschte farbliche Wirkung und die Art der Verarbeitung abstimmbar.

Als *Hilfsmittel zur Verarbeitung der Farben* stehen zur Verfügung: Verdünner, Verzögerer, Reinigungsmittel, Druckpasten, Drucklacke, Sieböffner, Verlaufmittel, Antistatika, Sikkative:

- *Verdünner:* Lösemittel oder Lösemittelgemische, die dem in der Farbe bereits enthaltenen Lösungsmittel entsprechen oder ähneln. Der Verdünner bestimmt die Konsistenz der Druckfarbe (die Dichte oder Festigkeit der Farbe). Durch Zugabe von Verdünner vor dem Druck soll die Farbe auf ihren geeigneten Fließzustand, die richtige Viskosität (den Grad der Zähflüssigkeit) abgestimmt werden. Verdünner vermindern die Viskosität der Druckfarbe. Siebdruckfarben sind in der Regel fabrikmäßig mittel- bis hochviskos eingestellt. Unbegrenzte Verdünnerzugabe ist nicht möglich. Farbintensität, Deckung, Haftung und Trocknung werden durch das Maß der Verdünnung beeinflußt. Die Herstellerhinweise sind unbedingt zu beachten!

- *Verzögerer:* Lösemittel oder Lösemittelgemische, die den Trocknungsvorgang der Farben während des Druckvorganges verlangsamen sollen, um ein Eintrocknen im Gewebe zu verhindern, beispielsweise beim langsamen Handdruck, Arbeiten in überheizten Räumen, bei Schablonen mit feinen Details. Verzögerer sollten nur wenn unbedingt notwendig eingesetzt werden. Sie beeinflussen die Viskosität der Farbe, die Haftung auf dem Bedruckstoff und verlangsamen bei Ablage der Drucke in Etagentrocknern erheblich die Trocknungszeit.
- *Reinigungsmittel:* Schnell verdunstende Lösemittel zum Reinigen der Druckform (der Schablone) und der Arbeitsgeräte von lösungsmittelhaltigen Farben. Als Reinigungsmittel stehen zur Verfügung Testbenzin, Universalreinigungsmittel für verschiedene Farbtypen, spezielle Siebreiniger für frische und eingetrocknete Farben (auch in Form wasseremulgierbarer Reiniger).
- *Druckpasten:* Farbneutrale Hilfs- oder Verschnittmittel (Transparent- und Kristallpaste, Streckmittel, Mattpaste, Rasterpaste), die genau auf die jeweilige Farbsorte abgestimmt werden und für bestimmte Druckaufgaben eine besondere Einstellung der Farbe ermöglichen, z. B. Regulieren der Viskosität, Strecken der Farbmenge, Aufhellen, Abschwächen des Farbtons. *Transparentpaste* kann als Streck- und Aufhellmittel der Farbe zugesetzt werden. Je mehr *Kristallpaste* oder Transparentpaste zugesetzt werden, um so lasierender wird der Farbton. Er läßt sich bis zur Vollasur aufhellen. *Rasterpaste* verbessert die Verdruckbarkeit bei feinen Rasterarbeiten. Durch Zugabe von Rasterpaste wird die Farbe »kurz« eingestellt, damit sie »scharf« steht, d. h. unmittelbar nach dem Druck auf dem Bedruckstoff nicht verläuft, sondern jedes Bilddetail (feine Linien und Punkte) entsprechend der Schablone randscharf, kantengenau wiedergibt. *Mattpaste* ermöglicht das Verändern des Glanzgrades einer Farbe. Zu starker Verschnitt mit Druckpasten verändert die Lichtechtheit und Widerstandsfähigkeit der Farbe.

- *Drucklacke:* Klare Matt-, Seidenglanz-, Glanz-, Hochglanzlacke (auch als Einbrennlacke) zum nachträglichen Überdruck auf Farboberflächen, die gegen Verschmutzung, mechanische Beanspruchung, Witterungs– und Lichteinflüsse geschützt werden sollen.
- *Sieböffner:* Siebreinigungsmittel in Sprühdosen. Bei Druckunterbrechungen und zum Lösen von im Sieb eingetrockneten Farben kann der Reiniger auf das Sieb gesprüht werden. Nach kurzer Einwirkungszeit läßt sich das Sieb durch einige Makulaturdrucke freidrucken, verstopfte Gewebemaschen sind wieder »geöffnet«.
- *Verlaufmittel:* Hochwirksame Substanzen (häufig in Form von Silikoneverbindungen), die zur Verbesserung der Oberflächenstruktur des Farbfilms der Farbe beigegeben werden können.
- *Antistatika:* Mittel zur Beseitigung statischer Elektrizität bei Siebdruckfarben, Kunststoffen, Geweben, Textilien.
- *Sikkative:* Schnelltrockner oder Trockenbeschleunigungszusätze für Siebdruckfarben.
- *Weichmacher:* Zusatzstoffe für Kunststoffarben zur Erzielung einer höheren Elastizität der Farbe auf dem Bedruckstoff bei extremer mechanischer Beanspruchung.

Verlaufmittel, Antistatika, Sikkative und Weichmacher sollten nur in wirklichen Notfällen entsprechend den Herstellerempfehlungen eingesetzt werden, weil eine unsachgemäße Anwendung eher negative Auswirkungen auf das Druckergebnis hat. Für den Handdruck im Schul- und Hobbybereich sind diese Hilfsmittel von untergeordneter Bedeutung und nicht zu empfehlen.

Allgemeine Hinweise für den Umgang mit Farben und Hilfsmitteln:
- Die Verarbeitungshinweise der Hersteller sind unbedingt zu beachten
- Farbdosen und Reinigungsmittelbehälter sind nach Gebrauch sorgfältig zu verschließen
- Farben sollten kühl und trocken gelagert werden
- Arbeitsgeräte müssen sofort von Farbresten gereinigt werden
- Rauchen, offenes Feuer und Licht sind wegen der Feuergefährlichkeit der Löse- und Reinigungsmittel und Farben streng verboten

Zusätzliche Geräte und Materialien zur Entwurfsgestaltung, Kopiervorlagenherstellung, Schablonenherstellung, Reinigung/Entschichtung

Die Übersicht faßt ohne den Anspruch auf Vollständigkeit wichtige Geräte und Hilfsmittel für unterschiedliche Arbeitsbereiche zusammen, deren Funktion bei der Beschreibung der Arbeitsvorgänge deutlich wird. Die Notwendigkeit bestimmter Geräte und Hilfsmittel ergibt sich im einzelnen aus der jeweils verwendeten siebdrucktechnischen Arbeitsweise.

Bereich	Geräte	Materialien
Entwurfsgestaltung	Zeichentisch, Montage- oder Leuchttisch, Papierschneidemesser, Scheren, Lineale, Winkel, Zirkel, Bleistifte, Haar- und Borstenpinsel	Zeichen- und Montagefolie, Farben, Klebeband, Doppelklebeband, Zeichenpapier, Transparentpapier, Anreibefolien
Schablonenherstellung	für *manuelle* Schablonenherstellung: keine aufwendigen Geräte notwendig für *fotomechanische* Schablonenherstellung: Kopiereinrichtung (Kopierlampe oder -tisch, Vakuum-Kopierrahmen, Kopiersack oder -kissen mit Glasplatte), Beschichtungsrinnen, Siebentwicklungsanlage, Trockenschrank oder Fön	für *manuell* hergestellte Schablonen: Schablonenpapiere, Schneidefilm, Abdeckmittel für *fotomechanisch* hergestellte Schablonen: Kopierschichten oder -filme, Siebfüller, Siebkorrekturlack, Aluklebeband
Kopiervorlagenherstellung für Fotoschablonen	Leuchttisch, Reprokamera / Vergrößerer / Kontaktkopiergerät, Fotolabor, Kontaktraster, Trockenschrank für Filme	Maskierfilm, Lithfilm, transparente Zeichen- und Montagefolie, Schablonenschneidemesser und zusätzliche Schneidewerkzeuge, Montagekleber, Lithostifte, -kreide, -tusche
Reinigung/Entschichtung	Siebauswaschanlage, Hochdruckentschichtungsgerät	Siebreiniger, Entschichter, Putztücher, Schutzkleidung (Handschuhe, Brille, Schürze)

III Der manuelle Druckvorgang

Nachdem im vorangegangenen Teil die Grundausstattung erklärt und ergänzende Verarbeitungshinweise gegeben worden sind, soll im folgenden nicht unmittelbar auf Hilfsmittel und Geräte für die Schablonen- und Kopiervorlagenherstellung eingegangen werden, sondern der Druckvorgang selbst erklärt werden. Daraus ergeben sich zwangsläufig die weiteren Fragen.

Grundsätzlich ist noch einmal festzustellen, daß *jede* zu drukkende Farbe eines Motivs eine *eigene Schablone* und einen *eigenen Druckgang* für *jedes* zu bedruckende Exemplar der gesamten Auflage benötigt. Es wird von der angenommenen Situation ausgegangen, daß eine Schablone auf das Gewebe (das Sieb) übertragen worden ist (s. Schablonenherstellung, S. 100 ff.) und zum Druck bereitsteht. Alle drei zu beachtenden Gesichtspunkte (Rahmen-, Gewebe- und Schablonenwahl) sind zu diesem Zeitpunkt abgeschlossen.

1 Druckvorbereitungen

Bevor der eigentliche Druckvorgang beginnen kann, sind einige wichtige Vorbereitungen zu treffen, die gegenüber dem Drucken selbst einen erheblichen Zeitaufwand erfordern, die aber notwendig sind, um beste Produktionsbedingungen zu gewährleisten.

Zu diesen Vorbereitungen gehören im einzelnen:
- Einrichten des Siebes (der Druckform) auf dem Drucktisch
- Setzen der Anlegemarken
- Festlegen der Absprunghöhe

- Auswählen der geeigneten Rakel
- Bereitlegen notwendiger Druckhilfsmittel und des Bedruckstoffes
- Auswählen und Anmischen der geeigneten Farbe

Einrichten des Siebes auf dem Drucktisch

Die vorgesehene Druckposition auf dem Bedruckstoff und die entsprechende Schablone im Sieb müssen zur Deckung gebracht werden, sie müssen zusammen »passen«, »gepassert« werden. Das bedeutet: Die Lage des zu bedruckenden Materials muß auf dem Drucktisch so bestimmt werden, daß bei jedem Druckvorgang die Farbe durch die Schablone an der gleichen Stelle auf den Bedruckstoff gedruckt wird. Diese »Passergenauigkeit« ist besonders bei mehrfarbigen Drucken wichtig, wenn nicht bei den einzelnen Druckvorgängen Verschiebungen einzelner Farben (»Passerdifferenzen«) im Druckbild auftauchen sollen.

Zur genauen Lagebestimmung des Bedruckstoffes ist zuerst das Sieb in der Rahmenhalterung des Drucktisches zu befestigen. Nun markiert man genau die Stellung der Schablone auf dem Bedruckstoff oder man befestigt den Entwurf (bei manuell hergestellten Schablonen, s. S. 108 ff.) oder die Kopiervorlage (bei fotomechanisch hergestellten Schablonen, s. S. 158 ff.) auf dem zu bedruckenden Material.

Das Einrichten (passergenaues Einstellen) geschieht entweder durch Hin- und Herschieben des Bedruckstoffes auf dem Drucktisch (z. B. bei einfachen Druckvorrichtungen, Abb. 34, 35), Justieren des Rahmens über Feineinstellschrauben (z. B. bei dreidimensional verstellbaren Tischschwingen, Abb. 37, 38) oder durch das Verstellen der Basisplatte (z. B. bei Präzisions-Drucktischen, Abb. 41), bis der Bedruckstoff passergenau unter der Schablone liegt. Dann werden die Anlegemarken gesetzt. Das Einrichten bei diesen drei Methoden hat grundsätzlich bei Kontakt von Gewebe und Bedruckstoff zu erfolgen.

Steht nur eine einfache Druckvorrichtung ohne Basisplatten- oder Rahmenfeineinstellung zur Verfügung (Abb. 34, 35), so hat sich für den passergenauen Mehrfarbendruck auf Papier, Pappe oder Kunststoff folgende, etwas aufwendige, aber sehr exakte Einrichtungsmethode bewährt: Das Sieb wird bereits *in Druckposition* in die Rahmenhalterung eingesetzt. Auf dem

Drucktisch befestigt man eine dünne, aber maßhaltige Klarsichtfolie (Acetat oder Polyester) mit Klebeband an den vier Ecken. Die Folie muß einige Zentimeter größer sein als das Format des späteren Druckbildes.

Auf dieser Folie wird nur der *erste Druck* ausgeführt. Statt nun den Rahmen zu verändern, schiebt man den Bedruckstoff mit der aufmontierten Vorlage (Entwurf oder Kopiervorlage) *unter* die transparente Folie und richtet ihn *deckungsgleich* mit dem Andruck aus.

Befinden sich im Entwurf und in der Schablone Passermarkierungen (in Kreuz- oder Kreisform), die man nur beim Andrukken mitdruckt, bei der Auflage abdeckt, so brauchen diese Markierungen nur zur Deckung gebracht werden. Bei Mehrfarbendrucken verfährt man beim Einrichten für die weiteren Farben ebenso.

Setzen der Anlegemarken

Ist durch das Einrichten die genaue Lage des Bedruckstoffes bestimmt, schafft man sich auf dem Drucktisch *feste Anlagepunkte* durch Anlegemarken. *Anlegemarken* gibt es im Fachhandel in verschiedenen Ausführungen, meistens selbstklebend aus festem Kunststoff. Man kann sie sich aus Papp- oder Papierstückchen (1,5–2 cm breit, 3–5 cm lang) und mit aufgeklebtem Doppelklebeband selbst herstellen. Anlegemarken sollten nicht stärker als der Bedruckstoff sein, um den Kontakt zwischen Gewebe und Bedruckstoff beim Rakeln nicht zu stören. Zu dünne Marken dagegen erschweren passergenaues und zügiges Einlegen des Bedruckstoffes.

Üblich ist im Siebdruck eine *Drei-Punkte-Anlage* (Abb. 49). Zwei Anlegemarken setzt man dazu an eine *lange* Seite des Bedruckstoffes, während die dritte Marke rechtwinklig dazu an der *kurzen* Seite angebracht wird, und zwar möglichst dicht an der Ecke zur einen Marke an der Längsseite (Abb. 49a). Eventuelle Schnittungenauigkeiten im Bedruckstoff lassen sich so am besten ausgleichen.

Beim mehrfarbigen Handdruck ist zum Einrichten der folgenden Schablonen immer *derselbe Andruckbogen* zu verwenden, auf dem auch die genauen Positionen der Anlegemarken zu

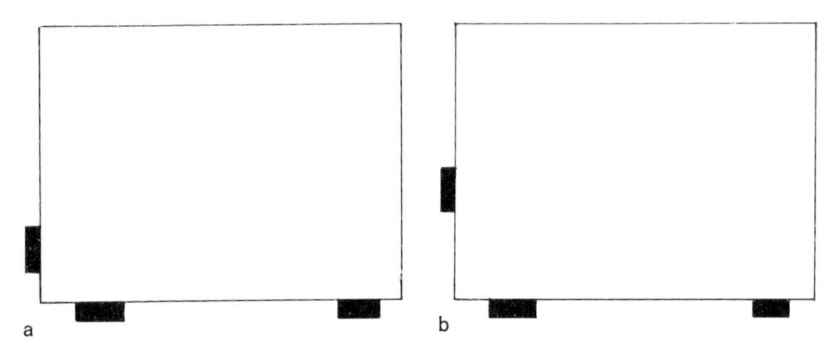

49 Setzen der Anlegemarken für den Bedruckstoff (Drei-Punkt-Anlage auf der Druckbasis [Schema]): a) richtig – b) falsch

markieren sind, damit sie für die weiteren Druckgänge stets an die gleichen Stellen gesetzt werden können. Fehlerhaftes Setzen der Anlegemarken verursacht Passerdifferenzen beim Mehrfarbendruck!

Festlegen der Absprunghöhe

Erst *nach* dem Einrichten und Setzen der Anlegemarken ist durch Verstellen der Rahmenhöhe festzulegen, wie groß der Abstand zwischen der Druckseite des Rahmens (der Gewebeunterseite) und dem auf dem Drucktisch liegenden Bedruckstoff beim Druck sein soll (Abb. 50). Dieser Abstand, »Absprunghöhe«, bedingt den sogenannten Absprung, d. h. durch diesen Abstand soll gewährleistet sein, daß sich das Gewebe beim Druck noch *während des Rakelns hinter der Rakel sofort* wieder vom Bedruckstoff löst, »abspringt«, und nicht etwa am Gewebe haften bleibt.

50 Absprunghöhe: Der Abstand zwischen Rahmenunterseite (Druckseite) und Bedruckstoff muß nach dem Einrichten festgelegt werden

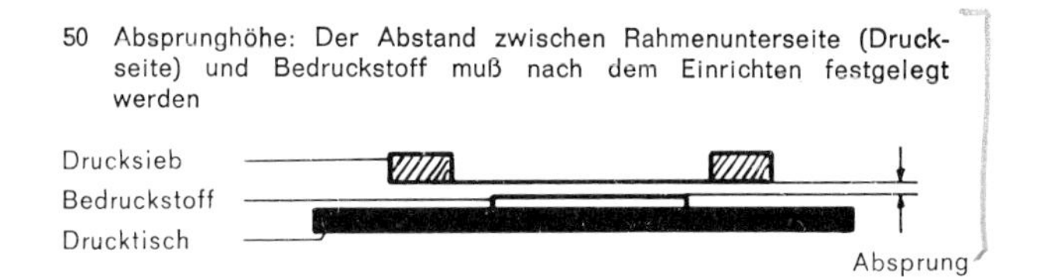

Die Absprunghöhe wird u. a. bestimmt durch die Rahmengröße (größere Gewebeflächen sind elastischer, daher ist eine größere Absprunghöhe möglich), die Gewebespannung (straff gespannte Gewebe sind weniger elastisch, sie erfordern geringere Absprunghöhen), die Gewebeart (Gewebe sind unterschiedlich elastisch, z. B. ist Nylon elastischer als Polyester) und durch die Viskosität der Farbe (bei niederer Viskosität löst sich das Gewebe schneller vom Bedruckstoff, bei höherer langsamer).

Die *Absprunghöhe beim Handdruck* kann unter Berücksichtigung dieser verschiedenen Faktoren zwischen 2 und 8 mm liegen, wobei dieser Wert aus Gründen der Passergenauigkeit so niedrig wie möglich zu halten ist. Je geringer die Absprunghöhe, um so geringer ist beim Druck der Gewebeverzug (die Streckung des Gewebes durch den Rakelanpreßdruck). Während des Auflagendruckes darf die Absprunghöhe nie verändert werden. Um die genaue Absprunghöhe einzuhalten, können an der Unterseite des Rahmens gegenüber der Rahmenbefestigung angeklebte Pappstückchen als Abstandhalter dienen.

Auswählen der geeigneten Rakel

Über die Auswahlmöglichkeiten einer Rakel ist bereits gesprochen worden (S. 58 ff.). Hier sei noch einmal darauf hingewiesen, daß die Rakel auf die jeweilige Farbbeschaffenheit, den Bedruckstoff, das Motiv und die Schablonenart abgestimmt sein muß, wobei vor allem auch die Länge der Rakel so gewählt werden muß, daß sie beidseitig einige Zentimeter (ca. 3 cm) über das zu druckende Motiv hinausreicht (Abb. 51).

51 Länge der Rakel, bezogen auf das Druckformat: Die Rakel soll beidseitig einige Zentimeter größer sein als das Motiv

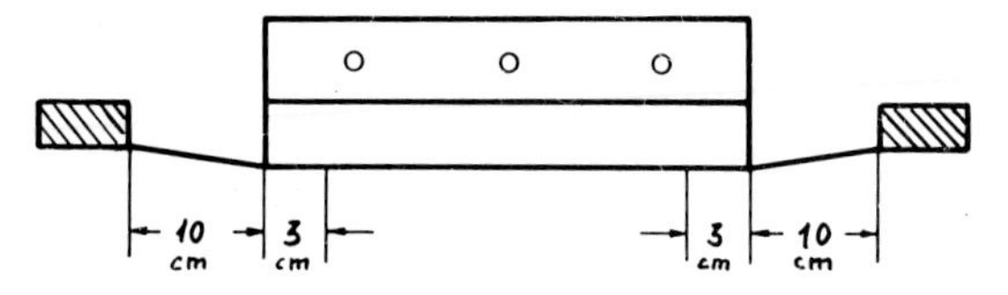

Bereitlegen notwendiger Druckhilfsmittel und des Bedruckstoffes

Der Druckvorgang selbst ist nur dann ohne zeitraubende Unterbrechungen durchzuführen, wenn sämtliche Druckhilfsmittel in unmittelbarer Nähe des Druckplatzes bereitgelegt werden.

Gut geeignete Ablageplätze sind Regale oder kleinere Beistelltische mit Rollen, so daß sie dort aufgebaut werden können, wo sie den Druckablauf nicht stören.

Vom Bedruckstoff sollte eine solch große Anzahl bereitgelegt werden, daß über die geplante Auflage hinaus ausreichend Exemplare für Andrucke und möglichen Druckausschuß zur Verfügung stehen.

Bei einer notwendigen *Zwischenreinigung* des Siebes läßt sich auch Makulaturpapier gut verwenden. Sinnvoll ist es, das zu bedruckende Material zur Klimatisierung bereits einige Zeit vorher in der Druckwerkstatt zu lagern. Papier sollte innerhalb der Auflage stets die gleiche Laufrichtung haben.

Auswählen und Anmischen der jeweiligen Farbe

Beim Mehrfarbendruck ist es ratsam, vor der eigentlichen Auflage Andrucke der verschiedenen Farben durchzuführen, um die Farbtöne aufeinander abzustimmen und evtl. die Druckreihenfolge der verschiedenen Farben neu festzulegen. Genaue Farbtöne sind erst nach dem Durchtrocknen der Farbe auf dem jeweiligen Bedruckstoff zu beurteilen.

Die Farbe ist entsprechend dem Bedruckstoffmaterial und seiner Oberflächenstruktur auszuwählen und evtl. durch entsprechende Druckhilfsmittel in ihrer Viskosität auf das zu bedruckende Material, das Gewebe und die Schablone abzustimmen.

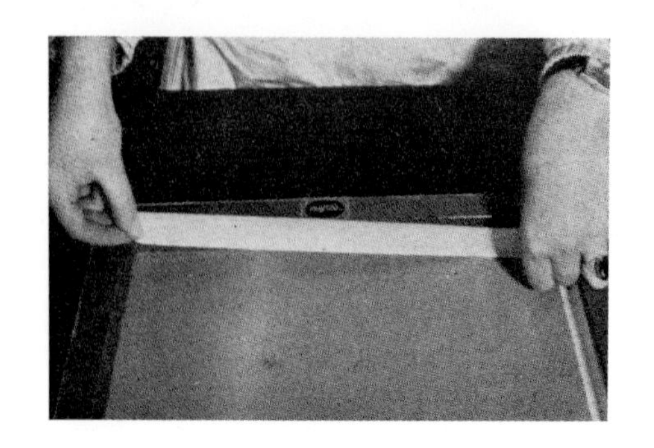

52 Abkleben der Rahmeninnenkanten mit Klebeband

Arbeitsablauf: Druckvorbereitungen

1. Kontrolle der auf das Sieb übertragenen Schablone auf mögliche Fehlerquellen
2. Abkleben der Rahmeninnenkanten mit Klebeband, um die Verschmutzung durch Farbe zu vermindern (Abb. 52)
3. Überprüfen und Reinigen des Drucktisches (der Druckbasis), Unebenheiten, Staub, Klebe- und Farbreste entfernen
4. Befestigen des Rahmens an der Druckvorrichtung
5. Einrichten des Siebes auf dem Drucktisch
6. Setzen der Anlegemarken (vgl. Abb. 49)
7. Bei Drucktischen ohne Vakuumeinrichtung: Auftragen eines Haftklebers (Adhäsiv) auf dem Drucktisch (verhindert das Verrutschen und evtl. Ankleben des Bedruckstoffes am Gewebe; Haftkleber ist nicht bei allen Farben und Bedruckstoffen nötig)
8. Einrichten der Absprunghöhe (vgl. Abb. 50)
9. Bereitlegen notwendiger Druckhilfsmittel
10. Bereitlegen des Bedruckstoffes neben dem Drucktisch (Bedruckstoff muß zum Einlegen gut zu erreichen sein)
11. Auswählen und Anmischen der geeigneten Farbe

Die Druckvorbereitungen sind damit abgeschlossen, und der eigentliche Druckvorgang kann beginnen.

2 Ablauf des Druckvorganges

Im folgenden wird nur der Vorgang beim *Handdruck* beschrieben, d. h. Einlegen des Bedruckstoffes, Rakeln und Herausnehmen des fertigen Druckes erfolgen manuell durch den Drucker und eventuelle Mitarbeiter.

Die Funktion der Rakel ist im einzelnen schon erklärt worden (s. S. 58). Sie bewegt die Farbe auf dem Sieb, füllt die Gewebemaschen mit Farbe und bewirkt den Kontakt des Gewebes mit dem Bedruckstoff beim Druck. Rakelprofil und -härte sind vor allem nach dem Bedruckstoff zu bestimmen (s. S. 60). Beim Rakeln von Hand sind folgende Gesichtspunkte zu berücksichtigen: Rakelwinkel (Rakelhaltung) – Rakeldruck (Anpreßdruck) – Rakelzug (Fluten und Drucken).

Rakelwinkel (Rakelhaltung)

Der für den Handdruck übliche Rakelwinkel liegt bei ±75° (Abb. 53). Verändert man den Anstellwinkel der Rakel beim Druck, verändern sich Farbauftrag und Passergenauigkeit. *Steile* Rakelwinkel (Abb. 53), ebenso wie scharfkantige Rakelprofile (Abb. 30), verringern den Farbauftrag und erhöhen den Anpreßdruck an das Gewebe, wodurch ein größerer Gewebeverschub möglich ist, der Passerschwierigkeiten verursachen kann. *Flache* Rakelwinkel (Abb. 53), ebenso wie abgerundete Rakelprofile (Abb. 30), erhöhen den Farbauftrag und vermindern den Anpreßdruck an das Gewebe. Gewebeverschub und Passerungenauigkeiten sind demnach geringer.

53 Rakelwinkel beim Handdruck

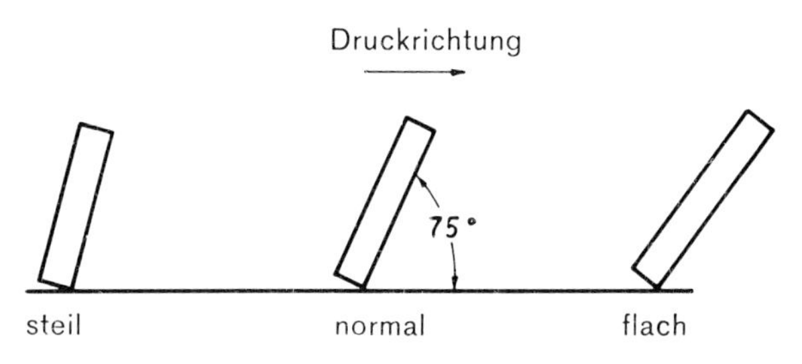

Allerdings besteht beim Handdruck durch zu flache Anstellwinkel die Gefahr, daß das Druckbild durch unter das Gewebe gequetschte (verschleppte) Farbe verschmiert wird.

Zur Erzielung eines gleichmäßigen Farbauftrages ist der Rakelwinkel während einer gesamten Druckauflage möglichst konstant zu halten.

Rakeldruck (Anpreßdruck)

Auch der Rakeldruck, der Anpreßdruck, der durch die Rakel beim Druckvorgang auf den Bedruckstoff ausgeübt wird, sollte während des Auflagendruckes immer gleich stark sein. *Starker* Rakeldruck erhöht die Farbauftragsmenge auf dem Bedruckstoff, führt leichter zu Gewebeverzug und beeinflußt dadurch die Passergenauigkeit. Der »richtige« Anpreßdruck beim Handrakeln ist weitgehend von den Erfahrungen, dem Einfühlungsvermögen und den individuellen Vorlieben des Druckers abhängig. Bei normalen Druckaufgaben ist ein möglichst gering gehaltener Rakeldruck zu empfehlen.

Rakelzug (Fluten und Drucken)

Der Rakelzug selbst unterteilt sich in das sogenannte Fluten (Rakeln ohne Anpreßdruck) und das eigentliche Drucken (Rakeln mit Anpreßdruck).

Beim *Fluten* wird *vor* dem Druckvorgang die Farbe *ohne Druck* mit der Rakel bei einem Anstellwinkel von ca. 45° vom Druckerstandpunkt aus auf die gegenüberliegende Rahmenseite gezogen (Abb. 55, 56). Dabei überzieht man das Sieb vor dem Druck mit einem gleichmäßigen Farbauftrag, die offenen Stellen der Schablone werden mit Farbe gefüllt, ohne jedoch diese bereits durch das Gewebe auf den Bedruckstoff zu übertragen (Abb. 54).

Erst nach dem Fluten erfolgt das eigentliche *Drucken* (Rakeln unter Anpreßdruck). Die Rakel wird mit beiden Händen gefaßt, in entsprechendem Anstellwinkel (±75° Neigung zum Drucker) an der dem Drucker gegenüberliegenden Rahmenseite *hinter* die Farbe gestellt und in *einem Zug* bei gleichmäßigem Druck und Winkel über das Gewebe gezogen. Dabei muß sich das Ge-

54 »Geflutetes« Sieb: Die Farbe ist ohne Anpreßdruck mit der Rakel gleichmäßig auf dem Sieb verteilt worden

webe auf den Bedruckstoff pressen, um die Farbe auf ihn zu übertragen und ein Druckbild zu erzeugen (Abb. 55, 56).

Der Druckvorgang ist stets nur in *einer* Richtung, zum Drukker hin, auszuführen; Absprunghöhe und Gewebedehnung bewirken beim Rakelzug eine leichte Verschiebung des Gewebes und damit des Druckmotives in die Richtung, in die unter Anpreßdruck gerakelt wird. Würde man nun in beide Richtungen drucken, käme es zu wechselnden Standverschiebungen des Motivs auf dem Bedruckstoff und folglich zu Passerungenauigkeiten bei mehrfarbigen Drucken. Es folgt also nach dem Drucken stets erst das Fluten der Farbe, bevor man weiterdruckt.

Die Rakelgeschwindigkeit richtet sich u. a. nach Farbart, Farbkonsistenz, Schablonendicke, Gewebefeinheit, Rakelwinkel, Motivart und -größe. Beim Handrakeln ist gleichmäßig und zügig, aber nicht überhastet zu arbeiten. Drucker und Mitarbeiter sollten während des gesamten Druckvorganges saubere Hände haben.

Bei Druckunterbrechungen oder -störungen (eingetrocknete Farbe, Farbwechsel, Pausen) genügt das Abreiben des Siebes von unten mit einem Reinigungsmittel oder das Einsprühen des Siebes von oben mit Sieböffner. Sieböffner löst eingetrocknete Farbe nach 1–2 Minuten an. Nach mehreren Makulaturdrucken kann weitergedruckt werden. Bei wäßrigen Farben arbeitet man mit einem in Wasser angefeuchteten Schwamm.

Es ist darauf zu achten, daß sich der Bedruckstoff unmittelbar hinter der Rakel vom Sieb ablöst (Absprung), es sei denn, man will im vollen Kontaktdruck das bedruckte Material am Sieb haften lassen, um die Gewebestruktur im Druck zu erhalten.

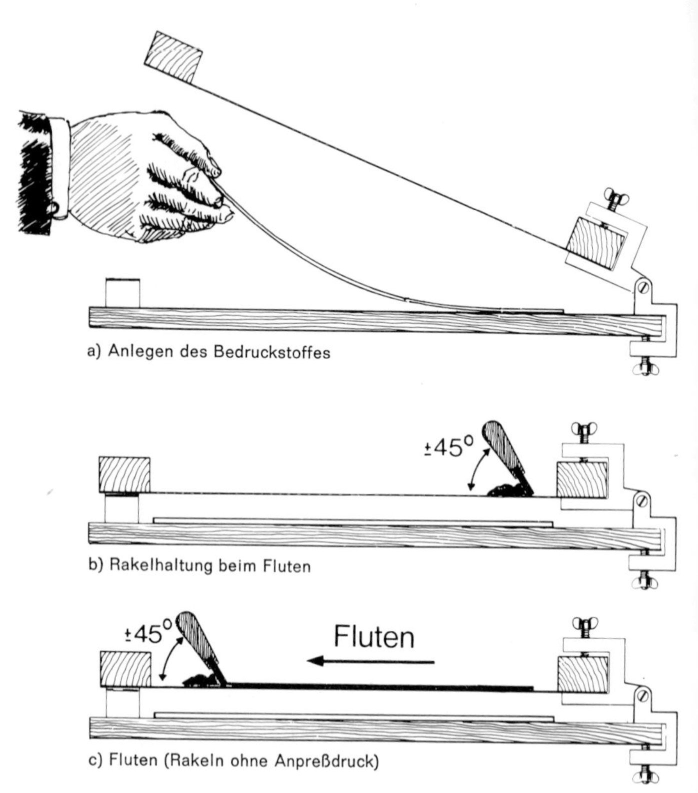

a) Anlegen des Bedruckstoffes

b) Rakelhaltung beim Fluten

c) Fluten (Rakeln ohne Anpreßdruck)

55 a) – f) Ablauf des manuellen Druckvorganges (Schema, Seitenansicht)

Arbeitsablauf: Druckvorgang

Ausgangssituation – die Vorbereitungen sind beendet.

1. Anlegen des Bedruckstoffes an die Anlegemarken (Abb. 56a) auf dem Drucktisch und Senken des Rahmens (auf *genaues* Anlegen während der gesamten Auflage achten)
2. Auftragen der Farbe (Abb. 56b): Farbe an der Seite, wo der Drucker steht, auf das Sieb gießen, Farbe noch nicht in die druckenden Stellen der Schablone laufen lassen, nicht

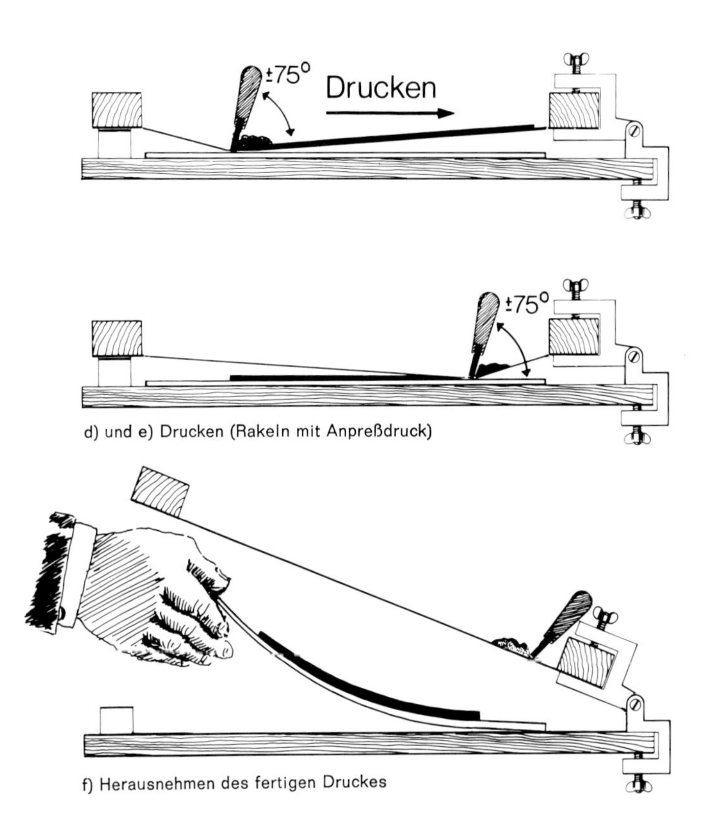

d) und e) Drucken (Rakeln mit Anpreßdruck)

f) Herausnehmen des fertigen Druckes

zuviel Farbe auf das Sieb geben, Herauslaufen der Farbe beim Anheben des Siebes vermeiden

3. Aufsetzen der Rakel zwischen Farbe und Rahmen
4. Fluten der Farbe (Abb. 56c, d): Farbe mit der Rakel ohne Anpreßdruck vom eigenen Standpunkt aus auf die gegenüberliegende Rahmenseite ziehen, Anstellwinkel ±45° Neigung vom Drucker weg
5. Drucken (Abb. 56e): Rakel hinter die Farbe setzen und mit gleichmäßigem Anpreßdruck und Anstellwinkel ±75° über das Sieb zu sich herziehen

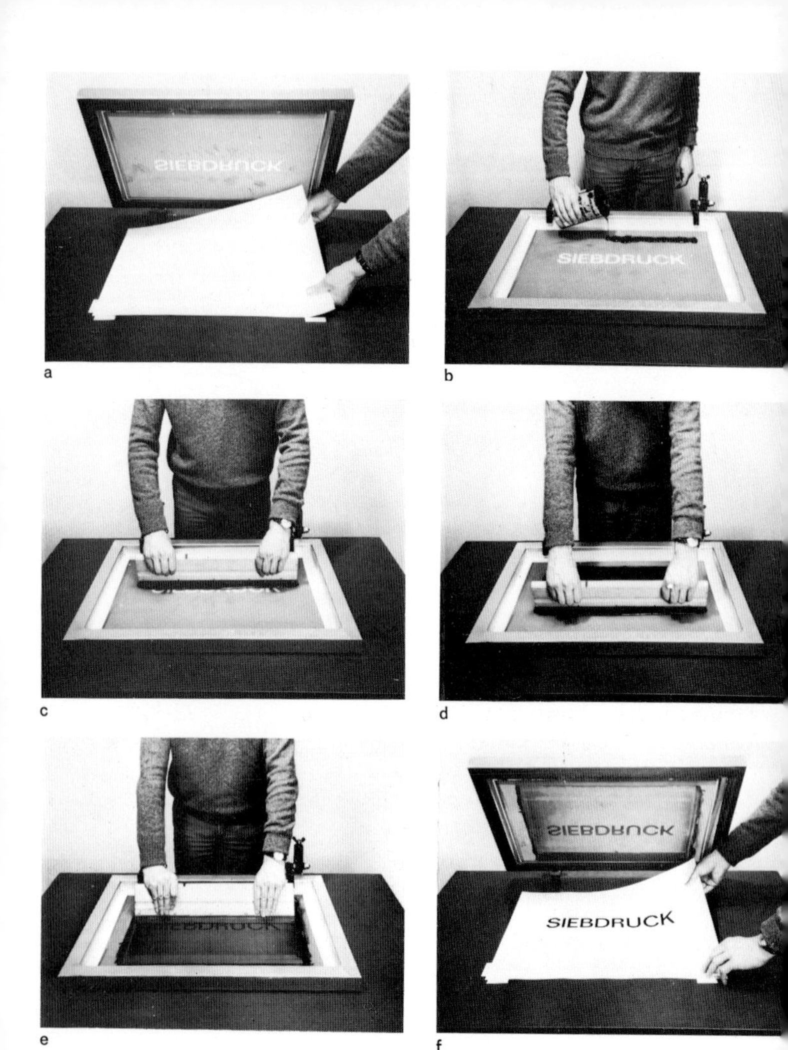

56 Ablauf des manuellen Druckvorgangs (Vorderansicht): a) Anlegen des Bedruckstoffes b) Auftragen der Farbe – c) und d) Fluten der Farbe – e) Drucken – f) Herausnehmen d fertigen Druckes

Der erste Druckvorgang ist beendet, der erste Druck fertig.

6. Nach dem Drucken:
   Möglichkeit a) Rakel zwischen Farbe und Rahmeninnenkante setzen, Rahmen anheben
   Möglichkeit b) Rakel zwischen Farbe und Rahmeninnenkante setzen und Fluten der Farbe, Rakel abheben, Rahmen anheben
7. Herausnehmen des Druckes (Abb. 56f) und Prüfen der Druckqualität (Farbwirkung, Passergenauigkeit, Druckfehler, Fehler in der Schablone)
8. Eventuelle Fehler beseitigen
9. Anfertigen mehrerer Probedrucke (auf dem Andruckbogen die Position der Anlegemarken einzeichnen)
10. Drucken der Auflage
11. Nach dem Druck der gesamten Auflage: Reinigen des Siebes, der Hilfsmittel und Geräte

3 Reinigung des Siebes nach dem Druck

Siebe müssen nach dem Druck sofort, egal ob sie noch einmal verwendet oder entschichtet werden, mit einem entsprechenden Reinigungsmittel, das auf die Farbe abgestimmt ist, gründlich von allen Farbresten gereinigt werden.

Dazu benutzt man *Siebreiniger*, die der Fachhandel als hochaktive Lösungsmittelgemische zum Entfernen frischer und eingetrockneter Farben oder auch als kopierschichtschonende Reiniger (falls die Schablone weiterverwendet werden soll) bereithält. Bekannte Siebreiniger sind »Pregan-C3« und »C4«, »Pregan-233«, »Pregan-240E« (Kissel & Wolf).

Nach dem Abnehmen restlicher Farbe mit einem Spachtel kann das Sieb durch beidseitiges Ausreiben mit einem in Lösungsmittel getränktem Lappen von Farbresten gereinigt werden. Noch besser lassen sich fusselfreie und saugfähige Putztücher, eine Art Universalputzlappen, für den einmaligen Gebrauch einsetzen (z. B. »E-Tork« von Mölnlycke). Diese hygienischen Wegwerftücher gibt es geschnitten, als Abreißrolle im praktischen Bodenständer oder im Wandhalter (Abb. 57). Sie sind auch zum Abreiben des Siebes bei der Zwischenreinigung gut zu verwenden.

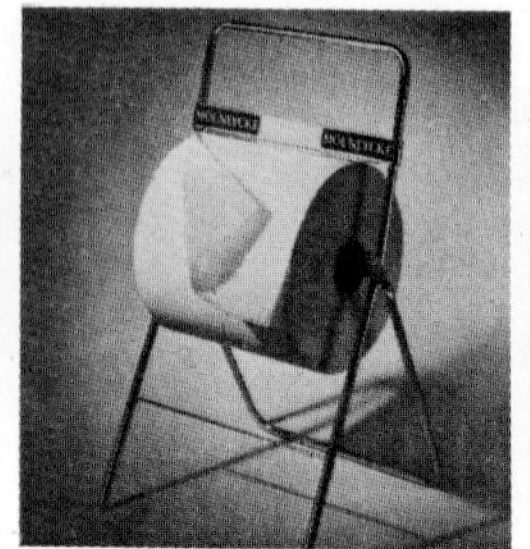
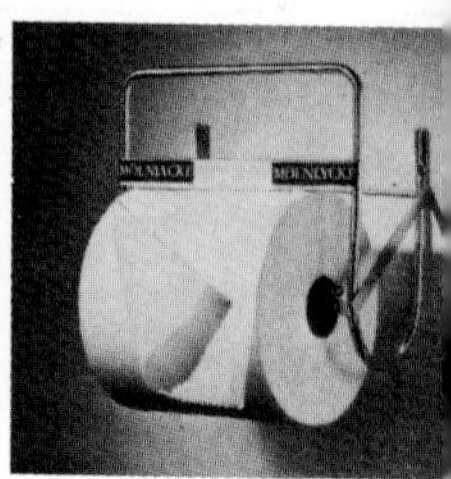

57 Putz- und Poliertücher für die Siebreinigung (zum einmaligen Gebrauch)

Steht eine Waschanlage, eine Sieb-Entwicklungsanlage oder ein Wasserbecken zur Verfügung, ist das Reinigen mit einem wasseremulgierbaren Siebreiniger (z. B. »Pregan-240E«) vorteilhaft.

Soll die Schablone noch einmal verwendet werden, ist das Sieb vor dem Lagern zu trocknen.

IV Die Schablonenherstellung (Druckformherstellung)

1 Funktion und Anforderungen

Die Siebdruckschablone erfüllt, wie bereits beschrieben, die gleiche Funktion wie die Druckformen beim Hoch-, Tief- und Flachdruck, nämlich die Übertragung des Druckbildes auf den Bedruckstoff.

Die Schablone wird von dem im Rahmen aufgespannten Gewebe gehalten (Abb. 4c). Trotz der Vielfalt der Schablonenarten für den Siebdruck ist das Prinzip immer gleich. Durch die offenen (farbdurchlässigen) Partien der Schablone und durch das siebartige Gewebe hindurch wird die Farbe auf das zu bedruckende Material übertragen. Alle nichtdruckenden Stellen der Schablone müssen dagegen farbundurchlässig gemacht, d. h.

Mögliche Fehlerquellen im Druckbild (vgl. Abb. 58)

FEHLER	URSACHEN
Unregelmäßiger Farbauftrag	– Rakelblatt abgenutzt – Anstellwinkel der Rakel zu steil – Rakeldruck nicht gleichmäßig – Schablone für den Rahmen zu groß
»Geistereffekt« (fremde Farbspuren)	– Alte Farbreste im Gewebe
»Graue« (schwache) Drucke	– Rakeldruck zu gering – Anstellwinkel zu steil – Zu wenig Farbe auf dem Sieb
Zu dicker Farbauftrag Unscharfes Druckbild	– Rakelanstellwinkel zu flach – Rakelblatt abgenutzt
»Nadelstiche« (feine Punkte) im Druckbild	– Fehler in der fotomechanischen Schablone, Bedruckstoff verstaubt
»Sägezahneffekt« (Zacken oder Fransen im Druckbild)	– Schlechte Beschichtung – zu grobes Gewebe für die fotomechanische Schablone – Falsche Kopierschicht
Druckverschiebungen beim Mehrfarbendruck	– Die Anlegemarken (Passer) sind falsch gesetzt.
Druckverschiebungen im einzelnen Druckbild	– Ungenaues Anlegen des Druckträgers – Gewebespannung zu gering – Verstaubung der Oberfläche durch statische Elektrizität
Farbe quetscht unter die Schablone	– Schablone hat sich gelöst – Farbkonsistenz falsch (Farbe evtl. zu dünn)
Farbe trocknet im Gewebe an	– Falsche Farbkonsistenz (evtl. zu viel Streckmittel) – Zu lange Pausen zwischen den Druckvorgängen
Druckträger haftet am Gewebe	– Zu geringe Absprunghöhe – Keine Haftung des Bedruckstoffes auf der Druckbasis – Farbkonsistenz falsch (zu dick) – Gewebe verschmutzt durch angetrocknete Farbreste
Freie Stellen im Druckbild	– Gewebe verschmutzt durch eingetrocknete Farbreste in den offenen Stellen der Schablone

a

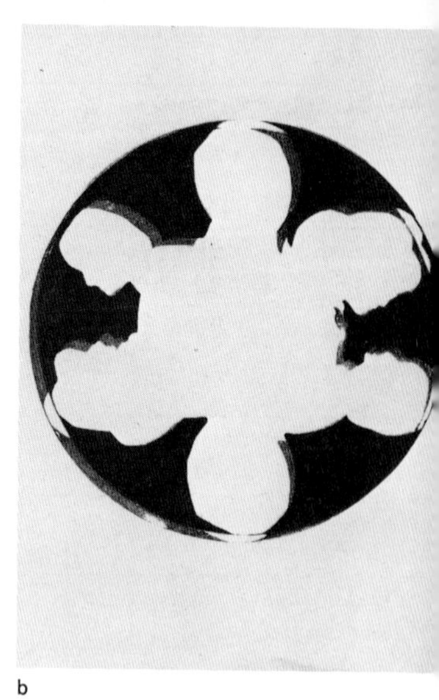

b

d

e

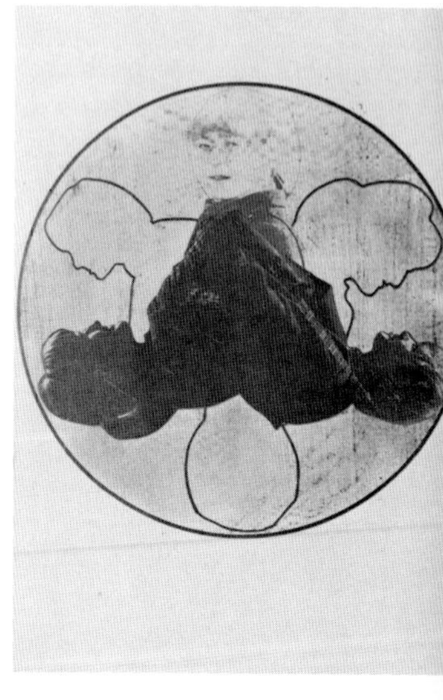

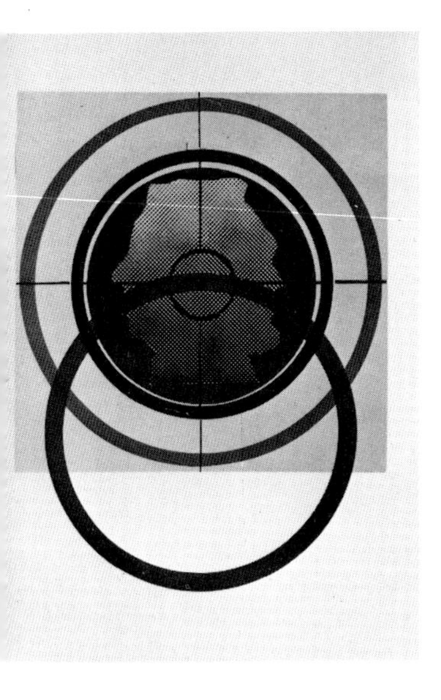

58 a) – f) Fehlerhafte Druckbeispiele: a) Streifiges Druckbild durch abgenutzte, »schartige« Rakelkante – b) Druckverschiebung durch zweifaches Rakeln und zu geringe Gewebespannung – c) Druckverschiebung beim Mehrfarbendruck durch falsches Einlegen – d) Graue (schwache) Stellen im Druckbild durch zu wenig Farbe auf dem Sieb – e) Nadelstiche und Streifen durch fehlerhaft hergestellte direkte Fotoschablone – f) Unregelmäßiges (fleckiges) Druckbild durch aufgesprühtes Reinigungsmittel

»geschlossen« werden. Das Verschließen ist je nach Herstellung auf unterschiedliche Art und Weise möglich, wodurch sich eine Vielzahl bildnerischer Möglichkeiten ergeben, die den Siebdruck gerade für die Bildende Kunst und die Gebrauchsgrafik allgemein so reizvoll und vielseitig verwendbar werden lassen.

Für welche Schablonentechnik man sich im einzelnen entscheidet, hängt zum einen von den technischen Möglichkeiten der jeweiligen Werkstatt ab, richtet sich aber auch nach der gestalterischen Absicht, der gewünschten grafischen Wirkung, nach Auflagenhöhe, Farbsorte, Zeit- und Kostenaufwand, Einsatzbereich und ganz entscheidend nach der gewünschten Druckqualität, denn sie wird durch die Schablonen weitgehend beeinflußt.

Die verschiedenen Schablonenarten haben alle ihre Vor- und Nachteile (s. Übersicht S. 106/107). Der wichtigste Vorteil der *manuell hergestellten Schablone* ist, daß keine besonderen Kopiereinrichtungen (Belichtungseinrichtungen) notwendig sind. Diese Schablonen werden direkt von Hand auf dem Gewebe hergestellt oder von Hand auf das Gewebe übertragen.

Fotomechanisch hergestellte Schablonen (Fotoschablonen) dagegen erfordern eine Kopiervorlage und eine Kopiereinrichtung zum Übertragen des Motivs auf das Gewebe.

In der heutigen Praxis haben sich weitgehend direkte Fotoschablonen und manuell hergestellte Schneidefilmschablonen durchgesetzt. Für ein mehrfarbiges Druckvorhaben lassen sich die verschiedenen Druckformen durchaus in unterschiedlichen Schablonentechniken herstellen (kombinieren), um beispielsweise spezifische bildnerische Vorzüge auszunutzen. Egal für welche Schablonenart man sich entscheidet, zu beachten ist auf jeden Fall die Farbverträglichkeit des Schablonenmaterials, d. h., die Schablone darf durch die Farbe beim Druck nicht aufgelöst oder zerstört werden.

Lösungsmittelhaltige Farben erfordern lösungsmittelbeständige Schablonen auf wäßriger Basis wie Leim- und Fotoschablonen oder Schneidefilme zum Anlösen oder zum Anbügeln. *Wässerige Farben* (z. B. für den Stoffdruck) dagegen *erfordern wasserbeständige Schablonen* wie Lack- oder wasserbeständige Fotoschablonen.

Das Gewebe sollte prinzipiell vor jeder Schablonenübertragung sorgfältig von alten Farb- und Schablonenresten gereinigt und entfettet sein, um eine korrekte Übertragung und Haftung des Schablonenmaterials zu gewährleisten.

Beim künstlerischen Siebdruck ist die sorgfältige Wahl der Schablone aus der Vielzahl der möglichen Herstellungsarten eine wichtige Entscheidung für Künstler und Drucker. Die Art der Schablone beeinflußt die grafische und ästhetische Form und Wirkung des fertigen Druckes mit. Der Künstler selbst und/oder der Drucker müssen die Schablonentechnik so wählen, daß eine ideale Umsetzung der künstlerischen Idee oder der Vorlage über die Schablone in den Druck möglich ist. Die Schablone ist gleichsam das Bindeglied zwischen der künstlerischen Idee und der fertigen Grafik.

Die einfache Darstellung gemalter Flächen und Konturen wird eventuell schon mit einer Zeichenschablone (Abdeck- und/oder Auswaschschablone) zu realisieren sein. Bei feinerer Zeichnung kann man die Manufix-Schablone (Emulsionsschablone) oder über eine Kopiervorlage eine Fotoschablone einsetzen. In der fotorealistischen Darstellung wiederum wird man von einem Raster-Dia oder im Stufendruck von mehreren Tonwertauszügen ausgehen und die Fotoschablone wählen. So wie man einen konstruktivistischen Flächendruck mit einer Schnittschablone oder über einen Maskierfilm mit einer Fotoschablone realisieren wird. Der Reliefdruck wiederum erfordert ein flexibles Arbeiten mit Schablonen- und Gewebekombinationen.

Ausgangspunkt für die Schablonenherstellung kann eine einfache Skizze, ein detailliert ausgearbeiteter Schwarzweiß- oder Farbentwurf, ein Foto, ein Negativ oder auch ein Farb-Dia sein. Es ist aber auch möglich, seine Bildvorstellungen ohne Vorlage, spontan und direkt auf das Gewebe zu zeichnen oder zu malen.

Bei Mehrfarbendrucken lassen sich die einzelnen Schablonen als vollständiger »Schablonensatz« vor Druckbeginn herstellen. Oder man entscheidet anhand des Druckresultates einer bereits gedruckten Farbe, wie die Schablone für die nächste Farbe aussehen muß und wie sie hergestellt wird – eine Art schrittweises Erarbeiten der notwendigen einzelnen Schablonen.

Es soll hier keine Vollständigkeit bei der Darstellung der Schablonenarten erreicht werden, sondern prinzipiell Herstellungsweisen erläutert und eine brauchbare Einweisung in manuelle und fotomechanische Verfahren gegeben werden, soweit sie für den Handdruck in Schule, Freizeit und Werkstatt von Bedeutung sein könnten.

Unterscheidung der Schablonen nach der Art der Herstellung

MANUELL HERGESTELLTE SCHABLONEN		FOTOMECHANISCH HERGESTELLTE SCHABLONEN		
Schnittschablonen (am Gewebe haftende indirekte Schablonen)	**Zeichenschablonen** (im Gewebe haftende direkte Schablonen)	**Direkte Schablonen** (im Gewebe haftende Schablonen)	**Indirekte Schablonen** (am Gewebe haftende Schablonen)	**Direkte-indirekte Schablonen** (im Gewebe haftende Schablonen)
Die druckenden Formen werden durch Handschnitt aus einem Schablonenmaterial ausgeschnitten, also unabhängig vom Sieb hergestellt und erst anschließend auf das Gewebe übertragen.	Die Schablonen werden durch direktes Zeichnen oder Malen auf dem Sieb hergestellt, indem Teile des Gewebes mit Leim, Lack, Tusche, Kreide, Emulsion u. a. abgedeckt werden.	Es handelt sich um lichtempfindliche Kopierschichten, Fotofilme und/oder Pigmentierpapiere. Vom Licht getroffene Teile der Fotoemulsion härten durch, nicht belichtete Teile lassen sich durch Entwickeln herauslösen.		
		Die flüssige Kopierschicht wird auf das Gewebe aufgerakelt und nach dem Trocknen belichtet.	Die Schablone wird *nach* dem Belichten und Entwickeln als Pigmentpapier oder Fotokontaktfilm auf das Gewebe übertragen.	Die Schablone besteht aus einer Emulsion *und* aus einem Fotokontaktfilm und wird *nach* dem Übertragen belichtet und entwickelt.
Dazu gehören: – einfache Papierschablonen – Schneidefilme (Zwei-Schichten-Filme) wie Bügelfilm, Lösungsmittelfilm, wasserlöslicher Film und – selbstklebende Schablonenpapiere oder -folien	Dazu gehören: – Abdeckschablonen – Auswaschschablonen – Emulsionsschablonen (Manufix-Schablone) *Vorteile:* – einfache, billige Herstellung – schnelles, direktes Arbeiten auf dem Sieb	*Vorteile:* – fotografische Motive übertragbar – ein- und mehrfarbige Rasterdrucke möglich – sämtliche grafischen und malerischen Motive reproduzierbar – hohe Auflagen- und Abriebbeständigkeit – einfach herzustellen	*Vorteile:* – wie bei der direkten Schablone – größere Randschärfe als bei der direkten Methode – auch für feinste Rasterarbeiten geeignet	*Vorteile:* – versucht die Vorteile der beiden anderen Methoden miteinander zu verbinden – hohe Widerstandsfähigkeit ermöglicht hohe Auflagen – höchste Konturenschärfe bei feinen Details und Rasterdrucken

Vorteile: – einfache, billige Herstellung – schnelles, direktes Übertragen auf das Sieb – 100%ige Konturenschärfe – keine Reproduktionsgeräte und keine Kopieranlage und -vorlage nötig *Nachteile:* – nur für Flächendruck geeignet – bei der einfachen Papierschablone keine hohen Auflagen möglich – für feine und feinste Details nur begrenzt einsetzbar	– unterschiedliche grafische und malerische Wirkungen (z. B. Strukturen) möglich – keine Reproduktionsgeräte und keine Kopieranlage und -vorlage nötig *Nachteile:* – sicheres Arbeiten auf dem Sieb notwendig – mehrere Arbeitsgänge notwendig – Wachs-, Lack-, Leimschablonen sind schwer aus dem Gewebe zu entfernen – Auflagenbeständigkeit begrenzt	*Nachteile:* – besondere Kopiereinrichtung notwendig – Kopiervorlage (Dia) zur Belichtung notwendig – kostenaufwendiger als manuell hergestellte Schablonen	*Nachteile:* – wie bei der direkten Schablone – komplizierte und zeitraubende Herstellung – mehr Arbeitsgänge – kostenaufwendiger als die direkte Methode	*Nachteile:* – wie bei direkten und indirekten Schablonen – größerer Zeitaufwand durch viele Arbeitsgänge – höherer Preis

2 Manuell hergestellte Schablonen

a) *Papierschablone*

(eine manuell hergestellte, am Gewebe haftende, indirekte Schnittschablone)

Prinzip:
Die Herstellung der Papierschablone zählt zu den ältesten und einfachsten Schablonenherstellungsmethoden. Im Gegensatz zu Zeichenschablonen und direkten Fotoschablonen werden Schnittschablonen erst *nach* ihrer Herstellung auf das Gewebe übertragen.

Aus einem Stück Papier wird mit einem Messer das Motiv herausgeschnitten. Nach dem Schneiden legt man ein Sieb über die fertige Schablone und zieht mit der Rakel Druckfarbe über die gesamte Siebinnenseite. Die aufgerakelte Farbe dringt durch die Gewebemaschen, und das Papier bleibt an der Siebaußenseite haften. Nach dem Abziehen der ausgeschnittenen (losen) Teile sind die druckenden Stellen der Schablone geöffnet, die nicht druckenden Stellen durch das am Gewebe haftende Papier abgedeckt, verschlossen. Die offenen Gewebestellen entsprechen genau dem zuvor aus dem Papier ausgeschnittenen Motiv. In dieser Form eingesetzt, ist die Schablone primär für Positiv-

59 Dreifarbiger Flächendruck nach Papierschablonen (Schülerarbeit, 5. Klasse)

Drucke geeignet (Abb. 60b). Ebenso einfach lassen sich aber auch Negativ-Drucke herstellen, indem nur die ausgeschnittenen Formen unter das Sieb gelegt und mit Farbe festgerakelt werden, d. h. im Druckbild erscheint das Motiv als Negativ-Form innerhalb eines gedruckten Umfeldes (Abb. 60a).

Das typische Merkmal der Schnittschablone ist ihre 100%ige Konturenschärfe an Linien und Flächen. Da die Schablonenschicht an der Siebaußenseite *am Gewebe* haftet, ist eine vollkommene Maschenüberquerung gegeben, denn die den »Sägezahneffekt« hervorrufenden Gewebemaschen befinden sich beim Druck über der Schablonenschicht.

Schnittschablonen sind in erster Linie einsetzbar für einfache, großflächige Motive mit in der Oberfläche gleichmäßigen Farbflächen oder Linien, die »scharfkantig« abgegrenzt zueinander stehen (Abb. 59).

Statt Motive aus dem Papier »messerscharf«, in der Kontur hart, herauszuschneiden, kann man sie auch »malerisch« weich aus dem Papier reißen, brennen oder mit geeigneten Werkzeu-

60 Einfarbendruck nach einer Papierschablone: a) Negativ-Druck – b) Positiv-Druck

61 Siebdruck nach geschnittener und gerissener Papierschablone

gen (Locher, Lochzange, Sandpapier u. a.) perforieren. Kombinationen zwischen geschnittenen und gerissenen, positiven und negativen Papierschablonen (Abb. 61) und Zeichenschablonen ermöglichen zusätzliche bildnerische Effekte, z. B. die Verbindung scharfkantiger Flächen mit malerischen Strukturen.

Zum Schneiden der Schablone lassen sich Rasierklingen, normale Papierschneidemesser oder Schablonenschneidemesser (Abb. 64) verwenden, die vom Fachhandel auch mit auswechselbarer und drehbar gelagerter Klinge angeboten werden, um das Schneiden von Kurven und gebogenen Linien zu erleichtern. Beim Schneiden kann der Entwurf durch eine aufgelegte, transparente Folie geschützt werden. Will man das Verschieben oder Herausfallen loser Innenformen im Motiv vermeiden, sind beim Schneiden feine Verbindungsstege zwischen Innen- und Außenform stehenzulassen, die nach dem Anhaften des Papiers am Gewebe vorsichtig entfernt werden können oder aber im Druckbild erscheinen (Abb. 5).

Das verwendete Papier sollte möglichst fest, transparent oder halbtransparent sein. Normales Papier läßt sich vorübergehend (für 1–2 Stunden) mit Klarpausspray (notfalls mit Terpentin) durchsichtig machen, so daß der untergelegte Entwurf ohne Schwierigkeiten nachzuschneiden ist.

Da das als Schablonenschicht verwendete Papier an der Druckseite haftet, kann durch die Papierdicke die Farbauftragsdicke mitgesteuert werden, wodurch bei extremer Schablonenerhöhung reliefartige Farbaufträge möglich sind (s. Rasterreliefdruck, S. 156).

Beim Herstellen einer Papierschablone ist es vorteilhaft, den Entwurf bereits in genauer Drucklage auf dem Drucktisch zu befestigen, Anlegemarken zu setzen, die Schablone zu schneiden und mit Farbe an das Gewebe zu rakeln, ohne daß die Position von Rahmen und Bedruckstoff zum Druck noch einmal korrigiert werden muß.

Eine mögliche Variante der Papierschablone ist die *selbstklebende Schnittschablone,* hergestellt aus transparenten Selbstklebefolien, Klebebändern oder selbstklebenden Schablonenfolien und -papieren für Schriften- und Schildermaler. Nachdem das Motiv geschnitten ist, haften diese Folien mit Hilfe der aufgebrachten Klebebeschichtung selbständig am Gewebe. Allerdings ist die Farbverträglichkeit von Folie und Klebebeschichtung zu berücksichtigen. Will man kein seitenverkehrtes Druckbild erhalten, ist das Motiv (z. B. Schrift) von der Rückseite der Folie, d. h. von der selbstklebenden Seite her, zu schneiden, wenn die Folie von der Siebaußenseite (Druckseite) auf das Gewebe geklebt wird.

Vorteilhafter als Papier läßt sich *Metallfolie* (Alufolie) verwenden. Sie ist fester, zudem unempfindlich gegen Feuchtigkeit und Lösungsmittel, haftet gut und ermöglicht somit etwas höhere Auflagen. Das undurchsichtige Material erlaubt allerdings kein Nachschneiden untergelegter Entwürfe. Das Schneiden erfolgt am besten mit einer Rasierklinge auf einer kunststoffbeschichteten, glatten Holzplatte oder fester Pappe.

Zwar sind Papierschablonen und mögliche Varianten billig und einfach herzustellen und vom Gewebe zu entfernen, doch ihre geringe Haltbarkeit verlangt eine sorgfältige Handhabung beim Herstellen, Übertragen und Drucken und stellt einen entscheidenden Nachteil dar. Papier ist in sich nicht sehr fest und zudem sehr feuchtigkeitsempfindlich, Metallfolie ist nicht transparent und knitterempfindlich, bei selbstklebender Folie ist auf die Farbverträglichkeit zu achten.

Diese eher als »provisorisch« zu bezeichnende Schnittschablone sollte nur bei geringen Ansprüchen an die Druckqualität für einfachste Druckvorhaben, für Druckexperimente und bei kleinsten Auflagen (10–50 Drucke) eingesetzt werden.

Als »professionelle« Schnittschablonen eher zu empfehlen sind doppelschichtige Papierschablonen und Handschneidefilme (s. S. 108 ff. und 116 ff.).

Eigenschaften, Eignung und Anwendung:

- Billige, in kürzester Zeit und mit einfachsten Mitteln herzustellende Schablone für geringe Auflagen
- Keine besonderen Betriebseinrichtungen notwendig
- Nach dem Druck ohne Hilfsmittel durch Abziehen vom Gewebe zu entfernen
- Keine Retuschearbeiten notwendig
- Für Positiv- und Negativ-Drucke geeignet
- Für lösemittelhaltige und bedingt für wäßrige Farben verwendbar
- Geschnittene Schablonen besonders für einfache Motive mit großen, exakt geschnittenen scharfkantigen Flächen, geometrische Formen und für größere, handgeschnittene Schriften mit plakativer Wirkung geeignet
- Im Gegensatz zu Abdeck- und Auswaschschablonen absolute Konturenschärfe möglich
- Gerissene Schablonen für weiche, malerische Wirkungen geeignet
- Kombinationen mit anderen Schablonenarten (z. B. Abdeck-, Auswasch- und Sprühschablone) ermöglichen vielfältige bildnerische Variationen
- Farbauftragsdicke durch die Papierdicke steuerbar
- Für feine Details, Linien und Schriften nicht geeignet
- Auflagenbeständigkeit begrenzt
- Nur für kleine Auflagen (10–50 Drucke) zu empfehlen
- Freistehende Innenformen durch den Rakeldruck und nach Sättigung mit Farbe leicht verschiebbar
- Bei Mehrfarbendruck Passerschwierigkeiten wahrscheinlich
- Druckunterbrechungen nur für kürzeste Zeit möglich
- Schablone nur einmalig verwendbar, wird bei der Siebreinigung zerstört

- Reinigung der Schablone während des Druckes nicht möglich (z. B. bei nachträglichen Farbkorrekturen, falscher Farbkonsistenz oder eingetrockneter Farbe); Papier löst sich durch das Reinigungsmittel vom Gewebe oder verschiebt sich
- Zu geringe Viskosität der Druckfarbe vermindert die Haftfähigkeit für das Papier
- Für den industriellen und gewerblichen Siebdruck heute ohne Bedeutung
- Für den künstlerischen Siebdruck und für Druckexperimente bedingt einsetzbar

Material und Gerät:
- Transparentpapier, Pergamentpapier, festes Schreibpapier, Zeichenpapier, unbedrucktes Zeitungspapier, Metallfolie (Aluminiumfolie), selbstklebende Folie oder Klebeband
- Rasierklinge, Papier- oder Schablonenschneidemesser, Schneidezirkel oder Schere, Lineale, Entwurf, transparente Folie, Farbe, Rakel, Klebeband

Arbeitsablauf: Herstellung einer Papierschablone
1. Sieb von alten Farb- und Schablonenresten reinigen, trocknen
2. Sieb am Drucktisch an die Rahmenbefestigung schrauben (Abb. 62a)
3. Übertragen des Entwurfs auf das Schablonenpapier:
   Möglichkeit a) Einfache Motive ohne Vorlage als Umrißlinienzeichnung direkt auf das Schablonenpapier zeichnen
   Möglichkeit b) Schablone nach untergelegtem, durchscheinendem Entwurf direkt schneiden (dann Vorbereitungen wie unter 4.–6.)
4. Entwurf in genauer Druckposition auf dem Drucktisch ausrichten, mit Klebeband befestigen (Abb. 62a)
5. Anlegemarken setzen
6. Schablonenpapier zuschneiden (etwas größer als das Rahmeninnenmaß)
7. Schablonenpapier über den Entwurf legen, glattstreichen, an den Ecken mit Klebeband auf dem Drucktisch befestigen (Abb. 62b); nicht transparentes Papier vorher mit Klarpausspray behandeln, Entwurf zum Schutz gegen Einschnitte mit Klarsichtfolie abdecken

8. Schneiden der Schablone (Abb. 62b): die gekennzeichneten Stellen des Entwurfs, die später drucken sollen, an den Umrißlinien ausschneiden, Papier sauber durchtrennen, ausgeschnittene Teile weder entfernen noch verschieben
9. Bei komplizierten Entwürfen ausgeschnittene Teile kennzeichnen, um sie beim Entfernen nach dem Übertragen besser zu erkennen
10. Befestigung der Schablone lösen (Abb. 62c): Klebeband an den Ecken entfernen, Schablone dabei nicht verschieben
11. Überprüfen der geschnittenen Schablone (verschobene Teile in die richtige Lage bringen)
12. Rahmen vorsichtig absenken
13. Zusätzliche Fixierung: isolierte Teile des Motivs, die später nicht drucken sollen, mit einem Tupfer Leim von der Siebinnenseite zusätzlich anheften, damit sie sich beim Übertragen und Drucken nicht verschieben; Leim trocknen lassen
14. Übertragen der Schablone auf das Sieb (Abb. 62d): genügend Farbe auf das Sieb geben, Farbe mit gleichmäßigem und ausreichend festem Rakelzug über die gesamte Siebinnenseite ziehen, so daß die Farbe durch die Gewebemaschen dringt und die Papierschablone glatt an der Druckseite haften bleibt; Blasen oder Wellen durch einen zweiten Rakelvorgang beseitigen
15. Rahmen anheben; darauf achten, daß die Farbe nicht aus dem Rahmen läuft!
16. Entwurf vom Drucktisch entfernen
17. Schablonenecken mit Klebeband an der Druckseite des Siebes befestigen (Abb. 62e); eventuell zusätzlich alle vier Seiten mit Klebeband abdecken, falls Farbe durchquetscht
18. Öffnen des Motivs in der Schablone (Abb. 62e): von der Druckseite alle vorher gekennzeichneten Schablonenteile vorsichtig abziehen, falls nötig, Lichtquelle hinter das Sieb halten, um die Markierungen besser zu erkennen. – Die druckenden Stellen sind jetzt geöffnet, farbdurchlässig. Die Papierschablone ist fertig.
19. Drucken. – Das Druckbild entspricht dem ausgeschnittenen Motiv (Abb. 62f).

Der Auflagendruck sollte möglichst zügig und ohne Druckunterbrechungen verlaufen, so daß die Farbe nicht im Gewebe eintrocknen kann.

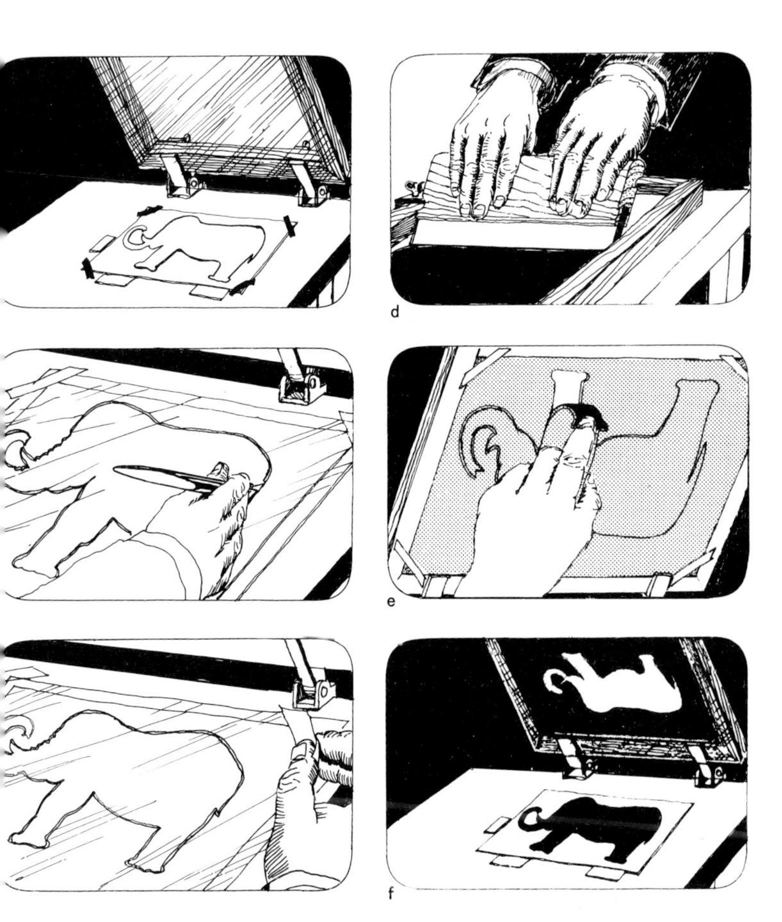

2 Arbeitsablauf: Herstellung einer Papierschablone: a) Entwurf in Druckposition auf dem Drucktisch befestigen und Anlegemarken setzen – b) Schneiden der Schablone: Schablonenpapier über dem Entwurf befestigen und Motiv ausschneiden – c) Eckbefestigungen am Schablonenpapier lösen – d) Übertragen der Schablone an das Sieb durch Anrakeln mit Farbe – e) Öffnen der druckenden Stellen durch Abziehen des Schablonenpapiers an der Druckseite – f) Druckergebnis: Nur durch die geöffneten Stellen der Schablone wird die Farbe auf den Bedruckstoff übertragen

Reinigung/Entschichtung:

- Reinigen des Siebes von Farbresten mit einem geeigneten Lösungsmittel, dabei löst sich das Papier und kann von Hand abgezogen werden.

b) Schneidefilmschablone

(eine manuell hergestellte, am Gewebe haftende, indirekte Schnittschablone)

Prinzip:

Die Schneidefilmschablone ist die konsequente Weiterentwicklung der früher häufig verwendeten einfachen Papierschablone. Zwar ähneln sich die beiden Schnittschablonen im Prinzip, doch Schneidefilme haben durch ihren veränderten Aufbau und ihre verbesserten Übertragungsmethoden auf das Gewebe solche entscheidenden Vorteile in der Herstellung und Verarbeitung, daß sie heute als »moderne« und perfektere Schnittschablonen gelten können.

Schneidefilme bestehen im Gegensatz zur Papierschablone nicht nur aus einer, sondern aus zwei, manchmal auch aus drei Schichten: der eigentlichen Schneideschicht (Filmschicht) und der Trägerschicht (Filmträger). Dreischichtige Filme haben zusätzlich eine Haftschicht (vgl. Abb. 66).

Die Schneideschicht, die später als eigentliche Schablone auf das Gewebe übertragen wird, ist als dünner, ablösbarer Film (Lack oder Kunststoff) an der Oberseite der Trägerschicht (einer Papier- oder Kunststoffolie) aufgebracht, entweder mit Hilfe eines Haftstoffes (der Haftschicht) oder durch elektrostatische Aufladung des Trägermaterials.

Ein solcher mehrschichtiger Aufbau hat den Vorteil, daß freistehende Teile des Motivs (z. B. Innenformen bei Buchstaben und Ziffern) beim Schneiden, Anheben oder Übertragen der Schablone weder herausfallen und verlorengehen noch verschoben werden können wie bei der einfachen Papierschablone. Sie werden, ohne ihre Lage zu verändern, von der Trägerschicht vorübergehend unverrückbar gehalten, bis sie am Gewebe verankert sind (Abb. 63).

Ebenso wie Papierschablonen sind Schneidefilme erst *nach* dem Ausschneiden des Motivs auf das Gewebe übertragbar. Alle *druckenden Teile* muß man zuerst aus der oberen Schicht (dem Film) herausschneiden, von der Trägerschicht abziehen und entfernen, ohne das Trägermaterial dabei anzuschneiden oder anzuritzen (Abb. 66b).

Erst nach dem Übertragen der fertig geschnittenen Schablone an das Gewebe wird die Trägerschicht vom Film abgezogen. Dort, wo die Filmschicht zuvor ausgeschnitten und entfernt

63 Siebdruck nach einer Schneidefilmschablone (Schülerarbeit, 8. Klasse): a) einfarbiges, durch Handschnitt hergestelltes Motiv – b) Motiv zusätzlich mit einer geschnittenen Fläche farbig unterlegt

wurde, ist die Schablone *geöffnet*, somit beim Druck farbdurchlässig, während alle *nichtdruckenden* Teile durch die am Gewebe haftende Filmschicht abgedeckt werden. Somit sind die Gewebemaschen verschlossen und beim Druck farbundurchlässig.

Schneidefilme haften nicht wie einfache Papierschablonen durch aufgerakelte Farbe. Der Film wird vielmehr direkt mit dem Gewebe verklebt. Dazu löst man die Filmoberfläche beim Übertragen kurzfristig an, wodurch sie sich mit dem Gewebe verbindet. Das Anlösen des Films geschieht entweder durch Erwärmung (Bügeleisen) oder durch ein geeignetes Übertragungsmittel (Lösungsmittel). Nach der Übertragungsart unterteilen sich Schneidefilme in: Bügelfilme – Lösungsmittelfilme – wasserlösliche Filme.

Bügelfilme gibt es in unterschiedlichen Ausführungen mit Schellack-, Wachs- und/oder Kunststoffilm auf einem Trägerpapier. Das Übertragen auf das Gewebe erfolgt durch Erwärmen und gleichzeitiges Aufbügeln des Films mit einem Bügeleisen. Die früher vom Siebdruck noch häufig selbst hergestellten Schellackpapiere zum Anbügeln werden heute kaum noch verwendet.

- Zu heißes und starkes Aufbügeln führt leicht zu Verletzungen des Gewebes, löst die Schnittränder an und hat unscharfe Konturen im Druck zur Folge
- Der Film ist empfindlich gegen Klimaschwankungen, was zu Passerschwierigkeiten beim Mehrfarbendruck führen kann
- Die Haftung am Gewebe ist nicht immer optimal
- Farben mit aggressiven Lösungsmitteln und scharfe Reinigungsmittel lösen die Schablone an
- Bügelschablonen sind nur mit einem geeigneten Lösungsmittel (Alkohol, Spiritus oder Nitroverdünnung) und teilweise schwierig aus dem Gewebe zu entfernen
- Längere Lagerung macht Bügelfilme spröde

Für experimentelle Arbeiten im künstlerischen Bereich können Bügelfilme durchaus interessant sein. Im kommerziellen Siebdruck sind sie ersetzt worden durch die moderneren wasserlöslichen Filme und Lösungsmittelfilme.

Lösungsmittelfilme sind in vielen unterschiedlichen Typen (hauptsächlich als Zellulosefilme) auf Papier- oder Kunststoffträger erhältlich. Mit einem vom Hersteller empfohlenen oder mitgelieferten Lösungsmittel (häufig Nitroverdünnung oder Aceton) läßt sich die Filmschicht beim Übertragen anlösen und bleibt am Gewebe haften. Zellulosefilme eignen sich nicht für Farben, die mit aggressiven Lösungsmitteln verdruckt werden, sondern in erster Linie für Farben auf Ölbasis, synthetische und wäßrige Farben (s. Übersicht S. 122).

Das Gewebe muß zur einwandfreien Haftung des Films wie bei der Fotoschablone vorbehandelt und entfettet werden.

Wasserlösliche Filme bestehen in der Regel aus einem in Wasser löslichen Kunststoffilm, der auf einem Kunststoffträger (z. B. PVC oder Polyester) haftet. Das Übertragen erfolgt wie bei den Lösungsmittelfilmen durch Anlösen der Filmschicht. Dazu genügt Wasser oder ein spezielles Übertragungsmittel (z. B. ein Essig-Alkohol-Gemisch).

Dieser Film zeichnet sich durch eine Reihe von Vorteilen aus, die ihn auch im Schul- und Hobbybereich zum besonders geeigneten Schneidefilm und vollwertigen Ersatz für Bügel- und Lösungsmittelfilme werden lassen.

- Das Übertragen erfolgt billig, ohne brennbare und giftige Lösungsmittel, einfach mit Wasser
- Die Haftung ist auf fast allen Gewebearten ausgezeichnet
- Mit Ausnahme von wäßrigen Farben sind alle, auch aggressive Farben verdruckbar
- Die Schablone ist widerstandsfähig, flexibel und ermöglicht hohe Auflagen
- Der Kunststoffträger garantiert einwandfreie Passergenauigkeit; die Entschichtung erfolgt einfach und billig mit heißem Wasser

Solchen Eigenschaften entsprechende und für den Schulgebrauch zu empfehlende wasserlösliche Schneidefilme sind z. B. »Ulanocut« (Ulano) und »Autocut« (Autotype).

Zur Herstellung perfekter Schnittschablonen sind zweckmäßigerweise kommerzielle Schneidefilme zu empfehlen. Sie werden von verschiedenen Herstellern als Rollenware, manchmal auch in Blattform, unter bestimmten Markenbezeichnungen angeboten (s. Übersicht S. 122).

Mitgelieferte Gebrauchsanweisungen, Beschreibungen und Verwendungshinweise geben Auskunft über Qualität und Eigenschaften des jeweiligen Filmtyps, erleichtern sachgerechtes Verarbeiten und sollten unbedingt beachtet werden. So ist es beispielsweise unerläßlich, nur die empfohlenen Übertragungsmittel zu benutzen.

Zur besseren Durchsicht untergelegter Entwürfe sind Film- und Trägerschicht transparent. Es gibt Filme mit matter und glänzender Oberfläche, blauer, grüner oder gelber (amber) Einfärbung. Blau bietet die beste Durchsicht. Vor allem bei mehrfarbigen Vorlagen werden die Farben am wenigsten verändert, sie sind einzeln besser erkennbar, ermöglichen dadurch eine deutliche Farbtrennung und erleichtern bei Farbauszügen das Schneiden der einzelnen Schablonen. Grüne Einfärbungen haben ähnliche Eigenschaften, sie sind aber bei langwierigen und detaillierten Schneideaufgaben beruhigender für die Augen. Matte Oberflächen vermindern störende Lichtreflexe beim Arbeiten.

Filme mit Kunststoffträgern sind solchen mit Papier vorzuziehen. Sie sind Klimaschwankungen (vor allem Feuchtigkeit) weniger unterworfen, erhöhen dadurch die Passergenauigkeit, lassen sich auf der härteren Trägerschicht besser schneiden, abziehen und liegen flach und gleichmäßig auf dem Entwurf.

Voraussetzung für eine dauerhafte Filmhaftung und größtmögliche Passergenauigkeit sind stabile Metallrahmen mit sorgfältig vorbehandelten, entfetteten und exakt gespannten Geweben.

Schneidefilme dürfen wegen ihrer Wärmeempfindlichkeit niemals warm, sondern immer nur *kalt* getrocknet werden. Auch bei gröberen Geweben ist noch eine einwandfreie Maschenüberquerung gegeben.

Die Ulano AG (Küsnacht) bietet ein komplettes Schneidefilm-Programm (Zellulosefilme und wasserlösliche Filme, auf Papier- und Kunststoffträger) mit Filmen unterschiedlicher Qualitäten und Eigenschaften an, die den verschiedenen Farbtypen chemisch angepaßt sind. Andere Schneidefilmhersteller sind u. a. McGraw Colorgraph Company (Brüssel) und Autotype (London).

Die *Filmauswahl* für ein konkretes Druckvorhaben ist unter Berücksichtigung folgender Gesichtspunkte zu treffen:

- Farbsorte: Zuerst die Farbe bestimmen, dann einen geeigneten Film wählen, der der Farbe chemisch angepaßt ist (s. Übersicht S. 122)
- Gewebe: Gewebe und Film zwecks optimaler Haftung, Passergenauigkeit und Auflagenbeständigkeit mit Hilfe der Herstellerangaben aufeinander abstimmen
- Transparenz und Farbe des Films: Film mit entsprechender Einfärbung wählen, die für den jeweiligen Entwurf beste Durchsicht ermöglicht

Eigenschaften, Eignung und Anwendung:

- In kurzer Zeit herzustellende, kostensparende, widerstandsfähige Schnittschablone für kleine, mittlere und hohe Auflagen
- Keine besonderen Betriebseinrichtungen und keine Kopiervorlage wie bei Fotoschablonen notwendig
- Direktes Umsetzen des Entwurfs in die geschnittene Schablone gegeben
- Für Positiv- und Negativ-Drucke gleich gut geeignet
- In erster Linie für Motive mit scharfkantig geschnittenen Flächen, geometrischen Formen, für mittlere und große handgeschnittene Schriften, aber auch für präzis geschnittene, scharfkantige Details und feinere Linien einsetzbar

- Durch Einbrennen mit einem Lötkolben und Zerkratzen des Films begrenzt strukturale Effekte in Kombination mit exaktem Flächendruck möglich
- Weichere Linien durch Anlösen geschnittener Kanten mit geeignetem Lösungsmittel erzielbar, aber nicht genau steuerbar
- Absolute Konturenschärfe und gute Passergenauigkeit für Mehrfarbendruck gegeben
- Bessere Haftung und Flexibilität ermöglichen feinere Details als bei Papierschablonen
- Freistehende Innenformen und feinste Details werden vor dem Übertragen durch den Träger gehalten
- Transparenz des Films ermöglicht direktes Nachschneiden des Entwurfs
- Für den künstlerischen Siebdruck gut geeignet
- Schneidefilme für sämtliche Anwendungsbereiche und Farbtypen lieferbar
- Wasserlösliche Filme für alle Farben, außer für wäßrige, geeignet, ohne chemische Lösungsmittel übertragbar und einfach mit Wasser entschichtbar
- Druckausfall bei der Herstellung exakt bestimmbar
- Schneidefilme nur bei genauen, flächigen Entwürfen in Druckgröße sinnvoll einsetzbar
- Für fotografische Motive, malerische Vorlagen, feinste Schriften und Strukturen kaum oder gar nicht geeignet
- Übertragen der Schablone für Anfänger schwierig
- Auch im gewerblichen und im industriellen Siebdruck verwendbar

Schneidefilmarten. Eigenschaften und Einsatzmöglichkeiten

	Bügelfilm	Lösungsmittelfilm	wasserlöslicher Film
Filmmaterial	Schellack, Wachs, Schellack/Wachskombination oder Kunststoff	Zellulose	in Wasser löslicher Kunststoff
Trägermaterial	Papier	Papier oder Kunststoff (Vinyl, Polyester)	Papier oder Kunststoff (Vinyl, Polyester)
Übertragen auf das Gewebe	Haftung durch Erwärmen der Filmoberfläche, Film mit warmem Bügeleisen auf das Gewebe bügeln	Haftung durch Anlösen der Filmoberfläche mit einem Übertragungsmittel (z. B. Nitroverdünnung, Aceton)	Haftung durch Anlösen der Filmoberfläche mit Wasser oder Essig/Alkoholgemisch
Lösungsmittel zur Entschichtung	Alkohol, Spiritus (bei Schellack), Nitroverdünnung, »Pregan-C4« (bei Wachs)	Nitroverdünnung, »Pregan-C4«	kaltes, warmes oder heißes Wasser
Verdruckbare Farben	Farben auf Ölbasis, wäßrige Farben bedingt verdruckbar	Farben auf Ölbasis, wäßrige Farben	alle Farben, besonders auch Farben mit aggressiven Lösungsmitteln
Nicht verdruckbare Farben	Farben aus aggressiven Lösungsmitteln, Zellulose-, PVC- und Acrylfarben	Farben mit aggressiven Lösungsmitteln, Zellulose-, PVC- und Acrylfarben	wäßrige Farben
Fabrikate (Auswahl)	»Safir-Schneide-Film« (Pröll), »Schablonenpapier D« (Marabu), »Stenplax-Amber« (Britains Ltd.), »Bügelfolie blau« (Gröner); teilweise nicht mehr lieferbar!	»STA-SHARP S3S«, »Super Blue E«, »Super Amber E«, »7 – 11« (Ulano); »Orange 2« (McGraw Colorgraph)	»Autocut« (Autotype), »Burbank Ambermask«, »Hydro-Amber« (McGraw Colorgraph); »Aquafilm«, »Ulanocut« (Ulano)

Schneidewerkzeuge und Hilfsmittel:

Grundvoraussetzung für einwandfreie Resultate bei Schnittschablonen ist ein *rasierklingenscharfes Messer* mit stets einwandfreier Klingenspitze, die vor dem Schneiden regelmäßig auf ihre Schärfe kontrolliert werden sollte (Lupe benutzen). Bei Abnutzung oder auftretenden Graten kann die Klinge auf einem Ölstein unter Zugabe einiger Tropfen Öl nachgeschliffen oder muß gegen eine Ersatzklinge ausgetauscht werden.

Stumpfe Klingen verursachen unscharfe Schnittkanten, der Schneidedruck ist zwangsläufig höher, was zu Schnittverletzungen oder Einprägungen in der Trägerschicht führen kann. Schlechtere Haftung des Films auf dem Gewebe ist die Folge.

64 Präzisions-Drehmesser zum Schneiden von Schneidefilmschablonen und Maskierfilm (mit dreh- und verstellbarer Klinge)

Zwar lassen sich auch einfache Schneidefedern benutzen, doch für präzises Schneiden und feinste Detailarbeiten sind spezielle Schablonenmesser (Abb. 64) zu empfehlen. Es gibt sie im Fachhandel in unterschiedlichen Ausführungen, z. B. mit festen, feststell- und drehbaren, im Schneidewinkel verstellbaren, kugelgelagerten und/oder auswechselbaren Klingen. Bei Präzisions-Drehmessern bewegt sich die auf Kugellagern frei- und selbstdrehbare Klinge bei jeder Handbewegung mit. Sie erleichtert das Schneiden unregelmäßiger Konturen und Kurven, ohne daß man die Finger oder die Hand von der Schneidefläche abheben muß. Für Linealschnitte sind die drehbaren Klingen feststellbar. Die feinen Klingen erlauben auch Fehlschnitte und Überschneidungen, der Film schließt sich beim Übertragen wieder. Geeignete Drehmesser sind beispielsweise »Regulus M1« und »M2«, »Ecobra Modell E 890« und »E 891«, »Gruso-Swivel-Knife«, »Ulano Swivel« und »Ulano Swivel King«.

Zur Verbesserung und erweiterten Anwendung lassen sich zum Drehmesser für ganz bestimmte Arbeiten zusätzliche Schneidewerkzeuge und Hilfsmittel einsetzen (Abb. 65):

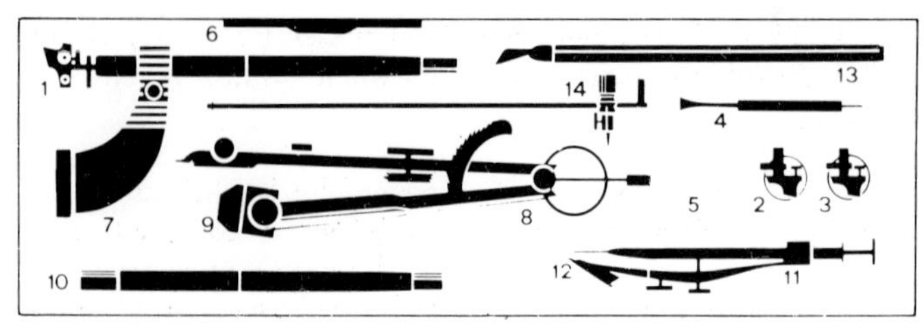

65 Ulano-Präzisionsschneidewerkzeuge: 1–3 Doppelschneider: Nr. 1 / 0,2–2,0 mm, Nr. 2 / 1,5–3,5 mm, Nr. 3 / 3,0–5,0 mm – 4 Schraubenzieher mit Dorn für Klingenwechsel – 5 Plastikhülse mit Ersatzteilen – 6 Ersatzklingen für Drehmesser und Doppelschneider; Ersatzfilze für Dreipunktführungen – 7 Dreipunktführung für Doppelschneider – 8 Schneidverstellzirkel mit Adapter (9) – 10 Ulano-Drehmesser – 11 Fallnullenzirkel für Kleinstkreise mit Ulano-Einsatz (12) – 13 Abhebewerkzeug – 14 Verlängerungsstange

– *Doppelschneider* (1–3) bestehen aus zwei im Abstand variierbaren oder festen Klingen; in das Messer eingesetzt, kann man damit genau und rasch parallele Linien gleichzeitig in den Film schneiden (hauptsächlich für Linierungen, Tabellen, Buchstaben; Linienbreite begrenzt)
– *Adapter* (9) erlauben das Einsetzen des Drehmessers in einen Zirkel
– *Kreisschneider* in Form von Einsätzen für Halter mit unterschiedlichen Durchmessern ermöglichen das Schneiden feinster Kreise
– *Fallnullenzirkel* (11), mit einem Schneideeinsatz kombiniert, dienen ebenfalls als Kreisschneider für feinste Kreise. Sie sind über eine Feineinstellschraube stufenlos auf verschiedene Durchmesser einstellbar
– *Schneidezirkel* (8) und *Stangenzirkel* (Balkenzirkel) mit Schneideeinsätzen sind für große und größte Kreise bis zu 1 m Durchmesser und mehr gedacht
– *Abhebewerkzeuge* (13) in Form spezieller Messer mit stumpfer Klinge oder Pinzetten erleichtern das saubere Abheben der geschnittenen Filmschicht vom Träger
– *Dreipunktführungen* (7) ermöglichen eine ruhige Führung der Hand und halten das Messer bei allen Schneidepositionen senkrecht, so daß die Filmeinschnitte stets in einem Winkel von 90° geschnitten sind. Die Ulano AG liefert beispielsweise in Ergänzung zu ihren Schneidefilmen ein komplettes Schnei-

dewerkzeug-Programm, vom Drehmesser bis zu sämtlichen Zusatzwerkzeugen, einzeln und als Set (»maxi set art. no. 3600«)

Ergänzen lassen sich diese Werkzeuge durch Hilfsmittel wie Abziehsteine (Ölsteine zum Nachschärfen stumpfer Klingen), Lampen mit beweglichem Arm (zur direkten Ausleuchtung des Arbeitsplatzes), Lupen (zum besseren Schneiden feinster Details, z. B. als Kopfbandlupe, wie ein Augenschirm tragbar, oder als Großfeldlupe in Verbindung mit einer Lampe an biegsamer Säule), Zeichentische, Reißbretter oder Leuchttische (als Schneidebasis), Lineale und Dreiecke aus rostfreiem Stahl (als Schneide- oder Anschlaghilfe, z. B. als gleitende Reißschienen oder Winkellineale auf Zeichen- oder Leuchttisch montiert).

Schneidetechnik:

Schneidefilme sind stets bei guten Arbeitsbedingungen (z. B. auf einem schräggestellten Leucht- oder Zeichentisch mit angenehmer Arbeitshöhe), bestmöglicher Beleuchtung und nur mit scharfen Schablonenmessern auf einer harten, glatten Unterlage zu schneiden. Dabei ist die Filmschicht vor Handschweiß zu schützen, indem eine Plastikfolie übergelegt oder Seidenhandschuhe getragen werden.

Das Messer nur leicht andrücken, so daß lediglich die Filmschicht durchschnitten, aber nicht der Träger angeritzt oder durchschnitten wird (Abb. 66b). – In allen Schneidepositionen das Messer senkrecht halten (Abb. 67), um den Film im Winkel von 90° zu schneiden. Dadurch ist beim Übertragen die beste Konturenschärfe gewährleistet. Andernfalls neigen die Filmränder zum Kräuseln, was wiederum zu Übertragungsschwierigkeiten führen kann. – Durch Überschneidungen (sich kreuzende Schneidelinien) erhält man scharfe Ecken und Filmränder. Das saubere und kontrollierte Abheben der Filmschicht wird zudem erheblich erleichtert (Abb. 68). Ungewollte Schnittöffnungen durch das Überschneiden schließen sich beim Übertragen wieder, sind also im Druck nicht sichtbar.

Bei Mehrfarbendrucken sollten zur Vermeidung von Passerschwierigkeiten die einzelnen Schablonen geringfügig an den Rändern »überlappen«, d. h. man schneidet die Schablone etwas größer als im Entwurf, nicht genau *auf* den Konturen des Ent-

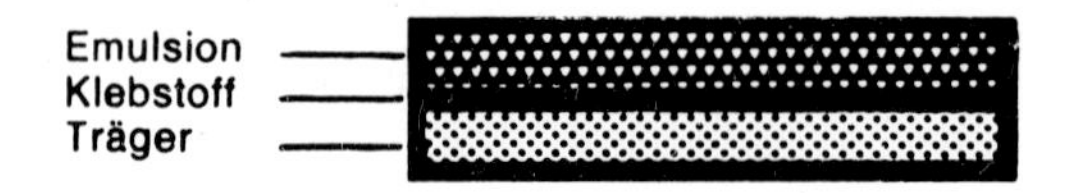

a

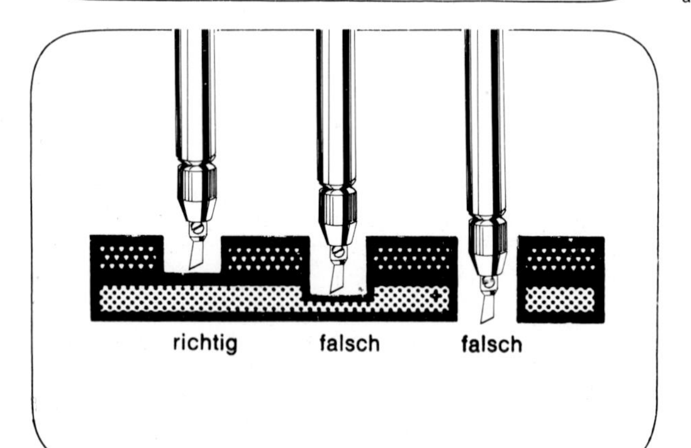

b

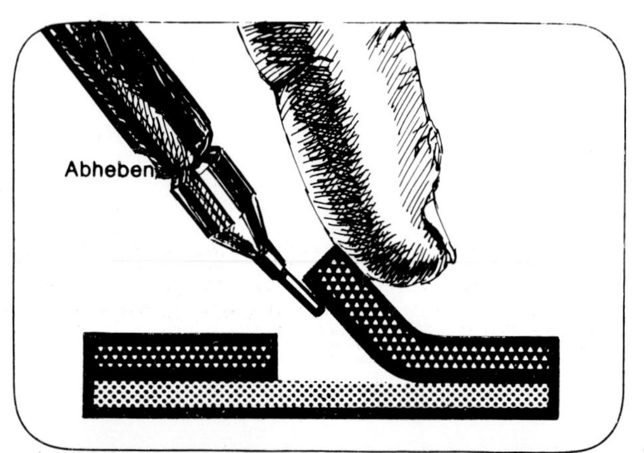

c

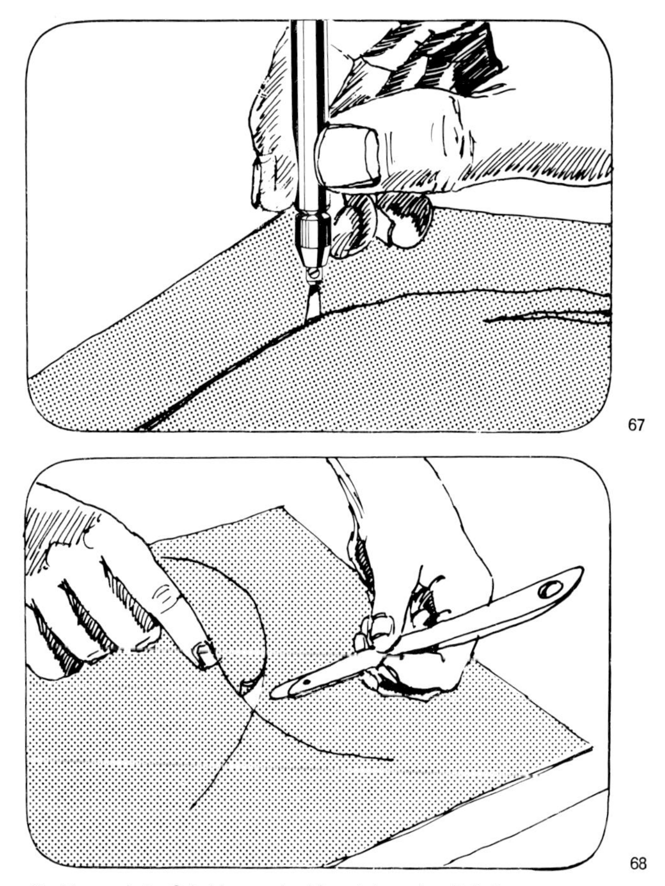

67 Messer beim Schablonenschneiden stets senkrecht halten

68 Überschneidungen ergeben scharfe Ecken und erleichtern das Abheben

◁ 66 Aufbau und Schneidetechnik bei Schneidefilmen: a) dreischichtiger Aufbau: Emulsion (= Schneideschicht), Klebstoff (= Haftschicht), Trägerschicht – b) Schneidetechnik: nur durch die Filmschicht, nicht durch die Haft- und Trägerschicht schneiden – c) ausgeschnittenen Film mit stumpfem Abhebewerkzeug entfernen; an den abgehobnen Stellen ist die Schablone später farbdurchlässig

wurfs, sondern geringfügig darüber. Im Druck überdecken sich die einzelnen Farben an den Kanten ein wenig, eventuelle Schneideungenauigkeiten sind nicht mehr sichtbar.

Zusätzlich lassen sich bei mehrfarbigen Arbeiten außerhalb des Motivs in drei Ecken Passermarken einzeichnen, die bei jeder Schablone mitgeschnitten werden, um das Einrichten des Siebes für den Druck zu vereinfachen und die Passergenauigkeit beim Andruck kontrollieren zu können. Nach dem Andruck können die Passermarken im Sieb für die Auflage abgedeckt werden.

Übertragungstechnik bei Bügelfilmen:
Das Gewebe muß von alten Farb- und Schablonenresten gereinigt, entfettet und getrocknet sein. Die geschnittene Schablone wird mit der Filmseite nach oben auf eine ebene, glatte Unterlage gelegt, dann das Sieb in der gewünschten Position (Druckseite nach unten) darübergebracht. Der Kontakt zwischen Film und Gewebe muß gleichmäßig und einwandfrei sein.

Mit einem erwärmten Bügeleisen wird von der Rakelseite her (Seidenpapier zwischenlegen) der Film an die Druckseite gebügelt (Abb. 69). Die Temperaturanzeige des Bügeleisens sollte auf Mittelhitze stehen.

69 Übertragen eines Bügelfilms mit einem warmen Bügeleisen

Um Faltenbildung zu vermeiden, ist das Bügeleisen ohne starken Druck stets von der Mitte her zu den Rändern hin mit kreisenden Bewegungen zu führen. Zeigt die gesamte angebügelte Fläche eine gleichmäßige Verfärbung, ist der Film fest mit dem Gewebe verbunden. Nach dem langsamen Abziehen des Trägerpapiers von der Druckseite her ist die Schablone druckfertig.

Übertragungtechnik bei Lösungsmittelfilmen:
Die Übertragungstechnik kann nur allgemein erklärt werden. Im Einzelfall sind die Arbeitsanleitungen für den jeweiligen Filmtyp zu beachten.

Das Gewebe sorgfältig von alten Farb- und Schablonenresten reinigen und entfetten, es muß staubfrei und getrocknet sein. Die geschnittene Schablone wird mit der Filmschicht nach oben auf eine saubere Glasplatte gelegt, die etwas kleiner als das Rahmeninnenmaß ist. Dann wird der Rahmen (Druckseite nach unten) in der gewünschten Position darübergebracht.

Der Kontakt zwischen Film und Gewebe muß auf der gesamten Fläche einwandfrei sein (evtl. zusätzliches Beschweren der Rahmenecken durch Gewichte oder Farbdosen). Mit fusselfreiem Lappen nun das empfohlene Übertragungsmittel in richtiger Dosierung von der Rakelseite durch das Gewebe auf den Film streichen. Dazu einen Lappen mit Lösungsmittel benetzen und links oben auf dem Sieb beginnen, von links nach rechts, ein Stück Film (ca. 30 x 30 cm) ohne starken Druck einstreichen. Dabei nicht hin- und herstreichen, sondern stets in *eine* Richtung, von links nach rechts streichen (Abb. 70).

Zuviel Lösungsmittel kann die Schnittränder anlösen und verursacht Unschärfen an den Konturen. Zuwenig Lösungsmittel löst die Filmschicht nicht ausreichend an und führt zu schlechter Haftung.

Aus dem angefeuchteten Gewebeteil sofort überschüssiges Übertragungsmittel absaugen. Dazu mehrere Lagen unbedrucktes Zeitungspapier von der Rakelseite auflegen.

Absaugvorgang evtl. ein zweites und drittes Mal wiederholen. Anschließend das nächste Filmstück anfeuchten, absaugen und im raschen Wechsel Stück für Stück so fortfahren, bis der gesamte Film übertragen ist.

Haftet der Film einwandfrei, kann er von der Rakelseite her mit Kaltluft getrocknet werden. Sobald es die Trocknung er-

70 Übertragen eines Lösungsmittelfilms: Lappen mit Übertragungsmittel benetzen und Film Stück für Stück einstreichen

laubt, läßt sich der Träger an der Druckseite von einer Ecke her langsam abziehen.

Übertragungstechnik bei wasserlöslichen Filmen:
Das Gewebe sorgfältig reinigen und entfetten. Wasserlösliche Filme werden im Prinzip wie Lösungsmittelfilme übertragen, wobei die Übertragungstechnik bei einzelnen Filmtypen leicht variieren kann und als Übertragungsmittel häufig nur Wasser nötig ist.

»Ulanocut« (Ulano) beispielsweise wird statt mit einem Lappen mit einem in Wasser angefeuchteten Schwamm in einem Arbeitsgang auf das Gewebe übertragen. Neben dieser traditionellen Übertragungsmethode läßt sich »Ulanocut« aber auch einfach und schnell von der Druckseite her auf das mit Wasser bereits angefeuchtete Gewebe übertragen, indem man mit einem feuchten Schwamm über den Träger fährt. Absaugen überflüssigen Wassers, Trocknen und Abziehen des Trägers erfolgt wie bei Lösungsmittelfilmen.

Material und Gerät:
- Schneidefilmtyp entsprechend dem Druckvorhaben und der Farbe (s. Übersicht S. 122)

– Schablonenmesser, evtl. zusätzliche Schneidegeräte (s. S. 124), Zeichen- oder Leuchttisch, Stahllineal, Klebeband, gut saugende Lappen oder Schwamm, Ventilator oder Trockenschrank, unbedrucktes Zeitungspapier, Siebfüller, Entwurf, transparente Folie, Glasplatte, Beschichtungsrinne oder Flachpinsel

Arbeitsablauf: Herstellung einer Schneidefilmschablone

1. Gewebe von alten Farb- und Schablonenresten reinigen, entfetten und trocknen (neue Gewebe vorbehandeln, s. S. 55, 56/57)
2. Entwurf auf der Arbeitsfläche (Zeichenplatte oder Leuchttisch) mit Klebestreifen befestigen (Abb. 71 a), bei Mehrfarbendruck Passerkreuze außerhalb des Motivs auf dem Entwurf einzeichnen, Flächen innerhalb des Motivs entsprechend den einzelnen Farbauszügen durchnumerieren oder farbig kennzeichnen
3. Schneidefilm mit einigen Zentimetern Zugabe nach der Größe des Entwurfs zuschneiden
4. Film (Schneideschicht nach oben) über dem Entwurf ausrichten und mit Klebestreifen unverrückbar auf der Arbeitsfläche befestigen (Abb. 71 a)
5. Schneiden der Schablone (Abb. 71 b): mit dem Messer die gekennzeichneten Umrißlinien der Teile nachschneiden, die später drucken sollen (s. Schneidetechnik, S. 127). Nur durch die Filmschicht schneiden! (Abb. 66 b)
6. Abheben des Films (Abb. 71 c): mit speziellem Abhebewerkzeug, stumpfem Messer oder Pinzette ausgeschnittene Filmteile dort zurückstoßen und anheben, wo durch das Schneiden spitze Winkel entstanden sind, kleinere Flächen mit aufgedrücktem Stück Klebeband abheben; bei Schneidefilmen sind grundsätzlich alle die Flächen im Film abzuheben, die später drucken sollen
7. Bei größeren ausgeschnittenen Flächen kleine Schnitte (Kreuze) in den Träger schneiden, um »Wellenbildung« und Luftblasen beim Übertragen zu vermeiden
8. Überprüfen der ausgeschnittenen Schablone: alle im Entwurf gekennzeichneten Stellen müssen geschnitten und vom Träger abgelöst sein
9. Übertragen der Schablone an das Gewebe: Sieb über die Schablone legen (Abb. 71 d); zum Übertragen notwendige

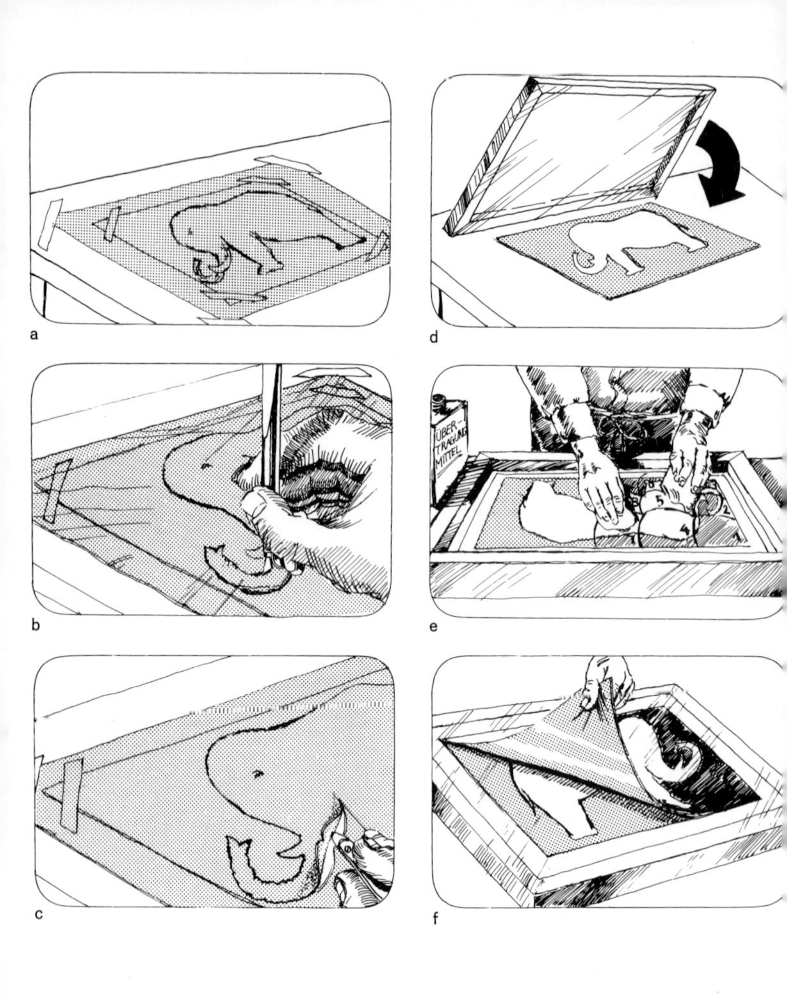

71 Arbeitsablauf: Herstellung einer Schneidefilmschablone: a) Film über dem Entwurf be festigen – b) Schneiden der Schablone nach dem untergelegten Entwurf – c) Abheben des ausgeschnittenen Films mit einem stumpfen Messer – d) Sieb mit der Druckseite nach unten über die ausgeschnittene Schablone legen – e) Übertragen der Schablone Übertragungsmittel feldweise mit einem Lappen von der Rakelseite her einstreichen überschüssiges Lösungsmittel mit einem trockenen Lappen sofort entfernen – f) Entfer nen der Trägerschicht: von einer Ecke her an der Druckseite Träger vorsichtig abziehen

Hilfsmittel (Glasscheibe, Lappen oder Schwamm, Übertragungsmittel, Zeitungspapier, Ventilator usw.) bereitlegen (s. Übertragungstechnik, S. 128 ff.); Schablone entsprechend dem Filmtyp und der Arbeitsanleitung der Hersteller an das Gewebe übertragen (Abb. 71 e)

10. Trocknen der Schablone (Kaltluftstrom oder Lufttrocknung, Fön, Ventilator oder Trockenschrank, bei Bügelfilm Trocknen nicht nötig); die Trocknungsdauer wird entscheidend durch die Stärke der Luftzirkulation, der relativen Luftfeuchtigkeit und die Raumtemperatur bestimmt
11. Abdecken der offenen Gewebefläche: Siebfüller mit Beschichtungsrinne oder Flachpinsel an den offenen Gewebeflächen rund um die Schablone beidseitig auftragen; an der Rakelseite die Schablone über die Außenkante hinweg (2–3 cm) »überlappend« abdecken; alternativ hierzu läßt sich das Sieb an der offenen Gewebefläche auch vor dem Übertragen des Films mit Siebfüller abdecken, um Feuchtigkeitsschwankungen und dadurch mögliche Passerungenauigkeiten zu vermeiden
12. Trocknen der Schablone und der Randabdeckung mit *Kaltluft*
13. Entfernen der Trägerschicht (Abb. 71 f): nach dem völligen Durchtrocknen Träger an einer Ecke anheben und langsam in einem Stück abziehen; die Filmschicht bleibt am Gewebe haften; die druckenden Stellen der Schablone sind damit geöffnet
14. Überprüfen der Schablone auf fehlerhafte Stellen; undichte Stellen in der Schablone und der Randabdeckung mit Siebfüller an der Druckseite ausbessern (zur besseren Sichtkontrolle auf dem Leuchttisch arbeiten oder Sieb gegen eine Lichtquelle halten).

Die Schablone ist nach dem Trocknen druckfertig.

Reinigung/Entschichtung:

- Reinigen der Schablone entsprechend der Farbart mit einem geeigneten Lösungsmittel (s. S. 122)
- Entschichten von Bügelfilmen und Lösungsmittelfilmen mit geeignetem Lösungsmittel (Alkohol, Spiritus oder Nitroverdünnung); Sieb dazu mit der Druckseite auf einen Stapel Papier legen und von der Rakelseite Lösungsmittel aufgießen,

Film anlösen und abziehen, im Gewebe verbleibende Schablonenreste mit Lösungsmittel beseitigen, ausreiben oder auswaschen
- Zum Entschichten wasserlöslicher Filme das Sieb beidseitig mit warmem Wasser ausspülen, Film aufquellen lassen und nach einigen Minuten mit scharfem Wasserstrahl aus dem Gewebe ausspülen. Sieb trocknen

c) *Abdeckschablone*
(eine manuell hergestellte, im Gewebe haftende, direkte Zeichenschablone)

Prinzip:
Die Schablone entsteht durch Zeichnen oder Malen auf dem Gewebe. Alle *nichtdruckenden Teile* des Gewebes deckt man dazu mit einer festtrocknenden Flüssigkeit ab, der Schablonenschicht, die direkt in den Gewebemaschen sitzt.

Die offenen Stellen, die Druckfläche, bezeichnet man als Positiv, die abgedeckten Stellen (nichtdruckend) als Negativ. Wird das Druckmotiv selbst mit Abdeckflüssigkeit gezeichnet oder ausgemalt, erhält man einen *Negativ-Druck*, d. h. das Umfeld druckt und das Motiv selbst steht als Negativ-Form im Farbton des Bedruckstoffes auf einem farbigen Fond (Abb. 72). Wird das Druckmotiv beim Zeichnen von der Abdeckflüssigkeit ausgespart, erhält man einen *Positiv-Druck*, d. h. das Motiv selbst druckt (Abb. 60 b).

Vorteilhaft für die Abdeckschablone sind feinere Gewebe. Die Gewebemaschen lassen sich besser mit dem Abdeckmittel schließen. Zudem ist die Unschärfe von Konturen, der sog. »Sägezahneffekt«, geringer. Dieser Effekt in Form kleiner Zacken an Linien und Kanten, hervorgerufen durch ein nur teilweises Überqueren der Abdeckschicht an den Fadenkreuzungen der Gewebemaschen, tritt bei allen im Gewebe haftenden Schablonen auf. Durch geeignete feinere Gewebe und bei direkten Fotoschablonen durch sog. »maschenüberquerende« Kopierschichten läßt sich dieser Effekt weitgehend beseitigen (s. S. 101).

Für den künstlerischen Siebdruck kann dieser »Fehler«, die Unregelmäßigkeit einer Linie oder Flächenbegrenzung durchaus eine zusätzliche grafische Wirkung bedeuten, also beabsichtigt sein.

72 Siebdruck nach einer Abdeckschablone (Kinderzeichnung, Projekt Offene Werkstatt, Bielefeld): Das Motiv wurde direkt mit Siebfüller auf das Sieb gemalt, abgedeckt (Negativ-Technik). Das Umfeld druckt

Farblose Abdeckmittel sollten zur besseren Sichtkontrolle eingefärbt werden, Leim beispielsweise mit wasserlöslicher farbiger Tusche oder mit Temperafarbe.

Bei Verwendung lösemittelhaltiger Farben sind als Abdeckmittel wasserlösliche Siebfüller, Siebkorrekturlacke oder bei gewünschter hoher Abrieb- und Auflagenbeständigkeit Kopierschichten für direkte Fotoschablonen zu benutzen. Sie werden gebrauchsfertig geliefert, lassen sich leicht verarbeiten, brauchen nicht eingefärbt zu werden. Siebfüller und Siebkorrekturlack werden normalerweise zum Abdecken von Randstreifen und zum Ausbessern fehlerhafter Fotoschablonen verwendet. Beide Abdeckmittel sind wasserlöslich und lassen sich leicht mit Wasser entschichten. Kopierschichten sind für direkte Fotoschablonen notwendige lichtempfindliche Emulsionen, die hier zweckentfremdet als »zeichnerisches Abdeckmittel« Verwendung finden. Mit Kopierschicht hergestellte Abdeckschablonen müssen nach dem Durchtrocknen allerdings noch zusätzlich durch Belichtung bei Tages- oder Kunstlicht durchhärten. Sie können auch nur mit einem entsprechenden Entschichtungsmittel aus dem Gewebe gelöst werden (s. S. 182).

Lack, Schellack und Wachs sind weniger als Abdeckmittel zu empfehlen. Sie lassen sich nur schwer wieder aus dem Gewebe entfernen.

Eigenschaften, Eignung und Anwendung:

- Billige, leicht herzustellende Schablone
- Keine besonderen Betriebseinrichtungen notwendig
- Besonders beim künstlerischen Siebdruck einsetzbar
- Schnelles, direktes Arbeiten auf dem Sieb möglich
- Für großflächige Motive, grobe handgezeichnete Schriften, negativ erscheinende Formen geeignet
- Linien und Flächenbegrenzungen erscheinen weicher als bei Schnittschablonen
- Vielfältige grafische und malerische Wirkungen möglich, durch verschiedenartige Pinsel (Tusche- und Borstenpinsel) und Auftragsmethoden (Malen, Zeichnen, Tupfen, Spritzen, Tröpfeln, Klecksen usw.)
- Zusätzliche bildnerische Effekte erzielbar, durch Abdrucken von Materialien mit strukturierten Oberflächen (z. B. Gardinen, Teppiche, genarbte Pappen, Hölzer, Metallgitter, verknittertes Papier). Die Oberfläche dieser Objekte wird dazu mit dem Abdeckmittel getränkt oder eingerollt. Durch Abdrucken auf dem Gewebe überträgt sich teilweise die Oberflächenstruktur auf das Sieb; oder die Objekte werden in die bereits auf das Gewebe aufgetragene, aber noch nasse Abdeckschicht gedrückt. Teile der Schicht lösen sich aus dem Gewebe, öffnen einige Gewebemaschen entsprechend der Oberflächenstruktur und ergeben eine Schablone mit reizvollen Effekten. Das Druckergebnis ist allerdings nur begrenzt steuerbar und vorher nicht exakt zu bestimmen
- Für feine Details, Linien und Schriften nicht geeignet
- Keine scharf gestochenen Konturen wie bei der Schnittschablone möglich, »Sägezahneffekt« an den Konturen
- Als Leim- und Wachsschablone nur für begrenzte Auflagen (100–150 Drucke) zu empfehlen
- Für den kommerziellen Siebdruck heute ohne Bedeutung

Material und Gerät:

- Mögliche Abdeckflüssigkeiten

  a) für *lösemittelhaltige Farben* (nicht für wäßrige Farben) geeignet: Zelluloseleim (z. B. Glutolin, auf gute Streichfähigkeit einstellen, mit Wasser- oder Temperafarbe einfärben, Mischungsverhältnis Leim/Wasser in Volumenanteilen 1:12 bis 1:15, evtl. Zugabe eines Weichmachers), Siebfüller, Siebkorrekturlack oder Kopierschicht

b) für *wäßrige Farben:* farbige oder farblose Lacke (z. B. Schablonenlack, Schellack, Wachs)

c) für *alle Farben* (außer alkoholhaltigen): Schellack

d) für *alle Farben* (außer Farben, die Lackverdünner enthalten): Lack

- Bleistifte, Haar- und/oder Borstenpinsel verschiedener Größen, Holzleisten als Rahmenauflage, Tesafilm, evtl. Entwurf

Arbeitsablauf: Herstellung einer Abdeckschablone

1. Vorbereiten des Siebes, Gewebe von Farb- und Schablonenresten reinigen, entfetten, trocknen
2. Übertragen des Entwurfs auf das Gewebe:
   Möglichkeit a) Das Motiv frei (ohne Vorlage) mit einem nicht zu harten Bleistift an der Rahmeninnenseite (Rakelseite) auf das Gewebe zeichnen
   Möglichkeit b) Einen linearen Entwurf auf dem Tisch mit Tesafilm befestigen (Abb. 73 a), Sieb darüberlegen, den durchscheinenden Entwurf mit einem Bleistift an der Rahmeninnenseite durchpausen, Kennzeichnen der Flächen, die abgedeckt werden sollen (Abb. 73 b)
   Möglichkeit c) Das Motiv ohne Entwurf und ohne Vorzeichnung direkt mit der Abdeckflüssigkeit an der Rahmeninnenseite auf das Gewebe malen
3. Rahmen auf Holzleisten legen, um ein Ankleben des Abdeckmittels auf der Unterlage oder auf dem Entwurf zu vermeiden (Abb. 73 c)
4. Entwurf entfernen oder zur ständigen Kontrolle während des Abdeckens unter das Sieb legen, dann Entwurf gegen Flüssigkeit mit Klarsichtfolie schützen
5. Übertragen des Abdeckmittels auf das Gewebe: alle gekennzeichneten Stellen, die *nicht* drucken sollen, mit Hilfe eines Pinsels ausmalen (für Umrißlinien feinen Pinsel, für größere Flächen gröberen Pinsel benutzen, Abb. 73 c)
6. Trocknen der Schablone in horizontaler Lage mit der Rahmeninnenseite nach oben (Lufttrocknung, Fön, Trockenschrank)

a

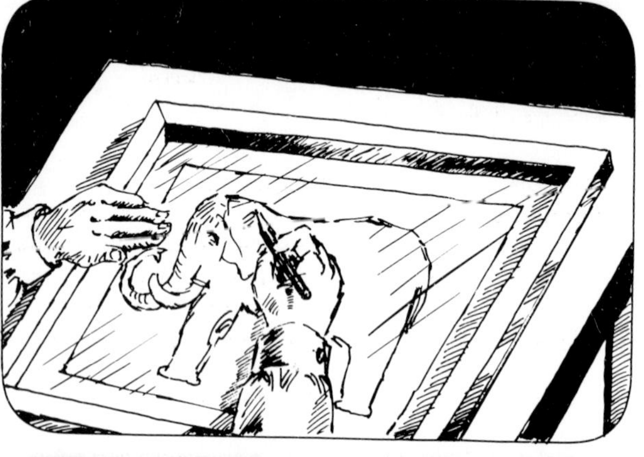

b

c

7. Überprüfen der Schablone auf fehlerhafte Stellen, Ausbessern (Retuschieren) durch entsprechendes Abdeckmittel an der Rahmenaußenseite (auf dem Lichttisch arbeiten oder gegen eine Lichtquelle halten, um die schadhaften Stellen besser zu erkennen).

Die Abdeckschablone ist druckfertig.

Reinigung/Entschichtung:
- Reinigen der Schablone von Farbresten
  a) bei lösemittelhaltigen Farben: mit entsprechendem Reinigungsmittel, Universalreiniger, Testbenzin oder Siebreiniger
  b) bei wäßrigen Farben: mit kaltem oder warmem Wasser
- Entfernen der Schablonenschicht aus dem Gewebe durch Auswaschen mit dem jeweiligen Lösungs- oder Entschichtungsmittel

Abdeckmittel/Schablonenschicht	Entschichtungsmittel/ Entschichtungsart
Leim, Siebfüller, Siebkorrekturlack	mit kaltem oder warmem Wasser lösen und auswaschen
Schellack	mit Alkohol oder Spiritus lösen
Lack	mit Lackverdünner lösen und auswaschen
Kopierschicht	mit Entschichter lösen und mit kaltem oder warmem Wasser auswaschen
Wachs	mit warmem Bügeleisen zwischen saugfähigem Papier ausbügeln, mit Testbenzin/ Universalreiniger nachwaschen

◁ 73 Arbeitsablauf: Herstellung einer Abdeckschablone: a) Entwurf auf dem Arbeitstisch befestigen – b) Sieb mit der Druckseite auf den Entwurf legen und Motiv auf das Sieb durchpausen – c) Abdeckmittel übertragen; alle nichtdruckenden Stellen im Sieb abdecken

74 Druck nach einer Auswaschschablone (Kindergruppenarbeit, Projekt Offene Werkstatt, Bielefeld): Die Motive wurden von verschiedenen Kindern mit Fixogum auf das Sieb gemalt; anschließend wurde das gesamte Sieb von der Druckseite her mit Siebfüller abgedeckt. Dann öffnete man die druckenden Stellen, indem das Fixogum nicht ausgewaschen, sondern in diesem Fall einfach ausgerubbelt wurde. Das Motiv erscheint im Druck positiv

d) Auswaschschablone

(eine manuell hergestellte, im Gewebe haftende, direkte Zeichenschablone)

Prinzip:

Die Schablone entsteht durch Zeichnen oder Malen des Druckmotives auf dem Gewebe (Abb. 74).

Das Herstellungsprinzip beruht im allgemeinen auf dem gegenseitigen Abstoßen zweier Abdeckmittel, von dem eines Fett, das andere Wasser enthält. Mit dem einen der beiden Abdeckmittel, z. B. fetthaltiger Tusche, wird das Motiv an der Rahmeninnenseite (Rakelseite) auf das Gewebe gemalt oder gezeichnet. Dieses Abdeckmittel hat zuerst die Funktion einer Zeichenabdeckfarbe für das Druckmotiv und ist zugleich das Mittel, das *nach* dem Auftragen der Schablonenschicht wieder *ausgewaschen* wird.

Nach dem Antrocknen des ersten Abdeckmittels deckt man mit dem zweiten Mittel, z. B. wasserlöslichem Leim, die gesamte Innenseite des Siebes ab. Dieses Abdeckmittel hat die Funktion einer permanenten Schablonenschicht. Dort, wo die beiden Abdeckmittel zusammentreffen, nämlich auf dem Druckmotiv, stoßen sie sich gegenseitig ab, d. h. das in diesem Fall als Schablonenschicht verwendete wäßrige Mittel Leim haftet nicht oder nur schlecht auf dem für das Druckmotiv verwendeten fetthaltigen Mittel Tusche, aber dafür auf der gesamten übrigen Gewebefläche. Nach dem Durchtrocknen der Schablonenschicht löst man mit einem geeigneten Lösungsmittel, in diesem Beispiel mit einem fettlösenden wie Testbenzin, von der Siebaußenseite das Abdeckmittel aus dem Druckmotiv und wäscht es vorsichtig mit einem Wattebausch oder einem weichen Lappen heraus. Die *druckenden Stellen* der Schablone sind damit geöffnet. Das Abdeckmittel für die Schablonenschicht wird dabei nicht von diesem Lösungsmittel angegriffen und verschließt somit die nichtdruckenden Stellen im Gewebe.

Die offenen Gewebestellen entsprechen genau dem zuvor aufgemalten oder gezeichneten Motiv, dessen genaues Abbild im späteren Druck positiv erscheint. Im Vergleich zur Abdeckschablone ist demnach die Auswaschschablone eher für *Positiv-Drucke* geeignet. Sie bietet während der Schablonenherstellung bessere Möglichkeiten zur Kontrolle des zu druckenden Motivs.

Welches der beiden Abdeckmittel zum Abdecken des Druckmotivs und welches als Schablonenschicht eingesetzt wird, hängt von der gewählten Farbe ab.

Lösungsmittelhaltige Farben erfordern eine Schablonenschicht auf *wäßriger Basis*, wie beispielsweise Zelluloseleim, Fischleim, Siebfüller, Siebkorrekturlack oder Fotokopierschicht, und dementsprechend ein fetthaltiges Mittel zum Abdecken des Druckmotivs, wie fetthaltige Kreide, Lithokreide, Lithotusche, Fettstift oder Wachs.

Wasserlösliche Farben erfordern eine Schablonenschicht auf *Lösemittelbasis* (z. B. Lack) und entsprechend wasserlösliche Mittel zum Abdecken des Druckmotivs (z. B. Zelluloseleim, Siebfüller, Siebkorrekturlack).

Für lösemittelhaltige Farben ist die *Leim-Auswaschschablone* einsetzbar, bei der das Druckmotiv mit fetthaltiger Farbe gezeichnet oder gemalt wird, häufig mit Lithotusche (= Tusche-Leim-Auswaschschablone) oder Lithokreide (= Kreide-Leim-Auswaschschablone). Ist eine höhere Abrieb- und Auflagenbeständigkeit wichtig, eignen sich – statt Leim selbst anzusetzen und einzufärben – gebrauchsfertige Siebfüller, Siebkorrekturlacke oder Kopierschichten besser.

Kopierschicht sollte allerdings im Gegensatz zu anderen Abdeckmitteln von der Rahmenaußenseite (Druckseite) aufgerakelt und nach dem Trocknen von der Rahmenoberseite belichtet werden, wobei die Fettfarbzeichnung zur Lichtquelle zeigt und zudem so dick aufgetragen sein muß, daß sie lichtundurchlässig ist, damit sich die Kopierschicht an diesen Stellen löst.

Bei der Tusche-Leim-Auswaschschablone lassen sich zum Auftragen der Lithotusche verschiedene Pinsel, Ziehfedern und auch Tuschezirkel benutzen.

Eine weitere Möglichkeit ist die Kreide-Leim-Auswaschschablone, geeignet zum Druck von Texturen, Strukturen und Schattierungen. Statt Tusche wird hier in verschiedenen Härtegraden erhältliche Lithokreide (Nr. 0 sehr weich bis Nr. 5 sehr hart) verwendet.

Entweder zeichnet man nach einem untergelegten Entwurf oder frei mit der Kreide auf das Gewebe, oder man arbeitet nach dem »Frottage-Prinzip«, bei dem Materialien mit strukturierten Oberflächen (z. B. grobe Gewebe, Sandpapier, Drahtgeflechte, genarbte Pappen, zerknülltes Papier, Holz, Leder, Steine oder spezielle Folien mit verschiedenen Körnungen wie »Idento-Folien« von Klimsch) unter das Sieb gelegt und deren Oberflächenstruktur mit Hilfe der Kreide, je nach beabsichtigter bildnerischer Wirkung stärker oder schwächer, von der Siebinnenseite her auf das Gewebe frottiert (durchgerieben) werden.

Lithokreide und -tusche müssen fest im Gewebe haften und die Gewebemaschen abdecken, damit sie sich beim Auftragen der flüssigen Schablonenschicht weder lösen noch Schicht in die abgedeckten Gewebestellen dringen lassen.

Ebenso wie bei der Abdeckschablone sind feinere Gewebe (Nr. 90 bis Nr. 120) geeigneter zum Auftragen der Abdeckmittel, zur Wiedergabe feiner Strukturen und Linien, zur Vermeidung zu großer Unschärfen von Konturen durch den »Sägezahneffekt« (s. S. 101).

Zum Auftragen der Schablonenschicht läßt sich eine Beschichtungsrinne benutzen, ersatzweise ein fester Kartonstreifen oder ein Plastikschaber. Pinsel sind wegen des ungleichmäßigen Auftrages weniger zu empfehlen.

Selbstangesetzte Abdeckmittel, beispielsweise Zelluloseleim, sollten idealerweise eine sirupähnliche Konsistenz aufweisen, um sich gut auftragen zu lassen, dabei nicht unter die Abdeckung des Druckmotivs zu laufen und um eine gute Gewebeabdeckung zu gewährleisten. Dünn aufgetragene Schablonenschichten, für Motive mit besonders feinen Linien und Strukturen zu empfehlen, erleichtern das Auswaschen der Tusche oder Kreide, ihre Abrieb- und Auflagenfestigkeit ist allerdings begrenzt. Dickere, evtl. zwei- oder dreimal aufgetragene Schablonenschichten, besonders für großflächige Motive zu empfehlen, erschweren das Auswaschen der Tusche oder Kreide, verbessern dafür Abrieb- und Auflagenbeständigkeit.

Vorteilhaft ist es, das Gewebe vor Auftragen der Abdeckmittel von der Rahmenaußenseite (Druckseite) mit einer dünnen Stärkelösung vorübergehend zu *grundieren*, um ein Durchsikkern und Tropfenbildung der Abdeckflüssigkeit zu verhindern, gleichzeitig das Zeichnen mit Tusche auf der glatteren Gewebeoberfläche zu erleichtern. Die kreideähnliche Stärkeschicht löst sich beim Auswaschen der Tusche oder Kreide.

Eigenschaften, Eignung und Anwendung:

- Billig herzustellende Schablone
- Keine besonderen Betriebseinrichtungen notwendig
- Besonders für den künstlerischen Siebdruck einsetzbar
- Schnelles, direktes, freizügiges Arbeiten auf dem Sieb möglich
- Besonders für Positiv-Drucke vorteilhaft
- Linien und Konturen erscheinen weicher als bei Schnittschablonen
- *Tusche-Auswaschschablonen* für direkt auf das Sieb übertragene Schriften und Zeichnungen in Art von Pinselzeichnungen geeignet
- Vielfältigere grafische und malerische Wirkungen möglich als bei der Abdeckschablone, durch unterschiedliche Zeichengeräte (Pinsel, Feder, Tuschezirkel u. a.) und durch verschiedenartige Auftragsmethoden der Tusche (wie Malen, Zeichnen, Trockenpinseln, Tupfen, Spritzen, Tröpfeln, Klecksen, Punktieren,

Schraffieren oder Abdruck von Materialien mit strukturierten Oberflächen)

- *Kreide-Auswaschschablone* besonders für den Druck von Texturen, Strukturen, Hell-Dunkel-Verläufen, Schattierungen und weichen Linien in Art von Kohle- und Pastellzeichnungen geeignet; bei hellen Strukturen: weniger stark mit der Kreide aufdrücken, härtere Kreide wählen; bei dunklen Strukturen: stärker aufdrücken, weichere Kreide wählen, durch Frottage in der Oberfläche strukturierter Materialien zusätzlich bildnerische Wirkungen erzielbar
- Kombinationen zwischen Kreide- und Tusche-Auswaschschablonen möglich
- Für feinere Schriften nicht geeignet
- Keine scharf gestochenen Konturen wie bei der Schnittschablone erreichbar (»Sägezahneffekt«)
- Als *Leim-Auswaschschablone* nur für begrenzte Auflagen (100 bis 150 Drucke) zu empfehlen
- Druckergebnis bei der Schablonenherstellung nicht exakt vorher bestimmbar
- Für den kommerziellen Siebdruck heute ohne Bedeutung

Material und Gerät:

- Mögliche Abdeckmittelkombinationen für *lösemittelhaltige Farben:*

Abdeckmittel zum Übertragen des Entwurfes auf das Gewebe	Abdeckmittel zum Herstellen der permanenten Schablonenschicht
alle fetthaltigen Farben, besonders Lithokreide, Lithotusche, Lithostifte, Fettstifte, Fettkreide, in Testbenzin gelöste Druckfarbe, Wachs, Wachsreserve *Lösungsmittel* zum Auswaschen: Testbenzin, Universalreiniger, Siebreiniger oder andere fettlösende Mittel	wasserlösliche Abdeckmittel, besonders Zelluloseleim, Fischleim, Siebfüller, Siebkorrekturlack, Kopierschicht *Entschichtungsmittel* zum Entfernen aus dem Gewebe: kaltes und warmes Wasser, für Kopierschichten spezieller Siebentschichter nötig (s. S. 139)

– Mögliche Abdeckmittelkombinationen für *wäßrige Farben*

Abdeckmittel zum Übertragen des Entwurfes auf das Gewebe	Abdeckmittel zum Herstellen der permanenten Schablonenschicht
wasserlösliche Abdeckmittel, besonders Siebfüller, Siebkorrekturlack, Zelluloseleim, Gummiarabikum *Lösungsmittel* zum Auswaschen: kaltes oder warmes Wasser	wasserfeste Abdeckmittel, Lack, Schellack, Wachs, Wachsreserve *Entschichtungsmittel* zum Entfernen aus dem Gewebe: Lackverdünner (bei Lack), Alkohol oder Spiritus (bei Schellack), Ausbügeln mit warmem Bügeleisen zwischen saugfähigem Papier und Nachwaschen mit Testbenzin (bei Wachs)

– Bleistifte, Haar- und/oder Borstenpinsel verschiedener Größen, Holzleisten zur Rahmenauflage, Beschichtungsrinne oder fester Kartonstreifen oder Plastikschaber, gut saugende Lappen oder Watte, Zeitungspapier, evtl. Entwurf

Arbeitsablauf: Herstellung einer Kreide- und/oder Tusche-Leim-Auswaschschablone

1. Vorbereitung des Siebes: Sieb von Farb- und Schablonenresten reinigen, entfetten, trocknen
2. (Vorteilhaft) Grundieren des Gewebes: eine Stärke-Lösung (ein gehäufter Eßlöffel Stärke auf ein Glas Wasser) mit der Beschichtungsrinne von der Rahmenaußenseite (Druckseite) auf das Gewebe auftragen, Sieb waagerecht mit der Rakelseite nach oben trocknen lassen
3. Übertragen des Entwurfes auf das Gewebe:
   Möglichkeit a) Druckmotiv ohne Vorlage mit einem nicht zu harten Bleistift an der Rahmeninnenseite auf das Gewebe zeichnen
   Möglichkeit b) Druckmotiv nach einem unter das Sieb gelegten Entwurf (Abb. 75 a, b) mit einem Bleistift auf das Gewebe durchpausen
   Möglichkeit c) Druckmotiv ohne Vorlage durch freies Zeichnen oder Malen mit Lithotusche oder -kreide direkt auf das Gewebe übertragen (wie unter 6. beschrieben)

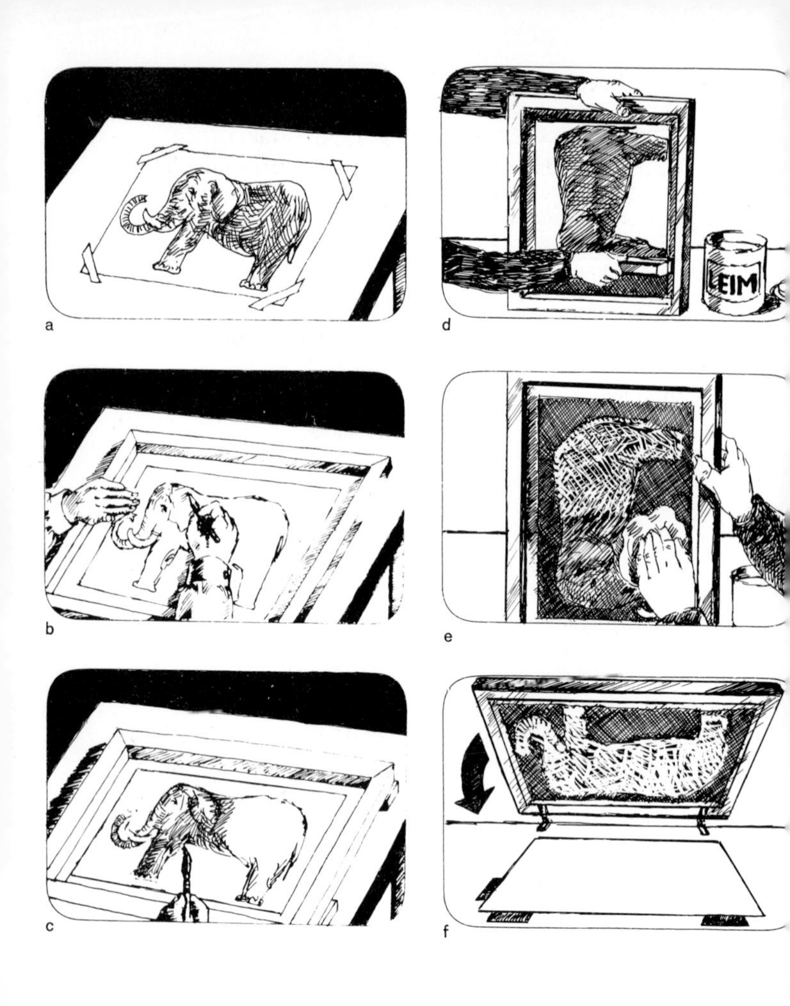

75 Arbeitsablauf: Herstellung einer Auswaschschablone: a) Entwurf auf dem Arbeitstisc befestigen – b) Sieb mit der Druckseite auf den Entwurf legen und Motiv auf das Sie durchpausen – c) mit *fetthaltigem* Abdeckmittel alle Teile des Motivs abdecken, d später drucken sollen – d) mit wasserlöslichem Abdeckmittel das gesamte Sieb abde ken – e) Öffnen der druckenden Stellen: das fetthaltige Abdeckmittel aus dem Mot mit einem Lösungsmittel herauswaschen – f) druckfertige Auswaschschablone

4. Entwurf entfernen oder zur ständigen Kontrolle während des Abdeckens unter das Sieb legen; bei Verwendung von Tusche zum Schutz mit Klarsichtfolie abdecken
5. Rahmen auf Holzleisten legen, um ein Ankleben der Tusche auf der Unterlage zu vermeiden (Abb. 75 c)
6. Abdecken des Druckmotivs durch Übertragen des fetthaltigen Abdeckmittels (75 c); alle gekennzeichneten Stellen, die später *drucken* sollen, mit Lithotusche oder -kreide so ausmalen oder zeichnen, daß die Gewebemaschen gut abgedeckt sind und kein Leim mehr im Druckmotiv auf das Gewebe dringen kann
7. Lithotusche trocknen lassen (bei Lufttrocknung ca. 30–40 Min.), Lithotusche fühlt sich auch nach dem Antrocknen feucht und wachsartig an, bei Lithostiften, -kreiden und Fettstiften kein Antrocknen nötig
8. Überprüfen des abgedeckten Druckmotivs auf völlige Dichtheit des *Tusche-*, *Kreide-* oder *Fettstiftauftrages*, Retuschieren fehlerhafter Stellen mit entsprechendem Abdeckmittel, auf dem Leuchttisch arbeiten oder Sieb zur besseren Sichtkontrolle gegen eine Lichtquelle halten
9. Übertragen des Abdeckmittels für die permanente Schablonenschicht (Abb. 75 d): Zelluloseleim (Mischungsverhältnis Leim/Wasser in Volumenanteilen 1:12 bis 1:15, evtl. mit Wasser- oder Temperafarben einfärben und Glyzerin als Weichmacher beigeben), Siebfüller oder entsprechende Abdeckmittel von der Rahmeninnenseite (Rakelseite) möglichst in einem Zug mit einer Beschichtungsrinne (dazu Sieb aufstellen, Abb. 75 d), einem scharfkantigen Kartonstreifen oder einem Plastikschaber (dazu Sieb waagerecht auf Holzleisten legen) auf der gesamten Gewebefläche auftragen, nach dem Antrocknen gegebenenfalls zweite und dritte Beschichtung möglich, Randabdeckung nicht vergessen
10. Trocknen der Schablone in horizontaler Lage mit der Rakelseite nach oben (Lufttrocknung, Fön, Trockenschrank, nicht zu heiß trocknen)
11. Öffnen des Druckmotivs durch Herauslösen des fetthaltigen Abdeckmittels (Abb. 75 e): mit Testbenzin, Universalreiniger, Siebreiniger oder anderen fettlösenden Lösungsmitteln (s. Übersicht S. 139), Lithotusche oder -kreide von der Rahmenaußenseite (Druckseite) anlösen (evtl. 15–20 Min. einwirken lassen) und mit einem weichen Lappen oder mit

Watte behutsam auswaschen bis das Druckmotiv völlig geöffnet ist; Auswaschen falls nötig von der Rahmeninnenseite wiederholen, dabei einige Lagen Zeitungspapier unter das Sieb legen
12. Restliches Lösungsmittel mit trockenem Lappen von beiden Gewebeseiten entfernen
13. Überprüfen der Schablone auf fehlerhafte Stellen; im Druckmotiv verbliebene Abdeckmittelreste mit einer Bürste vorsichtig ausbürsten oder mit etwas Wasser anlösen und ausreiben. Poröse, farbdurchlässige Stellen in der Schablonenschicht mit Leim oder Siebfüller an der Druckseite ausbessern; zur besseren Sichtkontrolle auf dem Leuchttisch arbeiten oder andere Lichtquelle zu Hilfe nehmen.

Die Auswaschschablone ist nach dem Trocknen druckfertig (Abb. 75 f).

Reinigung/Entschichtung:
- Reinigen der Schablone von Farbresten
- Entfernen der wasserlöslichen Schablonenschicht mit kaltem oder warmem Wasser (zum Entfernen anderer Abdeckmittel, s. S. 139)

e) Manufix-Schablone (Emulsionsschablone)

(eine manuell hergestellte, im Gewebe haftende, direkte Zeichenschablone)

Prinzip:
Alle für das Manufix-Verfahren notwendigen Materialien können als kompletter Satz und mit einer genauen Arbeitsanleitung vom Hersteller, den Marabu-Werken/Tamm, oder über entsprechende Siebdruck-Vertragshändler bezogen werden.

Die Schablone entsteht durch direktes Zeichnen oder Malen mit einer speziellen Zeichentinte auf dem Gewebe – ein rein manuelles Schablonenverfahren mit vielfältigen Anwendungsmöglichkeiten, das in gewisser Weise die Herstellungsprinzipien von Abdeck- und Auswaschschablonen miteinander kombiniert. Die als Schablonenschicht verwendete Emulsion wird durch Fixierung zusätzlich gehärtet. Fotomechanische Mittel sind nicht notwendig.

Nachdem Manufix-Emulsion mit einer Beschichtungsrinne beidseitig auf das Sieb aufgebracht und getrocknet worden ist, wird wie bei der Auswaschschablone das Motiv zuerst *abgedeckt* (mit einer Positiv-Zeichentinte). Fehler im Motiv lassen sich von der Siebaußenseite her mit einer Negativ-Farbe korrigieren.

An allen nicht durch Zeichentinte abgedeckten Stellen wird die Schablonenemulsion durch eine Fixierlösung gefestigt. Anschließend legt man das abgedeckte Motiv wieder frei, indem Zeichentinte und Emulsion mit kaltem Wasser herausgewaschen werden. Die *druckenden Stellen* der Schablone sind damit geöffnet. Sie entsprechen genau dem vorher auf das Gewebe gezeichneten Motiv, dessen Abbild im Druck *positiv* erscheint, d. h. das Motiv selbst druckt (Abb. 76).

Zwar ist die Manufix-Schablone in erster Linie für Positiv-Drucke gedacht, doch lassen sich mit der Negativ-Farbe auch Negativ-Drucke herstellen, d. h. das Motiv selbst bleibt im Druck innerhalb eines gedruckten Umfeldes als Negativ-Form ausgespart.

Zur Erzielung weicher, malerischer Wirkungen läßt sich das Motiv wie bei der Auswaschschablone statt mit Zeichentinte auch mit Litho- oder Fettkreide auf das Sieb übertragen. Durch Unterlegen in der Oberfläche strukturierter Materialien (grobe Gewebe, Sandpapier, Drahtgeflechte, genarbte Pappen u. a.) oder durch spezielle Folien mit gekörnten Oberflächen (Kornfolien, z. B. »Idento-Folien« von Klimsch) und anschließendes Durchreiben (Frottieren) der Strukturen mit Litho- oder Fettkreide sind zeichnerisch vielfältige Strukturen, Korn- und Rastereffekte zu erzielen. Durch Verschieben der Vorlage während der Arbeit, durch schwachen oder stärkeren Aufdruck der Kreide kann zudem der Eindruck von Schattierungen, Hell-Dunkel-Verläufen oder Tonabstufungen ohne Zuhilfenahme fotografischer Methoden hervorgerufen werden.

Litho- oder Fettkreide lassen sich nach dem Fixieren und Durchtrocknen der Emulsion mit Spiritus oder Testbenzin aus dem Gewebe entfernen.

Behandlung des Schablonenmaterials:

Am besten lassen sich feinere monofile Synthetik-Gewebe aus Nylon, Perlon oder Polyester (Nr. 80–120) verwenden. Metall-Gewebe sind nicht geeignet.

76 Leonhard Klosa, Ohne Titel. 1974. Einfarbige Serigrafie. Druck nach einer Manufix-Schablone. Das Motiv wurde ohne Vorlage direkt mit einer Spezial-Zeichentinte auf die im Sieb befindliche Emulsion gemalt. Nach dem Fixieren der Emulsion läßt sich das Motiv mit Wasser freispülen. Im Druck ergibt sich ein positives Bild

- Zum Auftragen der Emulsion ist statt eines Pinsels vorteilhafter eine Beschichtungsrinne zu benutzen
- Die Emulsion muß grundsätzlich langsam trocknen, Warmluftstrom und Sonneneinstrahlung unbedingt vermeiden
- Nicht fixierte Emulsion ist wasserempfindlich, Berührungen mit feuchten Händen, z. B. beim Zeichnen des Motivs, vermeiden
- Positiv-Zeichentinte läßt sich nur schlecht verdünnen
- Zu dünnflüssige, beim Zeichnen auslaufende Tinte in eine Schale gießen und durch Antrocknen an der Luft etwas andicken lassen
- Negativ-Farben vor Gebrauch gut durchrühren, gegebenenfalls mit Fixierlösung tropfenweise verdünnen; sie sollte aber ihre sämige Konsistenz beibehalten
- Fixierlösung kann mehrmals wiederverwendet werden
- Das Abspülen der Fixierlösung und Freiwaschen des Motivs von Zeichentinte und Emulsionsresten sollte in möglichst kurzer Zeit und immer nur mit kaltem Wasser durchgeführt werden
- Manufix-Schablonenmaterialien bei Zimmertemperatur lagern und auf jeden Fall vor Frost schützen

Eigenschaften, Eignung und Anwendung:
- Billig herzustellende Schablone für kleinere und mittlere Auflagen
- Keine besonderen Betriebseinrichtungen und fotomechanischen Mittel notwendig
- Nach dem Druck leicht aus dem Gewebe zu entschichten
- Vorteilhafter und sicherer in der Herstellung und im Druck als herkömmliche Abdeck- und Auswaschschablonen
- Sämtliche Schablonenmaterialien gebrauchsfertig lieferbar
- Festigung der Schablonenemulsion durch Fixieren
- Schnelles, freizügiges Arbeiten direkt auf dem beschichteten Sieb mit oder ohne Vorlage möglich
- Besonders für Positiv-Drucke vorteilhaft, auch für Negativ-Drucke geeignet
- Zum Anfertigen von Einzelstücken, für kleinere Plakatauflagen, Schilder und für den künstlerischen Siebdruck einsetzbar
- Vielfältige zeichnerische und malerische Ausdrucksmöglichkeiten gegeben

- Für großflächige wie für linienhafte Motive und für handgezeichnete Schriften geeignet
- Bei Verwendung von Positiv-Zeichentinte Wirkungen in Art von Pinsel- und/oder Federzeichnungen herstellbar
- Zeichentinte durch verschiedene Auftragsmittel (Pinsel, Feder, Spritzpistole) und Auftragsmethoden (Malen, Zeichnen, Spritzen, Sprühen, Anwerfen, Tupfen, Tröpfeln, Klecksen usw.) übertragbar
- Bei Verwendung von Litho- oder Fettkreide Rasterungen, Strukturen, Hell-Dunkel-Verläufe und Schattierungen in Art von Kohle- und Pastellzeichnungen möglich, z. B. durch Frottage mit Hilfe untergelegter, in der Oberfläche strukturierter Materialien oder Kornfolien (»Idento-Folien«)
- Bei größeren Auflagen zusätzliche Verstärkung der Schablone notwendig
- Für feinste Details und Schriften nicht geeignet
- Keine so scharf gestochenen Konturen wie bei den Schnittschablonen möglich
- Für den kommerziellen Siebdruck ohne Bedeutung
- Schablonenherstellung verlangt sorgfältiges Arbeiten und Beachten der vom Hersteller gegebenen Anleitung

Material und Gerät:

- Manufix-Schablonenmaterial: Manufix-Emulsion, Fixierlösung, Positiv-Zeichentinte, Negativ-Farbe
- Bleistifte, Haar- und/oder Borstenpinsel verschiedener Größen, Ziehfeder, evtl. Dekorspritzpistole, Litho- oder Fettkreide, Kornfolien (»Idento-Folien«) und/oder geeignete Frottagematerialien, Beschichtungsrinne, Holzleisten zur Rahmenauflage, Testbenzin oder Spiritus, Lappen, evtl. Entwurf

Arbeitsablauf: Herstellung einer Manufix-Positiv-Schablone

1. Vorbereitung des Siebes: Sieb von alten Farb- und Schablonenresten reinigen, entfetten, trocknen
2. Auftragen der Manufix-Emulsion: mit einer Beschichtungsrinne (Abb. 77a) die Emulsion beidseitig, zuerst von der Siebaußenseite, auf das Gewebe aufbringen, bis ein gleichmäßiger, glatter Film entstanden ist und alle Gewebemaschen verschlossen sind; Geweberänder an der Rahmen-

innenseite zusätzlich mit einem Pinsel nachstreichen oder mit Klebeband abdichten; die später aufzugießende Fixierung darf nicht an die Siebaußenseite (Druckseite) dringen

3. Langsames Trocknen der Emulsion: Sieb horizontal auf Holzleisten legen, Warmluft und Sonneneinstrahlung vermeiden; getrocknete Emulsion wirkt durchscheinend wie Transparentpapier, schimmert matt, ist unfixiert stark wasserempfindlich; nicht mit feuchten Händen berühren!
4. Übertragen des Entwurfs auf das Sieb:
   Möglichkeit a) Das Motiv frei (ohne Vorlage) mit einem weichen Bleistift an der Siebinnenseite auf das Gewebe zeichnen
   Möglichkeit b) Entwurf auf dem Tisch mit Klebeband befestigen, Sieb darüberlegen, den durchscheinenden Entwurf mit Bleistift an der Siebinnenseite auf das Gewebe durchpausen
   Möglichkeit c) Das Motiv ohne Vorzeichnen direkt nach dem untergelegten Entwurf oder aus freier Hand mit Zeichentinte an der Siebinnenseite auf das Gewebe übertragen (wie unter 5. beschrieben) (Abb. 77b)
5. Abdecken des Druckmotivs durch Positiv-Zeichentinte (grün) (Abb. 77b): an allen gekennzeichneten Stellen, die später *drucken* sollen, an der Siebinnenseite die Positiv-Zeichentinte mäßig satt auftragen mittels Pinsel, Feder oder sonstigem Gerät; bei Verwendung von Litho- oder Fettkreide (statt Zeichentinte) das Motiv so mit Kreide übertragen, daß die Gewebemaschen gut abgedeckt sind und keine Fixierung an den druckenden Stellen auf die Emulsion dringen kann
6. Positiv-Zeichentinte trocknen lassen
7. Überprüfen des abgedeckten Druckmotivs auf fehlerhafte Stellen: Ausbessern oder Nacharbeiten von Konturen z. B. bei Schriften) durch Auftragen von Negativ-Farbe (weiß) an der Siebaußenseite (Druckseite); Negativ-Farbe vor Gebrauch gut umrühren
8. Überprüfen der aufgetragenen Emulsion auf fehlerhafte Stellen: Retuschieren mit Negativ-Farbe oder Manufix-Emulsion; auch kleinste Löcher im Gewebe an der Siebaußenseite abkleben
9. Negativ-Farbe und Emulsion trocknen lassen; Sieb flach auf Holzleisten legen

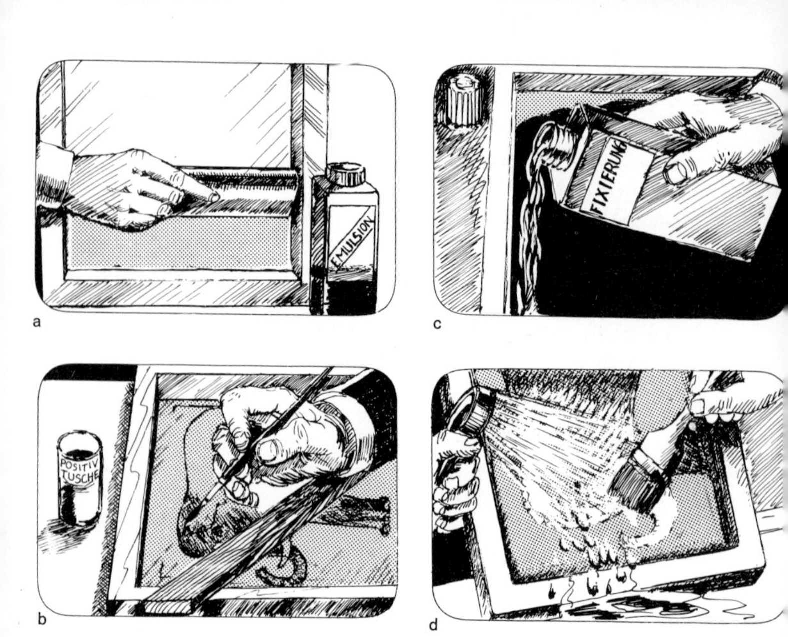

77 a) – d) Arbeitsablauf: Herstellung einer Manufix-Schablone: a) Beschichten des Siebes mit Manufix-Emulsion: Emulsion beidseitig mit der Beschichtungsrinne auftragen – b) Motiv an der Siebinnenseite mit Positiv-Zeichentinte abdecken – c) Fixierlösung an der Siebinnenseite über das gesamte Sieb gießen – d) Öffnen der druckenden Stellen: Positiv-Tinte und Emulsion aus dem gezeichneten Motiv mit Wasser herausspülen

10. Fixieren der Schablone mit Fixierlösung (blau) (Abb. 77 c): reichlich Fixierlösung an der Siebinnenseite auf das flach liegende Sieb gießen; durch leichtes Anheben und Bewegen des Rahmens die Fixierlösung möglichst rasch und gleichmäßig auf der gesamten Siebinnenseite verteilen. Fixiervorgang nach 8–10 Sekunden beenden; je dünner die aufgebrachte Zeichentinte um so kürzer sollte der Fixiervorgang sein. Vorgang bis auf 2 Sekunden reduzierbar
11. Fixierlösung in Schale oder Eimer abgießen; später in die Flasche zurückgeben, Lösung kann mehrmals benutzt werden
12. Abspülen von Fixiermittelresten: mit *kaltem* Wasser möglichst schnell die Fixierlösung von der Siebinnenseite ab-

spülen. Darauf achten, daß weder Fixierlösung noch fixierhaltiges Wasser an die Siebaußenseite gelangen. Mit Fixierung in Berührung gekommene Emulsion läßt sich nicht auswaschen, Gewebemaschen bleiben verschlossen

13. Öffnen des Druckmotivs im Sieb durch Herauslösen der Positiv-Tinte und der Emulsion (Abb. 77d): Sieb von der Rahmenaußenseite (Druckseite) mit kaltem Wasser scharf abbrausen, bis die Teile der Zeichnung herausquellen, matt erscheinen und die Konturen schärfer werden; Reste der Positiv-Zeichentinte von der Siebinnenseite mit einem weichen Haarpinsel abwischen; im Druckmotiv verbleibende Emulsionsreste an der Siebaußenseite mit reichlich Wasser vorsichtig ausspülen; Sieb nochmals beidseitig abspülen; die druckenden Stellen der Schablone müssen geöffnet und frei von Positiv-Tinte und Emulsion sein; bei Verwendung von Litho- oder Fettkreide statt Zeichentinte die Schablone wie beschrieben fixieren und ausspülen; im Gewebe verbliebene Kreidereste aber erst *nach* dem Trocknen der Schablone mit Spiritus oder Testbenzin beidseitig vorsichtig auswaschen
14. Trocknen der Schablone: Lufttrocknung oder im Trockenschrank bei nur mäßiger Warmluftströmung
15. Überprüfen der Schablone auf fehlerhafte Stellen: Reste von Zeichentinte mit einem spiritusgetränkten Lappen ausreiben. Nadelstiche, poröse Stellen und größere Löcher an der Siebaußenseite mit Negativ-Farbe, Emulsion oder Siebfüller abdecken; zur besseren Sichtkontrolle auf dem Leuchttisch arbeiten oder Lichtquelle zu Hilfe nehmen
16. Bei Großauflagen: Verstärken der entwickelten Schablone, Nachhärten der Schablonenschicht durch nochmaliges Fixieren (wie unter 10.–12. beschrieben); weitere Verstärkungsmöglichkeiten beschreibt die illustrierte Anleitung der Marabu-Werke.

Nach dem Trocknen ist die Manufix-Positiv-Schablone druckfertig.

Reinigung/Entschichtung:

- Reinigen der Schablone von Farbresten
- Entfernen der nicht verstärkten Schablonenschichten aus dem Gewebe: auf das nasse Sieb Kernseife oder Seifenpulver verteilen, mit Bürste oder Schwamm beidseitig einreiben, Wasser zugeben, bis die Schicht gesättigt ist und sich langsam löst, nach ca. 15 Minuten das Sieb mit Wasser abbrausen, bis alle Schablonenreste entfernt sind
- Entfernen einer durch zweite Fixierung verstärkten Schablonenschicht: Vorbehandeln des Siebes mit einer 10%igen Natronlösung, beidseitig auftragen und einwirken lassen, dann wie beim Entschichten nicht verstärkter Manufix-Schablonen verfahren

f) Doppelschablone für den Rasterreliefdruck (Druck- und Führungsschablone)

Der Rasterreliefdruck erfordert einen extrem hohen Farbauftrag, der durch entsprechend grobe Gewebe, durch welche gedruckt wird, zu erreichen ist. Andererseits wird diese Druckmethode andere Schablonen und Schablonen-Kombinationen erfordern als bei einfachem Flächendruck. Bei groben, untergespannten Geweben (z. B. Gardinenstoff) ist eine Führungs-Schablone unter dem Sieb erforderlich. Sie »führt« die Farbe in die gewünschte Form. Eine zweite deckungsgleiche Schablone wird unter dem untergespannten Rastergewebe angebracht. Diese Schablone bestimmt wesentlich zusammen mit der Fadenstärke des Rastergewebes die Höhe des Farbauftrages.

Die angestrebte Höhe eines Farbreliefs ist in der Regel nicht mit einem Druckvorgang – bei exaktem Druckergebnis in der gesamten Auflage – zu erreichen und muß in mehreren Druckvorgängen aufgebaut werden. Vor jedem neuen Druckvorgang werden eine oder auch mehrere Schichten Schneidefilm (z. B. »Safir-Film«) unter das Rastergewebe gebügelt und damit eine Schablonenerhöhung erreicht. Aussparungen innerhalb des Druckfeldes können jedoch auch von der Rakelseite mit stark eingedickter Schellack-Lösung vorgenommen werden. Zusätzlich wird der Reliefaufbau der Farbe durch erhöhten Absprung, Eindickung der Druckfarbe mit Füller und unterklebten Tesamoll-Streifen unterstützt.

Reliefdruck und die dazu erforderlichen Schablonen-Kombinationen (Kunststoff-Schellack-Schablone, Schellack-Sprüh-Schablone, Bügel-Schablone) erfordern flexibles Arbeiten auf und unter dem Sieb, was einige Erfahrungen voraussetzt. Hier jedoch liegt die Möglichkeit, experimentell zu arbeiten und weitgehend unabhängig vom vorgegebenen Entwurf das Blatt erst während des Druckprozesses zu entwickeln.

g) *Kunststoff-Schellack-Schablone*
(eine am Gewebe haftende Schablone)

Diese Schablone erlaubt ein sehr flexibles Arbeiten. Hierbei wird eine transparente und selbstklebende Kunststoffolie auf der Oberseite des an den vier Seiten abgedeckten Siebes fest und blasenfrei aufgewalzt. Das Druckfenster wird ausgespart, und die Schnittkanten der Folie werden mit Schellack-Lösung auf dem Sieb verklebt. Im weiteren Verlauf der Arbeit werden nichtdruckende Teile des Motivs mit Folie abgedeckt, und nur die jeweils zu druckende Form ist geöffnet. Nach Beendigung des Druckvorganges, bei dem natürlich sämtliche Blätter der Auflage bedruckt werden, wird diese Stelle wieder geschlossen und eine andere geöffnet. Insoweit ist dieses Verfahren identisch mit dem der Schnittschablone. In einer Kombination ist das Abdecken mit aufgestrichener oder aufgesprühter Schellack-Lösung (Schellack-Sprüh-Schablone) gut anzuwenden. Es ergibt sich dann die Möglichkeit, durch partielles Auswaschen mit Spiritus und durch wechselseitige Einbeziehung der Kreideschablone die Druckform malerisch zu variieren. Als zusätzliche Bereicherung kann die Papierschablone hinzugenommen werden. Von daher läßt sich diese Schablone in Kombination mit anderen gut für den Reliefdruck einsetzen.

h) *Schellack-Sprüh-Schablone*

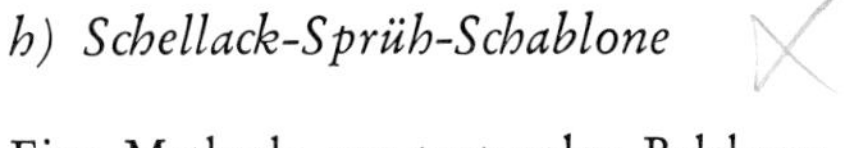

Eine Methode zur texturalen Belebung bis hin zur haptischen Wirkung größerer Flächen stellt diese Schablonenart dar. Schuppen-Schellack wird in Spiritus gelöst und mit einem Fixativröhrchen dort auf das Sieb gesprüht, wo dieser Effekt gewünscht wird. Durch Teilabdeckungen oder mehrmaliges Sprühen nach Zwischentrocknungen können hier Wirkungen erzielt werden, die mit anderen Schablonen nicht zu erreichen sind. Eine dünne Schellack-Lösung ergibt ein anderes Druckbild als eine konzentriertere Lösung.

Eine schnelle, sehr warme Trocknung mit einem Fön bewirkt ein grobes Craquelée, bei Normaltrocknung entsteht ein feinerer Punkt. Beim Schwarz-in-Schwarz-Druck kann die Wirkung einer groben Aquatinta entstehen, wenn bei aufeinanderfolgenden Druckvorgängen die Druckfarbe vom Pigment und vom Bindemittel her leicht verändert wird. Eine körnige Struktur der gedruckten Fläche wird durch minimales Verschieben des Blattes erreicht.

3 Fotomechanisch hergestellte Schablonen

Die Entwicklung fotomechanischer Schablonentechniken war eine Konsequenz der Gesamtentwicklung auf dem drucktechnischen Sektor und stellt eine enorme anwendungstechnische Erweiterung für den Siebdruck dar.

Während sich mit den manuell hergestellten Schablonen Motive nur bis zu einer gewissen Feinheit schneiden, malen oder zeichnen lassen, erlauben die technischen Möglichkeiten der Fotoschablone die Wiedergabe von Vorlagen mit sehr feinen Details jeglicher Art (wie Fotos, Raster, Lineaturen, Strukturen, Collagen, Zeichnungen u. a.; Abb. 78 a, b).

Während bei manuell hergestellten Schnitt- und Zeichenschablonen das Druckmotiv *von Hand* direkt in das Schablonenmaterial hineingeschnitten oder direkt als Schablone selbst auf das Sieb gemalt oder gezeichnet wird, verwendet man bei der Fotoschablone *lichtempfindliche Emulsionen* (Kopierschichten, Fotofilme, Pigmentpapiere), auf die das Druckmotiv nicht von Hand, sondern stets über eine *Vorlage* (Kopiervorlage oder Dia) durch Belichtung übertragen, *kopiert* werden muß. Die Kopierschicht erfährt durch die Einwirkung von aktinischem (= chemisch wirksamem Licht) eine chemische Veränderung. Sie wird *gehärtet* (gegerbt), d. h. durch Lichteinwirkung von einem löslichen in einen unlöslichen Zustand verändert.

78 a) und b) Siebdrucke nach direkten Fotoschablonen ▷

) Student (Universität Bremen). Ohne Titel. 1977. Mehrfarbiger Stufendruck von einem Foto (vgl. Abb. 4 c)

) Schülergruppenarbeit (6. Klasse), Zukunftslandschaft. 1975. Mehrfarbiger Siebdruck von einer Collage

Deckt man die lichtempfindliche Schicht während der Belichtung mit Hilfe einer entsprechenden Vorlage (Kopiervorlage) an den Stellen ab, die später drucken sollen, so wird die Kopierschicht an den abgedeckten Stellen nicht belichtet, folglich nicht gehärtet. Diese ungehärteten Schichtteile lassen sich nach dem Belichten mit Wasser auswaschen (entwickeln) und ergeben die offenen (druckenden) Stellen der Schablone.

Die von der Kopiervorlage während der Belichtung nicht abgedeckten Stellen dagegen werden belichtet, folglich gehärtet, und lassen sich beim Auswaschen nicht entfernen. Sie bilden die verschlossenen (nicht druckenden) Stellen der Schablone. Kopierschichten bestehen aus zwei Hauptbestandteilen, einem Kolloid (griech. Kolla = Leim) und einem Sensibilisator (Dichromat oder Diazofarbstoff). Erst die Zugabe des Sensibilisators (= »Empfindlichkeitsmachers«) zum Kolloid erzeugt die Lichtempfindlichkeit der Schicht im trockenen Zustand und macht die chemische Reaktion der Härtung bei Belichtung möglich.

Während sich der Siebdrucker früher seine Kopierschichten häufig noch selbst herstellte, kann er heute auf eine Vielzahl im Handel erhältlicher Fotoschablonen mit stark verbesserten Eigenschaften zurückgreifen, die für jede Farbe und für jeden Einsatzbereich zur Verfügung stehen. Diese modernen Schablonen ermöglichen Kopien und Drucke, die den Reproduktionsergebnissen anderer Druckverfahren immer näher kommen. Doch gibt es Grenzen in der Detailwiedergabe, bedingt durch materialtypische Eigenschaften des Gewebes (des Schablonenträgers) und durch das Auflösungsvermögen der Fotoschicht. Beide zusammen, Emulsion und Gewebe, bilden beim Siebdruck die eigentliche Druckform.

Nach der *Herstellungsmethode* lassen sich drei Arten fotomechanischer Schablonenverfahren unterscheiden: direkte Fotoschablonen – indirekte Fotoschablonen – direkt-indirekte (kombinierte) Fotoschablonen.

Bei der *direkten Methode* arbeitet man mit Kopierlösungen, die flüssig in das Gewebe gerakelt, getrocknet, belichtet und anschließend entwickelt werden.

Bei der *indirekten Methode* ist die Foto-Emulsion auf einem Träger (Pigmentpapier oder Film) angebracht. Sie wird zusammen mit der Vorlage belichtet, entwickelt und erst anschließend auf das Gewebe übertragen.

Die *direkt-indirekte Methode* »kombiniert« die beiden anderen Verfahren. Mit einer auf einem Träger aufgebrachten Emulsion, die von der Druckseite an das Sieb übertragen worden ist, verbindet sich eine Kopierlösung, die von der Rakelseite her aufgetragen wird. Nach dem Trocknen kann der Träger abgezogen, die Schablone belichtet und entwickelt werden.

Im kommerziellen Siebdruck haben sich in erster Linie direkte und indirekte Fotoschablonen durchgesetzt, wobei sich in der täglichen Praxis die direkte Methode als zweckmäßig und vielseitig einsetzbar erwiesen hat. Sie ist gegenüber den anderen Methoden einfach und schnell anzufertigen, gewährleistet qualitativ hochwertige Druckergebnisse, ist widerstandsfähig gegen Lösungsmittel und abriebfest.

Für spezielle Druckaufgaben (Motive mit feinsten Details, die hohe Konturenschärfe verlangen, z. B. Rasterdrucke) hat sich die indirekte Fotoschablone bewährt. Ihre Vorteile sind eine sehr gute Detailwiedergabe, optimale Maschenüberquerung, höchste Konturenschärfe und guter Gewebestrukturausgleich.

Die relativ aufwendige Arbeitsweise und der hohe Preis lassen die indirekte und direkt-indirekte Methode in erster Linie für den Siebdruckspezialisten interessant erscheinen. Die meistgebrauchte und auch für den künstlerischen Handdruck in Schule und Atelier geeignete *direkte* Fotoschablone soll im folgenden ausführlich beschrieben werden, während die anderen beiden Methoden ausgeklammert bleiben. Hier sei auf die Arbeitsanweisungen der Filmhersteller verwiesen, in denen die Eigenschaften und die Verarbeitung der einzelnen Filmtypen detailliert beschrieben werden.

Egal für welche Fotoschablonenmethode man sich entscheidet, grundsätzlich ist vor der eigentlichen Schablone eine kopierfähige Vorlage herzustellen. Kopiervorlagen bestehen aus einem gut lichtdurchlässigen Trägermaterial, auf dem alle Teile des Motivs, die später drucken sollen, für aktinisches Licht undurchlässig gemacht, abgedeckt werden müssen, während alle nichtdruckenden Teile lichtdurchlässig bleiben.

Diese Vorlagen lassen sich auf unterschiedliche Art und Weise (manuell und fotografisch) anfertigen und ermöglichen nahezu jede gewünschte bildnerische Darstellungsweise (s. Kopiervorlagenherstellung, S. 185 ff.). Gestalterische Möglichkeiten, die bei manuell hergestellten Schablonen erst durch mehrere Arbeitsgänge, langwierige Versuche möglich werden, sind häufig schneller, kontrollierbarer, mit größerer Sicherheit und mit feineren Details herstellbar und im Druck reproduzierbar.

Auch und gerade in Schulen sollten in Verbindung mit den häufig vorhandenen Fotolaboreinrichtungen die erweiterten bildnerischen Darstellungsmöglichkeiten der Fotoschablone genutzt werden. Größere und sehr teure Kopieranlagen sind für einfache Druckvorhaben mit nicht allzu großen Formaten nicht unbedingt erforderlich.

Direkte Fotoschablone

(eine fotomechanisch hergestellte, im Gewebe haftende, direkte Schablone)

Prinzip/Allgemeine Hinweise:
Bei dieser Fotoschablonenart wird eine lichtempfindliche, flüssige Kopierschicht (Kopierlösung) mit einer Beschichtungsrinne auf das Gewebe aufgetragen, getrocknet und im Kontakt mit einer Kopiervorlage belichtet.

Alle *druckenden Teile* eines Motivs müssen in der Kopiervorlage abgedeckt, lichtundurchlässig sein, alle *nichtdruckenden Teile* dagegen müssen durchsichtig, lichtdurchlässig sein. Die abgedeckten Teile der Kopiervorlage entsprechen dem späteren Druckbild (s. Kopiervorlagenherstellung, S. 185 ff.). Beim Entwickeln (Auswaschen) der belichteten Schablonen mit Wasser lösen sich nur die nicht belichteten Stellen aus dem Gewebe. Die belichteten Stellen dagegen härten beim Belichten durch und verbleiben im Gewebe (vgl. Abb. 4 c).

Kopierschichten werden in der Regel unsensibilisiert (nicht lichtempfindlich) geliefert und erst vor der Benutzung durch Zugabe des mitgelieferten Sensibilisators lichtempfindlich gemacht. Falls möglich, sollte den teureren, aber chromfreien Kopierschichten mit Diazo-Sensibilisator der Vorzug gegeben werden. Sie sind im Gegensatz zu Dichromat-Schichten biologisch abbaubar (umweltfreundlich). Moderne Diazo-Kopierschichten vereinen zudem die Vorteile von Dichromat-Schichten (kurze Belichtungszeit, einfache Entwicklung) mit den eigenen Vorzügen (Umweltfreundlichkeit, lange Lagerfähigkeit, konturenscharfe Kopie durch einwandfreie Maschenüberquerung, sehr gute Detailwiedergabe).

Sensibilisierte Dichromat-Schichten sind nicht lange lagerfähig, beschichtete Siebe sind sofort oder innerhalb weniger Stunden nach dem Trocknen zu belichten und zu entwickeln, da eine Härtung nicht nur durch Licht und Wärme, sondern auch durch lange Lagerung eintreten kann.

Sensibilisierte Diazo-Schichten dagegen sind in der Regel 3–4 Monate lagerfähig, Siebe lassen sich vorbeschichten und vor der Belichtung mehrere Wochen im Dunkeln aufbewahren. Kopierschichten sollten bei längeren Lagerzeiten möglichst kühl und frostfrei gelagert werden (unsensibilisierte Schichten bei 10 bis 20° C, sensibilisierte Schichten bei 6–10° C, am besten im Kühlschrank). Grundsätzlich ist nur die Menge Kopierschicht anzusetzen (lichtempfindlich zu machen), die in absehbarer Zeit zu verarbeiten ist.

Entsprechend den vielen Anforderungen in der Praxis hält der Fachhandel eine Vielzahl von *Kopierschichten mit unterschiedlichen Eigenschaften* bereit: lösungsmittelbeständige und wasserbeständige, chromfreie und chromhaltige, eingefärbte oder durch ein Färbemittel selbst zu färbende Schichten, leicht und schwerer zu entschichtende, Schichten für alle Gewebearten, mit mäßiger und mit optimaler Maschenüberquerung und Detailwiedergabe, zusätzlich chemisch härtbare und einbrennbare Schichten für höchste Auflagen mit absoluter Wasser-, Lösungsmittel- und Hitzebeständigkeit, also Schichten für die verschiedensten Anwendungsbereiche (einfache Flächendrucke, feinsten Strich- und Rasterdruck, Serigrafie, industriellen Siebdruck wie Schaltungs-, Stoff- und Keramikdruck).

Produktinformationen (über Eigenschaften und Verwendung) und Arbeitsanleitungen der Hersteller erleichtern Auswahl und Verarbeitung: Kissel & Wolf (Wiesloch) beispielsweise bietet ein komplettes Programm Kopierschichten, die sich chemisch unterscheiden und damit in ihren Eigenschaften verschiedenen Anforderungen in den einzelnen Anwendungsbereichen angepaßt sind, u. a. die chromfreien Schichten »Azocol« (»-S«, »-L2«, »-T«, »-F«), »Arkaset-CF2«, »Kiwosol-CF3«, »Sentex« und die chromhaltigen Schichten »Arkaset«, »Kiwosol« (»-101«, »-P«), »Kiwocop« (»-N«, »-W«). Weitere chromfreie Kopierschichten sind: »Ulano Fotocoat 449« und »339« (Ulano, Küsnacht), »Dirasol Rapid« (Sericol Group Ltd., London), »Kopierlösung SX-S« (Wiederhold, Nürnberg).

Kopierschichtwahl:

Die Kopierschichtwahl ist im Einzelfall von folgenden Faktoren abhängig:

- Art des Druckmotivs: Kopierschicht wählen, die sich zur Wiedergabe des Motivs besonders eignet
- Druckqualität: Anforderungen an die Kopierschicht in bezug auf gewünschte Detailwiedergabe, Maschenüberquerung, Konturenschärfe festlegen (s. S. 106/107)
- Auflagenhöhe: Kopierschicht mit entsprechender Abrieb- und Auflagenbeständigkeit benutzen
- Farbe: zuerst Farbe bestimmen, dann Kopierschicht mit entsprechender Farbbeständigkeit wählen
- Gewebe: Wiedergabe feinster Details verlangen feinere und dünnere Gewebe, Nr. 100 und mehr
- Bedruckstoff: grobe, in der Oberfläche strukturierte Bedruckstoffe erfordern gröbere Gewebe, unter Nr. 100
- Entschichtbarkeit: Kopierschicht wählen, die sich ohne Schwierigkeiten mit den vorhandenen Mitteln und Betriebseinrichtungen aus dem Gewebe entfernen läßt
- Umweltfreundlichkeit: Kopierschicht sollte biologisch abbaubar und nicht gesundheitsschädlich sein
- Kosten: unter Berücksichtigung der Anforderungen eine möglichst preisgünstige Kopierschicht benutzen, Preisvergleich durchführen

Sehr teure Kopierschichten mit perfekter Maschenüberquerung und Konturenschärfe sind beispielsweise nur dann sinnvoll, wenn auch entsprechend feine Vorlagen, z. B. feinste Strich- oder Rasterarbeiten detailgenau und kantenscharf reproduziert werden sollen.

Die Herstellung einer direkten Fotoschablone gliedert sich in folgende *Arbeitsschritte* (s. S. 180f.):

- Vorbereiten des Siebes (Entfetten, Reinigen, Trocknen)
- Sensibilisieren (lichtempfindlich machen) der Kopierschicht
- Beschichten des Siebes mit der Kopierschicht
- Trocknen der Kopierschicht
- Belichten der Kopierschicht (Kopieren der Vorlage)
- Entwickeln der Schablone mit Wasser und Trocknen

Die Qualität der direkten Fotoschablone ist, abgesehen von den Eigenschaften der Kopierschicht selbst, maßgeblich von einer sorgfältigen Arbeitsweise beim Beschichten, Trocknen und Belichten abhängig. Daß das Gewebe zudem exakt gespannt, entfettet und gereinigt sein muß, versteht sich von selbst. Der Beschichtungs- und Belichtungstechnik kommt entscheidende Bedeutung zu, wenn die Eigenschaften der jeweiligen Schablone voll ausgeschöpft sein wollen.

Beschichtungstechnik:
Unter Beschichten versteht man das Auftragen einer Kopierlösung auf das Gewebe mit Hilfe einer Beschichtungsrinne (Abb. 82). Die früheren Vorbehalte gegenüber der direkten Fotoschablone, sie erlaube wegen ihrer schlechten Maschenüberquerung, geringen Konturenschärfe und eines ungenügenden Gewebestrukturausgleichs nur unscharfe Drucke mit »Sägezahneffekt« (Abb. 79), so daß sie daher für den genauen Druck feiner Details, Linien, Schriften und Raster nicht in Frage komme, sind bei den modernen Direktschablonen unberechtigt. Die Zusammensetzung der Kopierschicht, besondere Beschichtungsrinnen und feine, monofile Synthetikgewebe erlauben eine entsprechende Beschichtungstechnik, die auch bei Motiven mit feinen Details konturenscharfe und sägezahnfreie Drucke möglich macht.

79 Scharfer und unscharfer Druck: a) scharfes Druckbild – b) unscharfes Druckbild: Schlechte Maschenüberquerung der Kopierschicht und/oder ungenügender Gewebestrukturausgleich durch zu dünne Beschichtung führen zum »Sägezahneffekt« an den Konturen des Druckbildes

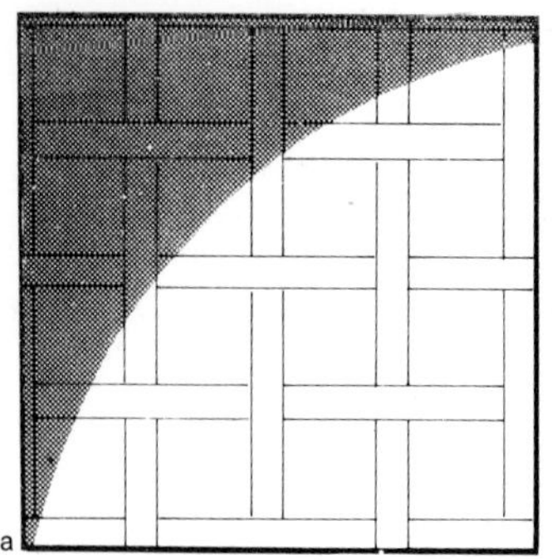

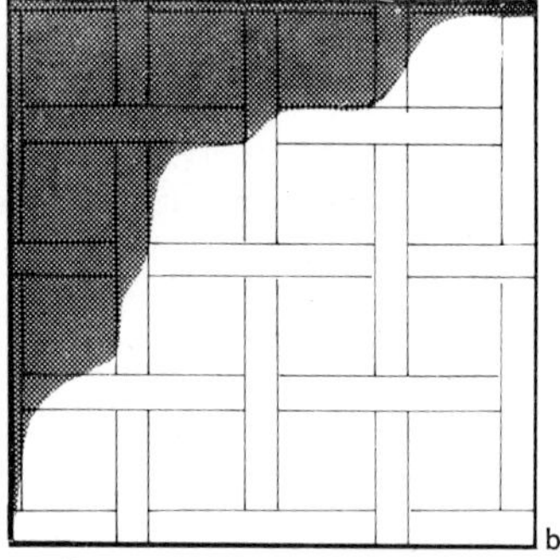

80 Maschenüberquerungseigenschaften von Kopierschichten: a) Kopierschicht mit guter Maschenüberquerung – b) Kopierschicht mit schlechter Maschenüberquerung: Die Kopierschicht paßt sich dem Fadenverlauf an und führt beim Druck zum »Sägezahneffekt« an den Konturen

Voraussetzung dafür ist eine Kopierschicht mit optimaler oder sehr guter Maschenüberquerung und ein entsprechender Gewebestrukturausgleich auf der Druckseite des Siebes durch das Kopierschichtmaterial.

Unter *Maschenüberquerung* (Abb. 80a) versteht man die Eigenschaft der Kopierschicht, nach dem Entwickeln auch dann noch im Gewebe zu haften, wenn eine Gewebemasche nur teilweise belichtet worden ist. Bei Kopierschichten mit schlechter Maschenüberquerung löst sich die Schicht trotz Belichtung (Durchhärtung) aus dem Gewebe und paßt sich dem Fadenverlauf an. Die Konturenschärfe der Schablone wird ungenau (Abb. 80b). Im Druck von Linien und Flächen zeigen sich an den Rändern Sägezahn- oder Zickzackmuster, der sog. »Sägezahneffekt« (Abb. 79b).

Unter *Gewebestrukturausgleich* (Abb. 81) versteht man das Ausgleichen (Anfüllen) von Erhöhungen und Vertiefungen in der Oberfläche des Gewebes durch die Schablonenschicht. Die Gewebestruktur ist bedingt durch die sich kreuzenden Fäden. Dieser Strukturausgleich ist zur Erzielung scharfer und sägezahnfreier Drucke bei der direkten Fotoschablone vor allem an der Druckseite des Siebes wichtig. Bei ungenügendem Strukturausgleich, z. B. bei zu dünner Beschichtung, füllt die Farbe beim Druck den Raum an den Gewebemaschen zwischen Kopierschicht und Bedruckstoff schnell aus (Abb. 81a). Trotz guter maschenüberquerender Eigenschaften der Kopierschicht ergibt sich ein an den Rändern unscharfer Druck.

Idealerweise sollte die Kopierschicht die Gewebestruktur an der Druckseite nicht nur ausgleichen, sondern zusätzlich so dick sein, daß die Farbe beim Druck an den offenen (= druckenden) Stellen der Schablone unter die Gewebefäden laufen kann (Abb. 81b). So ergibt sich eine geschlossene Farboberfläche auf dem Bedruckstoff, ohne daß im Druckbild an den verdickten Fadenkreuzungen farbschwächere oder farbfreie Stellen auftreten.

Strukturausgleich und eine zusätzliche, über die Gewebedicke hinausgehende Schichtdicke an der Druckseite des Siebes erreicht man durch mehrmaliges Beschichten unter Verwendung einer geeigneten Beschichtungsrinne. Eine Faustregel der Kissel & Wolf GmbH für ihre »Azocol-S«-Direktschablone besagt, daß für einen sehr guten Strukturausgleich an der Druckseite eine zusätzliche Kopierschichtdicke von 25 % der Gesamtgewebedicke erforderlich ist (wichtig für feinste Details bei Strich- und Rasterdrucken). Diese zusätzlich erforderliche Schichtdicke ist auch bei feinsten Geweben deshalb notwendig, weil sich die Kopierschicht beim Trocknen durch Verdunsten des in ihr enthaltenen Wassers konkav in die Gewebemaschen zurückzieht. Die Meinungen darüber, wieviel Schichtaufträge, beidseitig oder einseitig, notwendig sind, gehen auseinander. Die Hersteller machen zu ihren Kopierschichten entsprechende Beschichtungsangaben.

Bei Beschichtungsrinnen mit *scharfer* Auftragskante (Abb. 82b) ist es im allgemeinen üblich, zuerst 2–3 Schichten naß-in-naß von der Druckseite aufzutragen und anschließend, ebenfalls naß-in-naß, mehrere Male auf der Rakelseite zu beschichten.

Bei den neueren Beschichtungsrinnen mit *runden* Auftragskanten (Abb. 82a) sind im allgemeinen weniger Schichtaufträge notwendig. Durch die runde und dickere Kante wird wesentlich mehr Schicht in und durch die Gewebemaschen gedrückt (Abb. 83b), ein Strukturausgleich läßt sich einfacher erreichen. Es sind verschiedene *Beschichtungsvarianten* möglich:

- Das Sieb wird *einseitig* von der Rakelseite her 3–5mal (je nach gewünschter Schichtdicke) naß in naß beschichtet. Dann muß es anschließend unbedingt in *waagerechter Lage* mit der Druckseite nach *unten trocknen*, damit sich zum Strukturausgleich genügend Kopierschicht an der Druckseite konzentriert.
- Das Sieb wird wie bei der einseitigen Beschichtung 2–5mal von der Rakelseite her beschichtet, waagerecht mit der Druck-

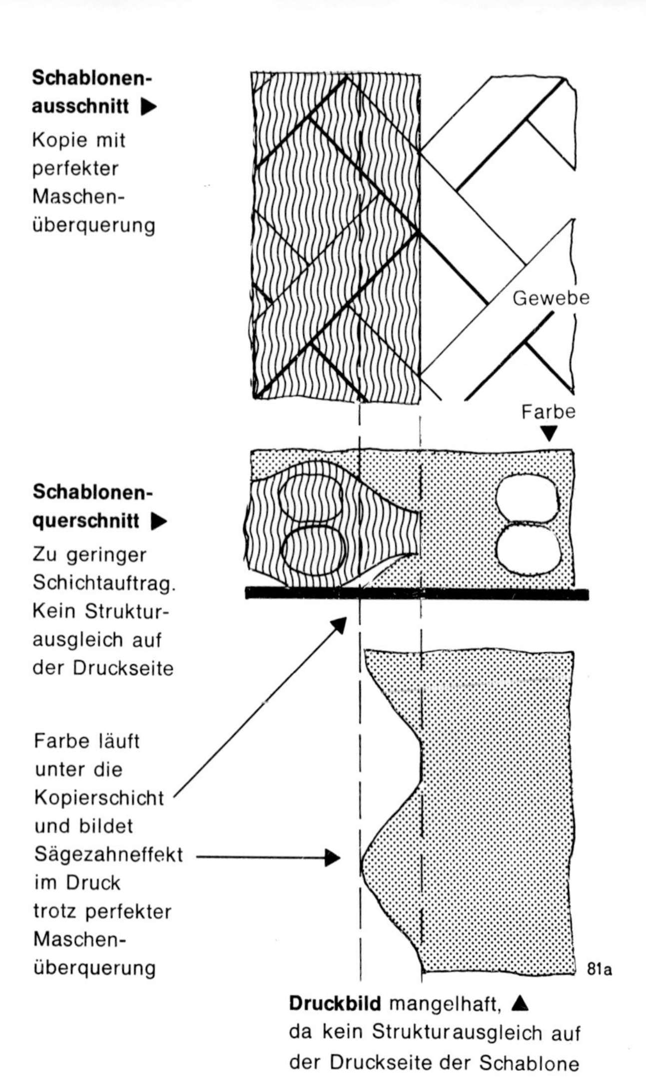

81 a) und b) Beschichtungstechnik bei direkten Fotoschablonen
a) Zu dünn beschichtete Schablone führt zu mangelhaftem Druckbild mit »Sägezahneffekt«
b) Richtig beschichtete Schablone mit gutem Strukturausgleich an der Druckseite des Siebes ergibt ein einwandfreies Druckbild ohne »Sägezahneffekt«

Schablonen-ausschnitt ▶

Kopie mit perfekter Maschen-überquerung

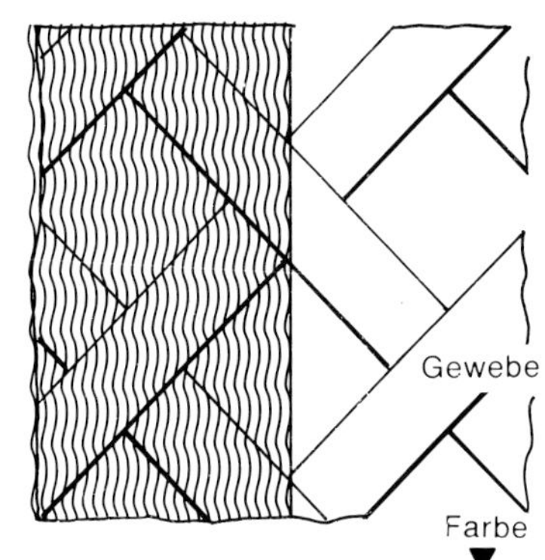

Schablonen-querschnitt ▶

Richtig beschichtetes Gewebe mit Strukturausgleich auf der Druckseite

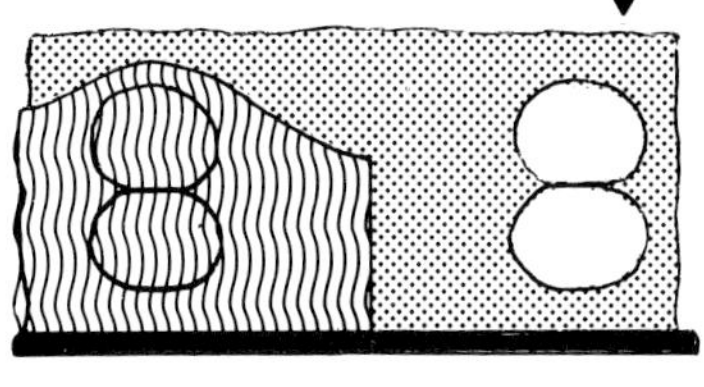

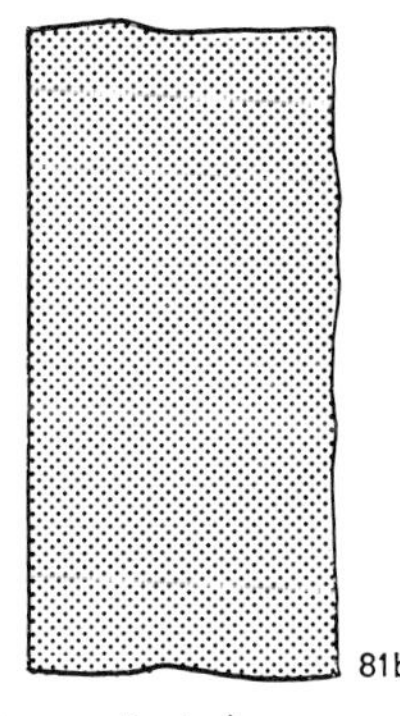

Druckbild einwandfrei ▲
durch Strukturausgleich auf der Druckseite der Schablone

82 Beschichtungsrinnen zum Auftragen der Kopierlösung auf das Sieb: a) Beschichtungsrinne mit runder Auftragskante – b) Beschichtungsrinne mit scharfer Auftragskante

seite nach unten getrocknet und anschließend durch einen zusätzlichen Schichtauftrag von der Druckseite her noch einmal beschichtet.

– Das Sieb wird einmal von der Druckseite beschichtet und ohne Zwischentrocknung 1–2mal naß-in-naß von der Rakelseite beschichtet und getrocknet.

Die geeignete Beschichtungsart ist durch eigene Versuche und unter Berücksichtigung der gewünschten Druckqualität, der verwendeten Kopierschicht, der Art der Beschichtungsrinne, der gewünschten Farbauftragsdicke, der Farbdurchlässigkeit und Dicke des Gewebes und des jeweiligen Anpreßdruckes und Anstellwinkels der Beschichtungsrinne zu ermitteln.

Es sollten nur nicht oxydierende Metallbeschichtungsrinnen (V2A oder Aluminium) Verwendung finden. Die Beschichtung erfolgt bei gedämpftem Licht oder hellgelbem Dunkelkammerlicht. Die Kopierschicht ist möglichst einige Stunden oder einen Tag vorher zu sensibilisieren, um die durch das Einrühren des Sensibilisators bedingte Bläschenbildung durch längeres Stehen zu beseitigen.

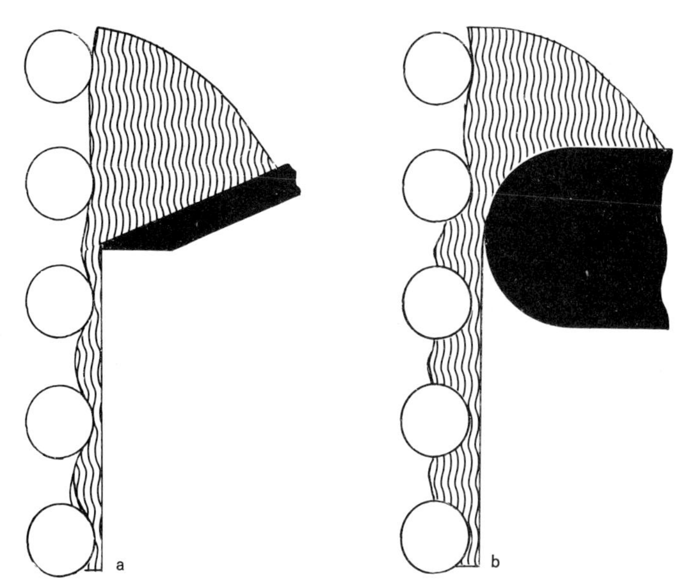

03 Schichtauftrag bei verschiedenen Beschichtungsrinnen: a) dünner Schichtauftrag bei scharfer Auftragskante b) dicker Schichtauftrag bei runder Auftragskante

Arbeitsablauf: Beschichten des Siebes mit sensibilisierter Kopierlösung

1. Geeignete Beschichtungsrinne bereitlegen (für jede Schablonenherstellung Beschichtungsrinne in einer zum Rahmen passenden Breite wählen, Kopierschicht in *einer* Bahn auf das Gewebe ziehen, Überschneidungen einzelner Bahnen führen zu ungleichmäßiger Schichtdicke)
2. Beschichtungsrinne mit sensibilisierter Kopierlösung füllen (Rinne waagerecht hinlegen, Kopierschichtmenge entsprechend der Rahmengröße bestimmen)
3. Rahmen mit der Rakelseite (Siebinnenseite) zum Bearbeiter senkrecht auf die kurze Seite stellen (bei kleineren Rahmen auf den Tisch, bei größeren auf den Fußboden stellen, evtl. Zeitungspapier gegen Verschmutzung unterlegen)

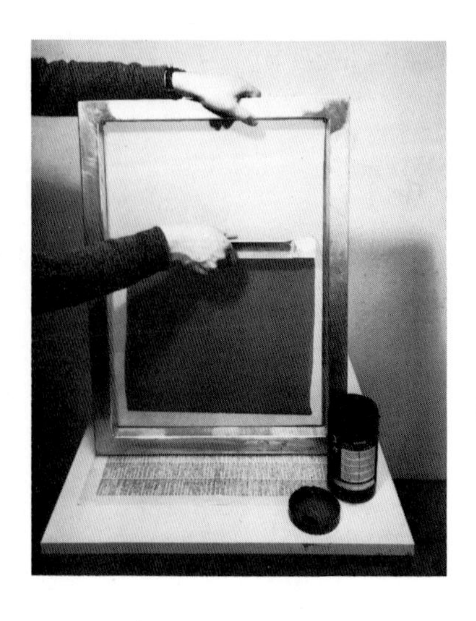

84 Beschichten des Siebes mit sensibilisierter Kopierlösung: Die Beschichtungsrinne wird unter gleichbleibendem Anpreßdruck in einem Zug über das Sieb an die obere Rahmenkante gezogen

4. Gefüllte Beschichtungsrinne mit der Auftragskante an der Rakelseite am unteren Geweberand aufsetzen und andrücken, ohne daß bereits Kopierschicht an das Gewebe läuft
5. Rahmen leicht zurückneigen, Beschichtungsrinne an das Sieb kippen, so daß die Kopierlösung an das Gewebe läuft
6. Beschichtungsrinne unter entsprechendem, gleichbleibendem Anpreßdruck in *einem Zug* über das Gewebe bis an die obere Rahmenseite ziehen (Abb. 84)
7. Rahmen leicht nach vorne neigen, Beschichtungsrinne noch unter Andruck nach hinten abkippen, erst dann vom Sieb abheben und dann auf dem Tisch ablegen.

Der erste Schichtauftrag ist beendet. Entsprechend der gewählten Beschichtungsvariante wird dieser Vorgang wiederholt. Je gleichmäßiger und streifenloser der Schichtauftrag erfolgt, desto genauer ist eine gute Kopie und ein gleichmäßiger Farbauftrag auf dem Bedruckstoff möglich.

8. Rahmen nach der Beschichtung in *waagerechter Lage*, Druckseite nach unten, bei Dunkelheit und Temperaturen zwischen 20° und maximal 40° C trocknen. Die durchgetrocknete Kopierschicht ist lichtempfindlich und muß bis zur Kopie vor

unerwünschtem Lichteinfall geschützt werden (Lagerung in dunklem Raum oder im Trockenschrank; Abb. 86b).

Belichtungstechnik (Kopiertechnik):

Durch das Belichten überträgt man das Motiv von der Kopiervorlage (dem Dia) auf die lichtempfindliche Schicht. Das geschieht durch eine geeignete Lichtquelle und idealerweise unter Zuhilfenahme eines Vakuum-Kopiergerätes (Abb. 86). Diese Geräte zur Schablonenkopie stellen unter Umständen den finanziell aufwendigsten Faktor einer Siebdruckwerkstatt dar. Gewerbliche Druckereien können ohne Vakuum-Kopierrahmen und eine leistungsstarke Kopierlampe (z. B. eine Halogenidlampe) nicht auskommen.

Um die Lichtempfindlichkeit der Kopierschichten optimal auszunutzen, sind Lichtquellen mit hohen UV- und blau-aktinischen Lichtanteilen notwendig, denn sie bewirken in besonderem Maße die Härtung der Kopierschicht. Zu solchen Lichtquellen gehören Metall-Halogenidlampen, Kohlebogenlampen, HPR-Lampen (Quecksilberdampflampen), die Punktlicht abgeben, und aktinische Leuchtstoffröhren, die Flächenlicht ausstrahlen.

Punktlicht (das von einem Punkt ausgehende, stärker gebündelte Licht) ist für die Schablonenkopie vorzuziehen, besonders zur präzisen Wiedergabe feinster Details. *Flächenlicht* (das von einer großen Oberfläche ausgehende, stark streuende Licht, z. B. bei Leuchtstoffröhren) erhöht die Unterstrahlungsgefahr der Kopiervorlage erheblich.

Metall-Halogenid-Punktlichtlampen (Abb. 85) gelten heute für den kommerziellen Siebdruck als ideale Belichtungsquelle. Der außerordentlich hohe aktive Strahlungsanteil verkürzt die Belichtungszeiten. Die Lampe ist selbst bei großen Formaten für feinste Strich- und Rasterarbeiten einsetzbar.

Für die Arbeit in Schule und Atelier kann für kleinere Formate schon eine Quecksilberdampflampe vom Typ HPR 125 (Watt) ausreichend sein, die wie die oben erwähnten Lampen Punktlicht abgibt, aber durch ihre schwächere Leistung längere Belichtungszeiten erfordert.

Kopiergeräte haben die Aufgabe, während der Belichtung engsten Kontakt zwischen Kopiervorlage und Kopierschicht herzustellen. Das geschieht bei Vakuum-Kopierrahmen, indem das beschichtete Sieb zusammen mit der Vorlage zwischen eine Glas-

◁ 85 Halogenid-Punktlicht-Kopierlampe: hochaktinische Lichtquelle für feinste Strich- und Rasterarbeiten, erlaubt sehr kurze Belichtungszeiten (Sixt KG)

a

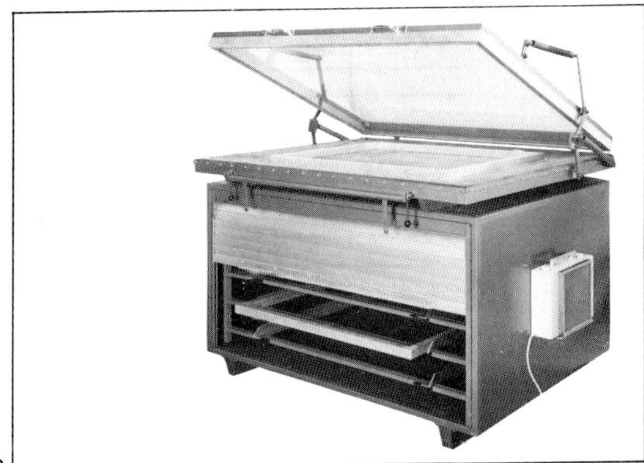

b

c

86 a) Schwenkbarer Siebdruck-Vakuum-Kopierrahmen (Sixt KG); ermöglicht während der Belichtung engsten Kontakt zwischen Kopiervorlage und lichtempfindlicher Kopierschicht – b) Kombination von Siebtrockenschrank und aufgesetztem Vakuum-Kopierrahmen (EMM Nr. 19V) – c) Me-Vakuum-Kopiersack mit eingelegtem Rahmen und Kopiervorlage (Seri-Plastica)

platte und ein Gummituch gelegt wird. Durch Absaugen der Luft mit einer Pumpe erzeugt man ein Vakuum, wodurch Vorlage und Kopierschicht fest aufeinandergepreßt werden.

Kopierrahmen gibt es vor allem für größere Formate mit schwenkbarem Rahmen (für horizontale und vertikale Belichtung; Abb. 86a) und als Tischkopierrahmen (Abb. 86b) für kleinere Kopierformate mit Belichtung von oben.

Eine Zwischenstellung nehmen Kontakt-Kopiertische ein, die beide Faktoren (pneumatischen Kontakt und Belichtung) miteinander vereinen. Der Nachteil dieser Geräte, die mit einem Leuchtstoffröhrenfeld ausgestattet sind, ist der, daß sie Flächenlicht (= streuendes Licht) abgeben. Das mag für einfache Druckvorhaben (Flächendruck) ausreichen, bei Vorlagen mit feineren Details (Strukturen, Linien oder Raster) verursacht das Flächenlicht eher Unterstrahlungen der Kopiervorlage, was zu unscharfem Druck führt.

Kopierrahmen sind als Erstausstattung häufig zu teuer. Eine preiswerte und ebenfalls gute Kopierergebnisse ermöglichende Alternative ist für Schule und Atelier der *Vakuum-Kopiersack* (Abb. 86c). Die Belichtungsseite des Kopiersacks besteht statt aus Glas aus einer transparenten Folie. Man arbeitet mit ihm wie mit einem Kopierrahmen. Nachdem das beschichtete Sieb, auf dem die Kopiervorlage mit Klebeband befestigt ist, in den Sack eingeschoben worden ist, verschließt man diesen, saugt über eine Vakuumpumpe die Luft ab und belichtet.

Will oder muß man auf die Anschaffung verzichten, wird für den Anfang (bei Kopierformaten bis DIN A 2) eine mehr »provisorische« Belichtungseinrichtung genügen: Die Kombination einer *HPR-Lampe mit Kopierkissen und Glasplatte* (Abb. 87). Zur Belichtung (Abb. 88, 89) wird das beschichtete Sieb mit der Druckseite nach *oben* auf das Kopierkissen gelegt. Die Kissenhöhe muß so groß sein, daß der übergestülpte Rahmen auch nach Auflage der Glasplatte frei in der Luft hängt und nur mit dem Gewebe auf dem Kopierkissen aufliegt. Die Kopiervorlage wird *seitenverkehrt* auf die Druckseite des Siebes gelegt, mit einer schweren, fehlerfreien Glasplatte beschwert und dadurch fest an das Sieb gedrückt. Für die Kopie werden Vorlage und Kopierschicht somit in engen Kontakt gebracht und Unterstrahlungen vermieden.

Kopierkissen lassen sich aus dickem Schaumstoff (ca. 6 cm stark) für verschiedene Kopierformate und Rahmengrößen selbst

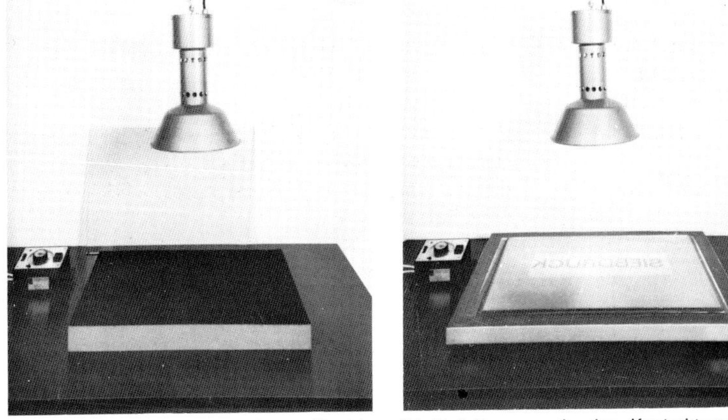

87 Einfache Belichtungseinrichtung: Kombination von HPR-Lampe, Kopierkissen, Glasplatte und Belichtungsschaltuhr

88 Belichtung nach der Kopierkissenmethode (Ansicht): Das beschichtete Sieb wird mit der Druckseite nach oben auf das Kopierkissen gelegt; darauf kommt seitenverkehrt die Kopiervorlage, die mit einer Glasplatte beschwert wird

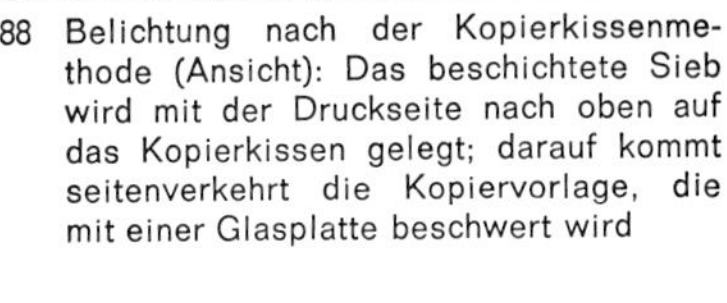

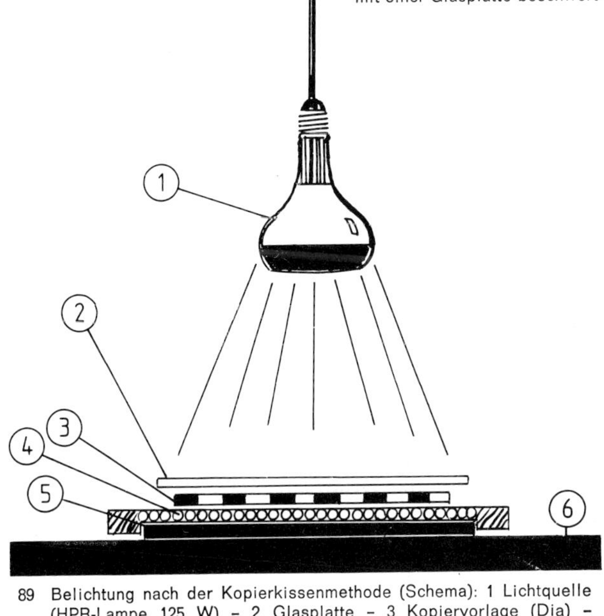

89 Belichtung nach der Kopierkissenmethode (Schema): 1 Lichtquelle (HPR-Lampe 125 W) – 2 Glasplatte – 3 Kopiervorlage (Dia) – 4 beschichtetes (lichtempfindliches) Sieb (Druckseite nach oben) – 5 Kopierkissen aus schwarzem Schaumstoff – 6 Tisch

herstellen. Zur Vermeidung von Unterstrahlungen sollte die Oberfläche mit schwarzem Filz beklebt werden.

Grundsätzlich muß Schicht zur Schicht liegen, d. h. die Schichtseite des Dias muß der Kopierschicht im Gewebe zugewandt sein. Diese Kopierregel gilt auch für alle anderen Materialien, mit denen kopiert wird. Bei Kopiervorlagen kann es sich z. B. neben speziellen Lithfilmen auch um Andrucke auf dünnem Papier, gezeichnete, gemalte oder montierte Folien, »Color-Key«-Filme oder ähnliches handeln. Ebenso sind «Copyline-Papiere« oder andere dünne Fotopapiere direkt zu kopieren, wenn sie lichtdurchlässig sind (s. Kopiervorlagenherstellung, S. 185 ff.). Um eine bessere Transparenz dieser Vorlagen zu erreichen, können sie mit Klarpausspray von der Rückseite eingesprüht werden.

Die Belichtung erfolgt bei der Kopierkissenmethode von oben (Abb. 88, 89). HPR-Lampen sind lieferbar mit eingebautem Vorschaltgerät. Über ein Rollensystem und mittels Gegengewicht läßt sich die Höhenverstellung dieser Lampe regeln. Der Abstand zwischen Lampe und Sieb sollte etwa um $^1/_3$ größer sein als die Diagonale der zu belichtenden Fläche auf dem Sieb, wobei der nutzbare Lichtkegel nicht über 60° liegen darf.

Es ist nicht möglich, *Standartwerte für Belichtungszeiten* anzugeben, da diese Werte von zu vielen verschiedenen Faktoren abhängig sind. Die verschiedenen Lampentypen mit zum Teil beträchtlich voneinander abweichenden Leistungen, die Lichtempfindlichkeit der Kopierschichten, verschiedene chemische Zusammensetzungen der Kopierschichten, die Gewebe- und Kopierschichtdicke, der Abstand Lichtquelle – Sieb, die Größe der zu belichtenden Fläche und der Lichtverlust durch die Kopiervorlage beeinflussen die Belichtungszeit. So beträgt beispielsweise der Lichtverlust bei der Verwendung mattierter Zeichenfolien als Dia ca. 20 %.

Die Belichtungsangaben der Schablonenhersteller können als Ausgangsbasis dienen. Als allgemeiner Richtwert kann bei Verwendung einer HPR-Lampe 125 und einer Distanz von 60 cm (Lampe – Sieb) eine Belichtungszeit gelten, die zwischen 4 Minuten (Minimum), 8 Minuten (Mittelwert) und 30 Minuten (Maximum) liegt. Es ist ratsam, sich für die eigene Arbeitssituation durch Testbelichtungen (Stufenbelichtung) Erfahrungswerte zu schaffen. Bei einigen modernen Kopierschichten läßt sich die richtige Kopierzeit für die optimale Durchhärtung an einem *Farbumschlag* der Schicht während der Belichtung ablesen.

90 Entwickeln der direkten Fotoschablone: Nichtbelichtete Teile der Kopierschicht (hell) lassen sich durch Wasser herausspülen (hier: das Wort »Siebdruck«); belichtete Kopierschichtteile (dunkel) sind chemisch gehärtet und bilden die farbundurchlässige Schablonenschicht. In der oberen Hälfte des Wortes »Siebdruck« ist die Kopierschicht bereits ausgespült. Die druckenden Stellen sind geöffnet (hell). In der unteren Hälfte befindet sich noch teilweise Schicht im Schriftzug (dunkel)

Entwicklungstechnik:
Sofort nach der Belichtung wird die Kopie entwickelt. Je nach verwendeter Kopierschicht braust man das Sieb mit kaltem oder warmem Wasser beidseitig gut ab (Abb. 90). Die Kopierschicht ist damit fixiert, eine weitere Belichtung findet nicht statt.

Es ist wichtig, die Schablone gut auszuentwickeln, da anderenfalls Schichtschleier verdünnter Schicht in der Zeichnung zurückbleiben können. Die Schablone wird so lange, zunächst mit weniger, dann mit mehr Wasserdruck, abgespült, bis das Wasser schaumfrei abläuft und die Zeichnung in ihren feinsten Details klar erkennbar ist. Bei Rasterkopien ist dies mit Lupe oder Fadenzähler gut zu kontrollieren. Vorteilhaft ist, das Sieb nach der letzten Spülung einige Minuten liegenzulassen und dann nochmals mit kaltem Wasser nachzuspülen. Dann wird das Sieb mit einem Fensterleder oder Schwamm beidseitig sorgfältig abgetupft.

Das Trocknen der Schablone erfolgt nicht zu heiß mit einem Fön oder im Trockenschrank (Abb. 86b).

Material, Gerät und Einrichtung:
- Kopiervorlage (Dia), geeignete Kopierlösung für direkte Fotoschablone, Siebfüller oder Siebkorrekturlack, Siebreinigungs- und Entfettungsmittel, Haar- oder Borstenpinsel

91 Überprüfen der Schablone auf fehlerhafte Stellen: Beschädigungen mit Siebfüller oder Siebkorrekturlack an der Druckseite ausbessern; ein Leuchttisch erleichtert die Sichtkontrolle

- Kopierlampe, Kopiergerät (ersatzweise Kopierkissen mit Glasscheibe), Beschichtungsrinne, Siebentwicklungsanlage (ersatzweise einfache Handbrause und Wasserbecken), Siebentschichtungsgerät (nicht unbedingt nötig, nur bei schwer entschichtbaren Schablonen), Trockenschrank (ersatzweise Warmluftgebläse, Ventilator oder Fön)
- Verdunkelbarer Raum, Strom- und Wasseranschluß.

Arbeitsablauf: Herstellung einer direkten Fotoschablone

1. Vorbereitung des Siebes: Sieb von Farb- und Schablonenresten reinigen, entfetten, trocknen
2. Sensibilisieren (lichtempfindlich machen) der Kopierschicht: Sensibilisatorlösung unter ständigem Rühren mit einem Holzstab der Kopierlösung beigeben (Herstellerangaben beachten); möglichst am Tag vorher sensibilisieren, mindestens einige Stunden vor der Benutzung
3. Beschichten des Siebes mit sensibilisierter Kopierschicht: Kopierschicht mit Beschichtungsrinne in der gewünschten oder in der vom Hersteller angegebenen Beschichtungsweise auftragen (s. Beschichtungstechnik, S. 165 ff., Abb. 84)
4. Trocknen des beschichteten Siebes: Sieb in waagerechter Lage, Druckseite nach unten, im Dunkeln oder gedämpftem Gelblicht und Temperaturen zwischen 20° und 40° C möglichst staubfrei trocknen (Lufttrocknung, Warmluftgebläse oder Trockenschrank, Abb. 86 b); erst nach völliger Durchtrocknung erreicht die Kopierschicht ihre höchste Lichtempfindlichkeit

5. Vorbereiten zum Belichten: Durchtrocknung der Kopierschicht kontrollieren; Kopiervorlage an der Druckseite *seitenverkehrt* (Schichtseite zum Sieb) mit Klebeband in ausgerichteter Position befestigen, Sieb und Vorlage in die Kontakteinrichtung einlegen. Kontakt zwischen Vorlage und Kopierschicht herstellen (s. Belichtungstechnik, S. 173ff., Abb. 86c, 88); Lampenabstand entsprechend der zu belichtenden Fläche einrichten
6. Belichten der Kopierschicht (Kopieren der Vorlage): Belichtungszeit entsprechend der gemachten Erfahrungswerte festlegen. Durchhärtung evtl. am Farbumschlag der Schicht kontrollieren
7. Entwickeln der Schablone: Sieb in die Auswaschanlage, die Wanne oder ein Becken stellen, entsprechend den Herstellerangaben die Schablone mit kaltem oder warmem Wasser gut spülen, bis das Motiv im Gewebe geöffnet, klar erkennbar ist und das Wasser schaumfrei abläuft (Abb. 90)
8. Trocknen der entwickelten Schablone: Sieb in waagerechter Lage trocknen (Lufttrocknung, Warmluftgebläse, Fön oder Trockenschrank, Abb. 86b)
9. Überprüfen der Schablone auf fehlerhafte Stellen: poröse Stellen, kleine Beschädigungen oder Nadellöcher mit Siebfüller oder Siebkorrekturlack an der Druckseite ausbessern; zur besseren Sichtkontrolle Sieb auf den Leuchttisch legen oder gegen eine Lichtquelle halten (Abb. 91)
10. Randabdeckung mit Siebfüller aufbringen; Rahmeninnenkante evtl. mit Klebeband abdecken.

Die Schablone ist nach dem völligen Durchtrocknen druckfertig.

Gewebebehandlung nach dem Einsatz (Reinigen und Entschichten des Siebes)

Der sorgfältigen Gewebebehandlung nach dem Einsatz (Siebreinigung und Entschichtung) kommt für eine erneute Schablonenherstellung eine große Bedeutung zu. Schablonenstörungen und Druckfehler sind nicht selten auf schlecht gereinigte, entschichtete und entfettete Gewebe zurückzuführen. Ist das Sieb nach dem Druck in entsprechender Form von Farbe gereinigt und wird die Druckform nicht mehr verwendet, ist ein sofortiges Entschichten (Entfernen) der Schablone, ob manuell oder fotomechanisch hergestellt, sehr zu empfehlen. Bei Alterung der Schablone wird das Entschichten zunehmend schwieriger. Das Entschichten manuell hergestellter Schablonen ist bereits bei den einzelnen Schablonenarten beschrieben worden.

Zum Entfernen direkter Kopierschichten verwendet man handelsübliche, am besten umweltfreundliche, nicht ätzende Siebentschichtungsmittel in Pasten-, Pulver- oder flüssiger Form, wie z. B.: »Pregasol-F« (flüssig), »P« (Paste), »EP 3« (Pulver) oder »Pregan Entschichter-Pulver« von Kissel & Wolf; »Entschichter-Pulver ESP« von Marabu, »BarSol L« (Lösung), »DL« (Depotlösung) oder »P« (Paste) oder »BarDin« (Pulver) von BarChem.

Arbeitsablauf: Entschichten direkter Fotoschablonen

1. Reinigen des Siebes von allen Farbresten mit entsprechendem Lösungsmittel oder Siebreiniger (wasserlösliche Farben mit warmem Wasser abspülen, lösungsmittelhaltige Farben mit Lösungsmittelgemisch oder speziellem Siebreiniger reinigen)
2. Sieb beidseitig mit Warm- oder Kaltwasser auswaschen, bis sich der evtl. benutzte wasserlösliche Siebfüller löst
3. Sieb beidseitig mit speziellem Siebentfetter entfetten
4. Siebentschichter beidseitig auftragen, verteilen und einwirken lassen, bis sich die Kopierschicht löst (Lösung aufsprühen, Pasten und Pulver mit Kunststoffbürste verreiben, Abb. 92a)
5. Sieb mit scharfem Wasserstrahl beidseitig, zuerst von der Druckseite ausspritzen, (falls vorhanden) Hochdruckentschichter (Abb. 93) verwenden; Schutzkleidung (Gummihandschuhe, Schürze, Schutzbrille) tragen! (Abb. 92b)
6. Hartnäckige Farb- und Schablonenreste und eventuelle »Geisterbilder« im Gewebe durch Auftragen von »Pregan-Paste« (stark alkalisches Reinigungs- und Entfettungsmittel) in Verbindung mit »Pregan-C 3« oder »C 4« entfernen, Sieb auswaschen
7. Sieb trocknen.

Sorgfältiges Entschichten ist eine Grundvoraussetzung für die perfekte Herstellung der nächsten Schablone! Bei längerer Sieblagerung sollte das Entfetten des Siebes erst unmittelbar vor der erneuten Schablonenübertragung durchgeführt werden.

b

2 Entschichten direkter Fotoschablonen: a) Siebentschichtungsmittel (hier: Paste) auf dem Sieb auftragen, verteilen und einwirken lassen – b) Sieb mit scharfem Wasserstrahl (hier: Hochdruckentschichter) ausspritzen, bis alle Kopierschichtteile völlig aus dem Gewebe entfernt sind. Schutzkleidung tragen!

3 Hochdruck-Entschichtungsgerät zum vereinfachten Reinigen und Entschichten von Sieben (SPS-Jet-Ex 50)

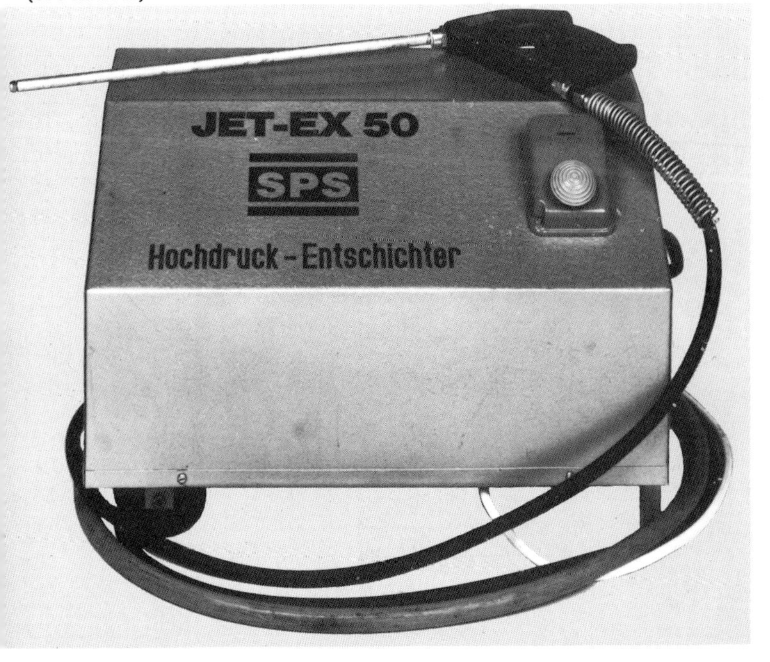

Mögliche Fehlerquellen bei der direkten Fotoschablone

FEHLER	URSACHEN
Emulsionsfreie Stellen auf dem Gewebe	– Gewebe verschmutzt – Farbreste im Gewebe
Die Emulsion perlt vom Gewebe ab	– Gewebe fetthaltig
Streifen in der aufgetragenen Kopierschicht	– Scharten in der Beschichtungsrinne – Ungleichmäßiges Auftragen der Schicht
Nadellöcher in der entwickelten Schablone	– Schmutz auf dem Glas oder dem Dia – Unsaubere Schicht
Zu dick aufgetragene Kopierschicht	– Andruck der Beschichtungsrinne zu gering – Zu häufiges Auftragen der Kopierschicht
Zu dünn aufgetragene Kopierschicht	– Zu starker Andruck der Beschichtungsrinne – Zu steiler Anstellwinkel der Beschichtungsrinne
Die aufgetragene Kopierschicht löst sich beim Entwickeln mit Wasser auch an den belichteten Stellen	– Zu kurze Belichtungszeit – Unsensibilisierte oder nicht genügend sensibilisierte Kopierschicht
Die Kopierschicht läßt sich an den nicht belichteten Stellen nur sehr schwer oder gar nicht auswaschen (entwickeln)	– Zu heiße Trocknung des beschichteten Siebes oder zu lange Lagerung – Unterstrahlung der Belichtungsvorlage (Dia) durch schlechten Kontakt – Unterstrahlung durch zu lange Belichtung – Unterstrahlung durch ungenügende Deckung des Dias
Die Kopierschicht läßt sich nur teilweise auswaschen (entwickeln)	– Unregelmäßige Belichtung – Belichtungszeit für feine Details zu lange – Evtl. montierte Filme sind unterschiedlich lichtdurchlässig – Schlechter oder ungleichmäßiger Kontakt bei der Kopie
Das Motiv läßt sich nicht sauber ausdrucken (unregelmäßiges Druckbild)	– Kopierschicht nicht richtig entwickelt – Emulsionsreste in den offenen Teilen der Schablone

V Die Kopiervorlagenherstellung (Diaherstellung) für die Schablonenkopie

Kopiervorlagen werden zur Herstellung fotomechanischer Schablonen benötigt. Während manuell hergestellte Schablonen durch direktes Schneiden des Schablonenmaterials oder Zeichnen und Malen auf dem Sieb hergestellt werden können, muß bei fotomechanisch hergestellten Schablonen das Motiv über eine Kopiervorlage durch Kontaktbelichtung auf die lichtempfindliche Kopierschicht übertragen, kopiert werden (s. Schablonenherstellung, S. 100ff.).

Im Siebdruck bezeichnet man die Kopiervorlage auch als Dia (Abkürzung für Diapositiv). Siebdruck-Dias bestehen aus einem transparenten (lichtdurchlässigen) Trägermaterial (z. B. transparenter Folie, Transparentpapier oder Filmmaterial), auf dem das genaue Bild des zu druckenden Motivs *lichtundurchlässig* aufgebracht ist. Beim Belichten hat das Dia die Aufgabe, alle Teile der lichtempfindlichen Kopierschicht *abzudecken*, die später *drucken* sollen. An diesen abgedeckten, lichtundurchlässigen Teilen im Dia wird beim Belichten ein Durchhärten der Kopierschicht verhindert, so daß sich diese Teile beim Ausspülen mit Wasser entfernen lassen (Abb. 90). Sie ergeben die druckenden Stellen der Schablone, d. h. für das Dia: Die abgedeckten Stellen im Dia müssen stets den später druckenden (Farbe tragenden) Teilen des Motivs auf dem Bedruckstoff entsprechen. Das Siebdruck-Dia stellt also ein *positives Bild* des späteren Druckbildes dar. Es muß immer in der entsprechenden Druckgröße angefertigt sein, da es durch Kontaktbelichtung auf die Kopierschicht übertragen wird.

Egal wie ein Dia hergestellt wird, das Trägermaterial sollte nicht nur möglichst durchsichtig, sondern vor allem auch »maßhaltig« sein, d. h. sich bei Temperatur- und Feuchtigkeitsschwankungen möglichst wenig zusammenziehen oder dehnen, um bei genauen Mehrfarbendrucken keine Passerungenauigkeiten zu verursachen. Papierträger sind solchen Schwankungen in weit stärkerem Maße unterworfen als beispielsweise Kunststoffträger (Polyester oder Vinyl).

Es gibt zwei grundsätzliche *Herstellungsmethoden* für Kopiervorlagen:

- Manuell hergestellte Kopiervorlagen (»Hand-Dias«): auf transparenten Folien oder Papieren wird das Motiv von Hand mit einer lichtundurchlässigen Tusche, Farbe, Kreide oder einem Stift gezeichnet oder gemalt (Abb. 94), aus einem lichtundurchlässigen Film geschnitten oder mit lichtundurchlässigen Anreibe- oder Selbstklebefolien aufgeklebt
- Fotografisch hergestellte Kopiervorlagen (»Foto-Dias«): das Motiv wird auf fotografischem Wege (durch Belichtung) mit Hilfe einer Reprokamera, eines Vergrößerungsgerätes oder eines Kontaktkopiergerätes auf lichtempfindliche Filme oder Papiere mit transparentem Träger übertragen.

Die beiden Herstellungsarten bieten ein weites Feld bildnerischer Bearbeitungsmöglichkeiten durch Zeichnen, Malen, Schneiden, Spritzen, Kratzen, Montieren, Durchleuchten, Collagieren, Fotografieren und Kombinieren (z. B. handgeschnittener und fotografischer Dias), die den Siebdruck bei Verwendung fotomechanischer Schablonen nahezu für jede gewünschte bildnerische Darstellungsweise geeignet erscheinen lassen (vgl. Farbabb. 20).

Neben die häufig mühevolle Umsetzung von Bildideen oder Vorlagen durch manuelle Schablonentechniken treten gleichberechtigt fotomechanische Techniken, die, wenn sie nicht nur zur bloßen Reproduktion von Originalen, sondern als bewußtes technisches und künstlerisches Mittel intelligent eingesetzt werden, neue Arbeits-, Gestaltungs- und Ausdrucksweisen ermöglichen.

Beim künstlerischen Siebdruck wird bei Verwendung von Fotoschablonen nicht nur die technische, sondern auch die künstlerische Qualität eines Druckes nicht zuletzt durch die Bearbeitung und Abstimmung der einzelnen Kopiervorlagen mitbestimmt.

1 Manuell hergestellte Kopiervorlagen (»Hand-Dias«)

a) Gezeichnete, gemalte oder geklebte Kopiervorlagen

Eine *transparente Montage- oder Zeichenfolie* (z. B. »Ultraphan«, »Hostaphan«) oder transparentes Zeichenpapier (z. B. »Reflex T 2000« von Klimsch) werden über den Entwurf gelegt und festgeklebt.

Alle Teile des Motivs, die in einer bestimmten Farbe drucken sollen, sind nun mit einer *lichtundurchlässigen Abdeckfarbe* (z. B. »Graphopak« oder »Negropak« von Klimsch, »Pausdeckrot 63« oder »Foliendeckfarbe 65« von Schmincke) abzudecken. Die Farbe kann mit einer Feder gezeichnet (Abb. 94a), mit einem Pinsel gemalt (Abb. 94b), gespritzt, gekleckst, mit einer Fixativspritze oder einem Spritzapparat aufgesprüht (Abb. 94c), aber auch mit einer Radier-Nadel oder einem Messer nach dem Auftragen teilweise wieder ausgekratzt werden (Abb. 94d).

Die Abdeckfarbe wird, falls nötig, mit Wasser soweit verdünnt, daß sie sich mit Pinsel oder Feder gut auftragen läßt. Trotz der Wasserzugabe muß auf jeden Fall die Lichtundurchlässigkeit der Farbe erhalten bleiben. Nach dem Durchtrocknen ist am besten auf dem Leuchttisch zu kontrollieren, ob alle abgedeckten Teile auf der Folie lichtundurchlässig sind. Falls die Folie die Abdeckfarbe nicht einwandfrei annimmt, ist die zu bezeichnende Seite mit Spiritus zu entfetten.

Zum Anlegen von Strukturen, Schattierungen und Körnungen können Fettstifte oder Lithokreide verwendet werden. Oberflächenstrukturen untergelegter Materialien lassen sich mit Lithokreide auf gekörnte und matte Folien frottieren. Flächenabdeckungen oder aufgelockerte Punktflächen sind durch Aufsprühen von Farblack (Seidenmattspray) gut zu erreichen. Selbstverständlich sind auch Kombinationen der verschiedenen Zeichenmittel möglich (Abb. 95).

Für die Plakatherstellung und Typografie sind, sofern man keine Lichtsatzgeräte besitzt, *Anreibe- und Selbstklebefolien und Haftbuchstaben* ein gutes Hilfsmittel. Das Prinzip besteht darin, daß vorgefertigte Schriften, Zahlen, Symbole oder Raster durch Anreiben oder Aufkleben auf die transparente Folie zu fertigen Texten, Zeichnungen oder Entwürfen zusammengefügt werden. Das manuelle Zeichnen entfällt dabei oder wird nur

a

b

c

94 Manuell hergestellte Kopiervorlagen a transparenter Zeichenfolie; die drucke den Stellen sind durch lichtundurchlä sige Farbe auf der Folie abgedeckt: mit der Feder gezeichnet – b) mit de Pinsel gemalt – c) mit der Fixativsprit gesprüht – d) mit der Nadel gekratzt

d

95 Siebdruck nach manuell hergestellter Kopiervorlage (Schülerarbeit, 5. Klasse): Das Motiv wurde mit lichtundurchlässiger Abdeckfarbe auf transparente Zeichenfolie gezeichnet, die Strukturen durch Frottage mit Lithokreide auf die Folie übertragen

zum Herstellen einer Vorlage benötigt. Da diese Anreibe- und Selbstklebefolien lichtundurchlässig sind, eignen sie sich ausgezeichnet zur Diaherstellung.

Die Letraset GmbH hat für den grafischen Bereich ein abgerundetes System unterschiedlicher Anreibe- und Selbstklebefolien (Schriften, Raster, grafische Symbole, Illustrationsbogen) entwickelt. Die Zentak Haftdruck GmbH bietet ihr Alfac-System (neben Schriften, Rastern, diversen Zeichen vor allem Symbole für den technischen Bereich) an.

Beim Arbeiten mit *Anreibefolien* (Abb. 96) wird das Schutzpapier von der Rückseite entfernt, der Buchstabe oder das Symbol in die gewünschte Position gelegt (bei Schriften evtl. Hilfslinien ziehen), mit einem Anreibelöffel oder Falzbein angerieben und dadurch auf die gewünschte Unterlage übertragen. Nach

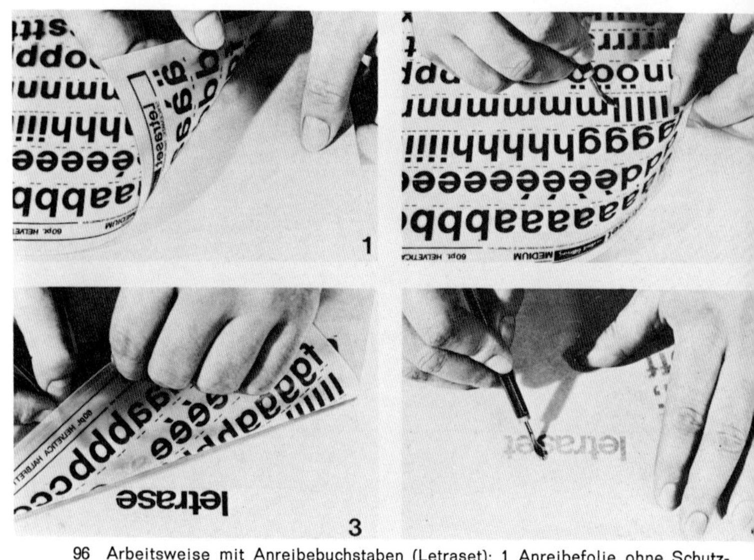

96 Arbeitsweise mit Anreibebuchstaben (Letraset): 1 Anreibefolie ohne Schutzpapier auf die Unterlage legen – 2 gewünschten Buchstaben durch Anreiben mit einem Anreibelöffel auf die Folie übertragen – 3 Anreibefolie vorsichtig abheben – 4 Schutzpapier überlegen und nachreiben

dem Übertragungsvorgang ist die Anreibefolie vorsichtig abzuheben, das Schutzblatt überzulegen und das Motiv gut nachzureiben.

Neben Schriften und Symbolen gibt es auch Anreiberaster (Struktur- und Punktraster, z. B. »Instantex« von Letraset oder »D 001« von Alfac, Abb. 97b). Sie lassen sich beim Siebdruck besonders für freie Arbeiten (Illustrationen, Zeichnungen mit Strukturen usw.) verwenden. Die gewünschte Form wird direkt auf die transparente Unterlage gerieben.

Im Gegensatz zu Anreibefolien werden *Selbstklebefolien* mit klebender Rückseite geliefert und können, wenn sie nach der Vorlage zugeschnitten worden sind, auf die entsprechende Unterlage, bei der Diaherstellung auf eine Zeichenfolie, geklebt werden.

Es gibt Selbstkleberaster mit transparenter Trägerfolie (z. B. »Letratone« von Letraset; Abb. 97a, 98), die mit dem Träger auf die Vorlage gelegt, geschnitten, vom Träger abgezogen und über-

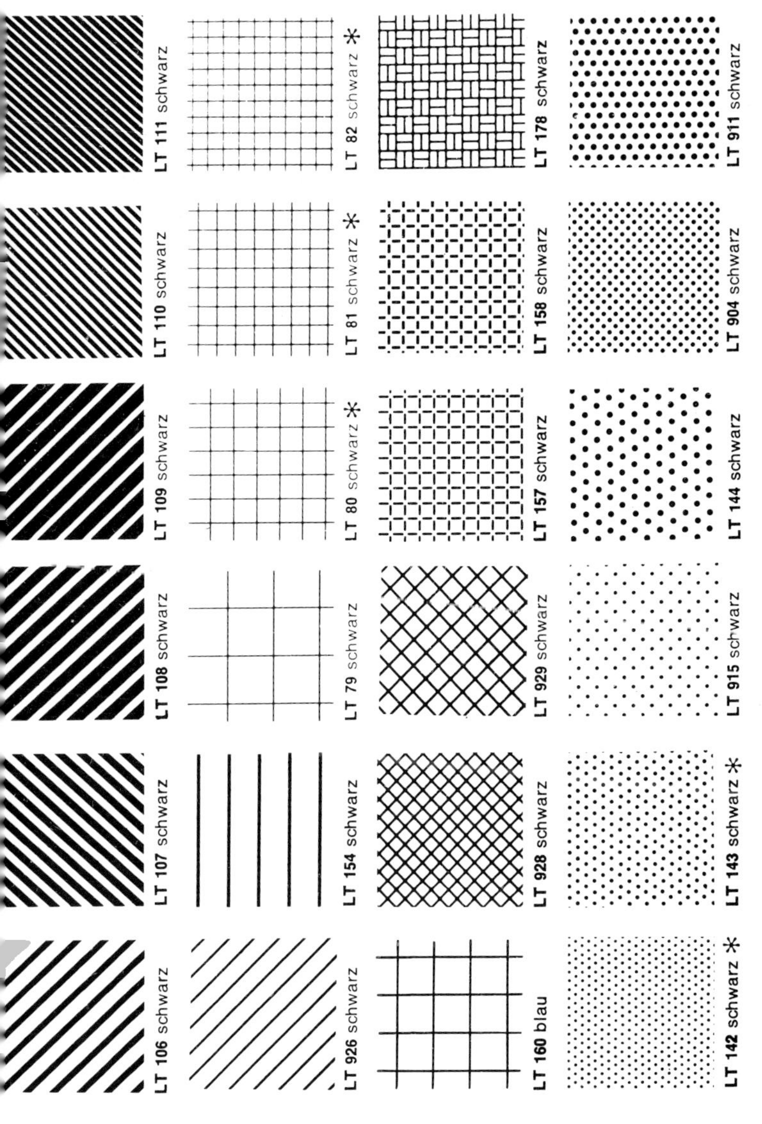

7 Rasterdessins: a) Selbstklebende Rasterfolien zum Ausschneiden (»Letratone«, Letraset) – b) Direkt-Anreiberaster (»D 001«, Alfac) ▷

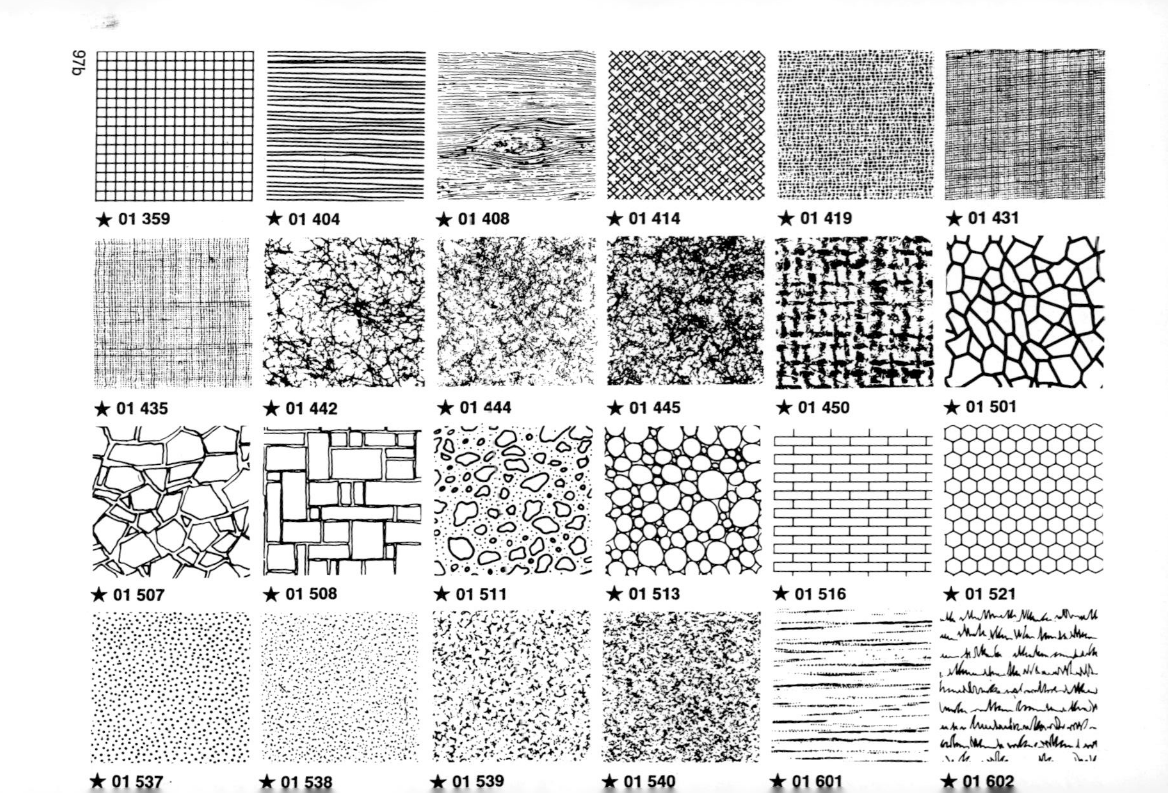
★ 01 359
★ 01 404
★ 01 408
★ 01 414
★ 01 419
★ 01 431
★ 01 435
★ 01 442
★ 01 444
★ 01 445
★ 01 450
★ 01 501
★ 01 507
★ 01 508
★ 01 511
★ 01 513
★ 01 516
★ 01 521
★ 01 537
★ 01 538
★ 01 539
★ 01 540
★ 01 601
★ 01 602

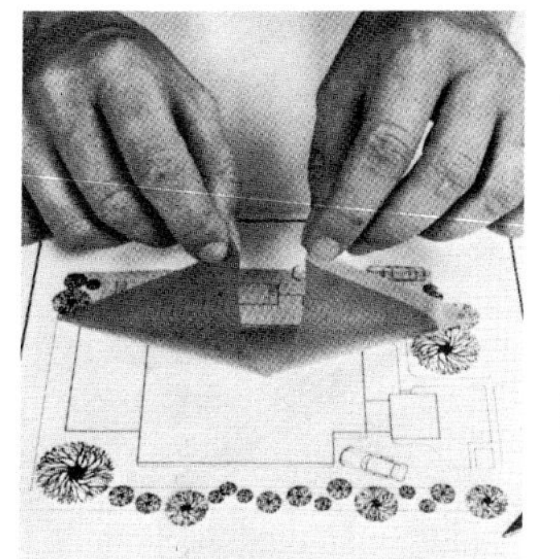

98 Arbeitsweise mit Selbstkleberaster (»Letratone«)

tragen werden können. Andere Selbstkleberaster haben undurchsichtige Träger (z. B. »Alfac A 003«-Raster), hier muß zuerst die Rasterfläche mit dem Träger grob ausgeschnitten werden. Nach Abziehen des Selbstklebefilms und Auflegen auf die zu berasternde Fläche werden die überstehenden Randflächen mittels Schneidemesser abgetrennt und die übertragene Rasterfolie festgerieben.

Einen umfassenden Überblick über die lieferbaren Schriften, Symbole und Raster geben die Gesamtkataloge der Firmen.

b) Geschnittene Kopiervorlagen aus Maskierfilm

Maskierfilme oder auch Schneide-Maskierfilme bestehen aus einem durchsichtigen Plastikträger (Polyester, Vinyl), auf dem eine orange oder rot eingefärbte »lichtsichere« Schicht (Emulsion) aufgebracht ist, die aktinisches Licht nicht durchdringen läßt (Abb. 99).

Zur Schablonenkopie müssen auf dem Maskierfilm also die Teile stehenbleiben, welche später drucken sollen. An allen nichtdruckenden Teilen ist die lichtsichere Emulsion dagegen abzuheben. Dazu ist der transparente Maskierfilm über der Vorlage zu befestigen. Mit einem scharfen Schablonenmesser schneidet man entlang den Konturen des untergelegten Entwurfs durch

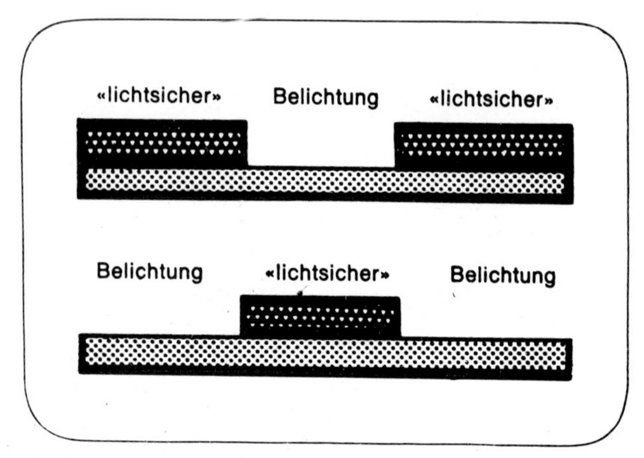

99 Wirkungsweise des Maskierfilms bei der Belichtung (Schema): Die »lichtsicheren« (nicht abgehobenen) Teile der »Maske« ergeben in der Schablone die druckenden Formen

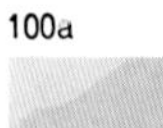

100b

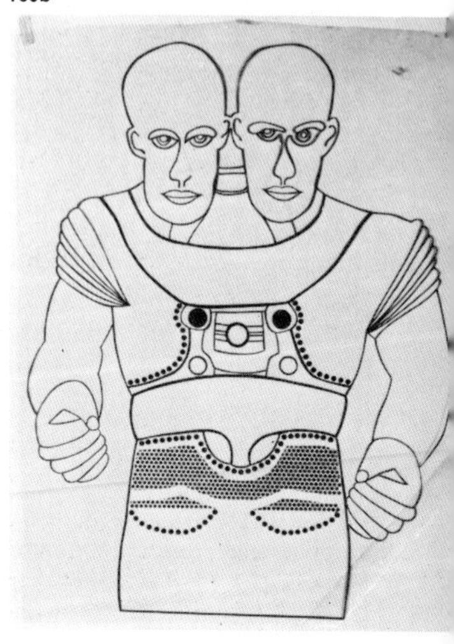

101 Fünffarbiger Flächendruck nach geschnittenen Kopiervorlagen (Schülerarbeit, 8. Klasse); insgesamt waren fünf verschiedene Dias notwendig

◁ 100 Aus Maskierfilm geschnittene Kopiervorlage: An allen nichtdruckenden Stellen (hell) ist die »lichtsichere« Emulsion nach dem Schneiden abgehoben worden. Die lichtsicheren (dunklen) Stellen entsprechen den einzelnen Farbflächen im Druckbild (vgl. Abb. 101): a) flächig geschnittene Kopiervorlage – b) linienhaft geschnittene Kopiervorlage mit aufgeklebten Rasterpunkten

die Emulsion und hebt anschließend diejenigen Teile der lichtsicheren Schicht von der Trägerfolie ab, die beim Belichten lichtdurchlässig sein sollen. Diese geschnittene »Maske« dient als Dia für die Schablonenkopie (Abb. 100, 101).

In ihrem mehrschichtigen Aufbau gleichen die Maskierfilme den beschriebenen Schneidefilmen zur Herstellung einer Schnittschablone (s. S. 116ff.). Die dort beschriebene Schneidetechnik (S. 125ff.) und die dazugehörenden Schneidewerkzeuge (S. 123ff.) sind auch für den Maskierfilm einzusetzen. Auf keinen Fall darf die Trägerschicht mit angeschnitten werden.

Maskierfilme gibt es in oranger oder hellroter Einfärbung (z. B. »Ulano Amberlith« oder »Regumask MF 1« und »MF 2« von Regulus), die nur bedingt »lichtsicher« ist, dafür eine gute Farbunterscheidung bei untergelegten Entwürfen ermöglicht. Rote oder dunkelrote Einfärbungen (z. B. »Ulano Rubylith« oder »Regumask MF 3«) sind dagegen völlig »lichtsicher«, aber die Farbunterscheidung bei Entwürfen ist erschwert, die Durchsicht auf dem Leuchttisch gut.

Bei Kamera-Arbeiten reagieren beide Einfärbungen wie schwarz. Zu Kontaktarbeiten ist besser nur die dunkelrote Emulsion zu benutzen.

Die Anwendungsmöglichkeiten des Maskierfilms ähneln denen des Schneidefilms (s. S. 120f.). Man wird ihn vor allem für die exakt geschnittene Fläche (Abb. 101) und größere, handgeschnittene Schriften einsetzen.

Bei Maskierfilmen mit gekörnten Trägern lassen sich allerdings mit Hilfe von Abdeckfarben, Tusche, Fettstift oder Lithokreide auch weiche Übergänge, Halbtonimitationen, Rastereffekte und Strukturen einarbeiten.

Fehlschnitte sind durch Anreiben der Emulsion wieder lichtdicht zu verschließen. Die selbstklebende Emulsion erlaubt auch das Übertragen auf Zeichenfolien oder fotografische Filme und das Zurückkleben auf den eigenen Träger.

2 Zwischenverfahren

a) Direktdurchleuchtung der Vorlage

Bei dieser Methode der Schablonenkopie wird im eigentlichen Sinne kein Dia hergestellt, sondern die zu reproduzierende Vorlage direkt auf das beschichtete Sieb übertragen, indem sie selbst *durchleuchtet* wird.

Weiße Papiere (bis zu 100 g/m² Gewicht) oder Spezialpapiere (z. B. »Barytpapier« mit saugfähiger Oberfläche zum Stempeln oder Drucken von Texten) lassen sich durchaus durchleuchten. Sie können zusätzlich mit Klarpausspray von der Rückseite eingesprüht werden, um ihre Transparenz zu vergrößern und damit die Belichtungszeit erheblich zu verkürzen.

Gut gedeckte Zeichnungen sind zu durchleuchten. Eventuell sind diese Zeichnungen gleich auf Transparentpapier anzufertigen, wobei eine Behandlung mit Klarpausspray entfällt. Jedoch ist darauf zu achten, daß Lavierungen eine kürzere Belichtungszeit erfordern als voll gedeckte Linien. Bei Durchleuchtungskopien von Zeichnungen auf Transparentpapier empfiehlt es sich, mit starker Lampe und kurzer Belichtungszeit zu arbeiten. Eine Rolle für das Gelingen einer Durchleuchtungskopie spielt auch neben der Papierstärke die Stoffzusammensetzung, wie Faser, Füllstoffe usw. Hier müssen Versuche gemacht werden, um keine Fehlerergebnisse zu bekommen. Die Variationsbreite bei der Durchleuchtungskopie ist bei einiger Erfahrung und Übung sehr groß.

Diese Methode kann man sich zunutze machen, wenn angedruckte, grobrasterige Klischees, Plakate oder nur einseitig bedruckte Prospekte oder andere Drucksachen direkt kopiert werden sollen.

Ist die zu reproduzierende Vorlage auf beiden Seiten bedruckt oder nicht zu durchleuchten, so kann man sie selbstverständlich nicht direkt für eine Durchleuchtungskopie verwenden, sondern muß sie auf fotografischem Weg zu einer Kopiervorlage umarbeiten.

b) »Color-Key«-Film

Eine Zwischenstellung innerhalb der Diapositiv-Herstellung nimmt das Arbeiten mit »Color-Key Orange« (Polyesterfilm mit UV-lichtempfindlicher Farbschicht, 3 M Company) ein. Kopierfähig ist hier das transparent-negativ arbeitende Material der Farbe Orange, das ausgezeichnete, punktscharfe Ergebnisse bei der Kontaktdurchleuchtung ergibt. Zwar setzt »Color-Key« Halbtöne in Strich um (Abb. 102), jedoch lassen sich durch verschiedene Belichtungszeiten sehr voneinander differierende Filme herstellen, die montiert oder in der Stufenbelichtung zu verwenden sind.

Der Schichtträger ist eine äußerst dünne Polyesterfolie mit nur 0,05 mm Stärke und erlaubt bei absoluter Maßhaltigkeit das Montieren mehrerer Filme übereinander. Durch die Transparenz der zu kopierenden Teile ist bei der Montage eine gute Kontrolle möglich und bei Gegenfilmen eine Abdeckung des gesamten Feldes (Positiv und Negativ) garantiert; z. B. sind Figur und Fond wechselseitig aufeinander bezogen und im Druck durch beliebig viele Druckvorgänge immer wieder einzusetzen und zu gestalten. Diese variationsbreite Anwendung für die Diaherstellung ist zwar mit Strichfilmen und durch Umkopieren der Filme ebenfalls zu erreichen; jedoch mit viel größerem Arbeitsaufwand und in der Dunkelkammer.

»Color-Key« kann bei Tageslicht verarbeitet werden. Als Belichtungsquelle dient eine UV-Lampe (z. B. »Osram Ultra-Vitalux 300 W«), welche in eine normale Fassung von 220-V-Spannung eingedreht wird. Man kann aber ebenso mit der HPR-Lampe oder dem Vakuum-Kontaktkopiergerät für die Schablonenkopie arbeiten.

Das Prinzip beim direkt negativ arbeitenden »Color-Key«-Material ist das gleiche wie bei der Schablonenkopie. Alle nicht abgedeckten Teile, d. h. die vom Licht getroffenen Stellen, härten durch, und hier bleibt die Schicht bei der Entwicklung des Films stehen. Um das für die Schablonenkopie notwendige Positiv zu erhalten, muß das Negativmaterial in ein Positiv umkopiert werden. Man erhält damit Film und Gegenfilm.

Eine direkt positiv arbeitende Methode für die Schablonenkopie gibt es zur Zeit mit diesem Material noch nicht. Das transparent positiv arbeitende Schwarz und andere Farben sind nicht kopierfähig. Zum Entwickeln reibt man die Folie ganz einfach

102 Kopiervorlage aus »Color-Key«-Film nach einem Foto; die Halbtöne sind in Strich umgesetzt

mit einer einzigen Flüssigkeit ab. Eine ausführliche Arbeitsanweisung für die Verarbeitung kann bei der Herstellerfirma kostenlos bezogen werden.

In folgendem unterscheidet sich die Kontaktkopie mit »Color-Key« von allen anderen Kopiermethoden: Es wird hier nicht Schicht auf Schicht gearbeitet, sondern Schichtträger der Vorlage (Film, Papier, »Color-Key« usw.) und Schichtträger der unbelichteten »Color-Key«-Folie müssen der UV-Lichtquelle zugewendet sein.

Mit dieser Methode ist es möglich, zuverlässige Dias zu erhalten, die von den verschiedensten Vorlagen (Zeichnungen mit Bleistift, Tusche, Filzstift, Kohle, Kreide, Rasterfolien, Drucken, Fotokopien, Fotos) ausgehen können. In der Kombination bei der Montage kann »Color-Key«-Film mit allen anderen Dias montiert werden, da sein Belichtungsspielraum sehr breit ist.

c) Stufenbelichtete Papierdiapositive für den Stufendruck

Halbtonwerte und weiche Übergänge sind beim Druck auch ohne Aufrasterung zu erreichen, wenn bei der Schablonenkopie von verschieden belichteten Papierdiapositiven ausgegangen wird. Als Material für die Stufenbelichtungen haben sich die »Copyline-Projections-Papiere« (von Agfa-Gevaert) gut bewährt. Das »P 90-Papier« in seiner normalen (»P 90«) und Halbtonausführung (»P 90 H«) wird wie sonstige Fotopapiere im Vergrößerungsgerät belichtet. Von einer Belichtungszeit ausgehend, die – ein normales Negativ vorausgesetzt – eine normale Vergrößerung ergibt, werden einzelne Stufen durch kürzere respektive längere Belichtungszeiten belichtet. Es ist darauf zu achten, daß der Vergrößerungsmaßstab für alle Stufenbelichtungen absolut gleich bleibt. Zweckmäßigerweise wird man mehr Positive herstellen, als bei der Schablonenkopie erforderlich sind. So hat man bei der endgültigen Festlegung, in wie vielen Stufen ein Blatt gedruckt werden soll, die Möglichkeit der Auswahl. Die »Copyline-P 90-Papiere« sind gut auf die direkte Kopierschicht zu belichten, können aber auch zusätzlich von der Rückseite mit Klarpausspray behandelt werden. Das »P 90 H«-Papier erlaubt durch einen größeren Belichtungsspielraum mit Über- oder Unterentwicklung zu manipulieren, um härtere oder weichere Tonwerte durch variable Entwicklungszeiten zu erreichen. Diese Kopiervorlagen haben in ihrer Herstellung und Verwendbarkeit eine Zwischenstellung zwischen den primär manuellen und den fotomechanisch hergestellten Dias.

3 Fotografisch hergestellte Kopiervorlagen (»Foto-Dias«)

Bei Verwendung gezeichneter, gemalter oder geklebter Kopiervorlagen, bei Direktdurchleuchtungen und Zwischenverfahren handelt es sich um mehr oder weniger manuelle Herstellungsvorgänge, für die keine spezielle Reproeinrichtung benötigt wird. Fotografisch hergestellte Kopiervorlagen dagegen werden auf fotografischem Wege unter Verwendung eines Reproduktionsgerätes (Reprokamera, Vergrößerungsgerät oder Kontaktkopiergerät) hergestellt.

Das Motiv wird dazu durch Belichtung auf ein transparentes Fotopapier oder besser auf speziellen Reprofilm (»Lithfilm« = lithografischer Kopierfilm) übertragen, der einfarbige und mehrfarbige Vorlagen als schwarzweißes Bild wiedergibt. Lithfilme bestehen aus einem transparenten Trägermaterial (Kunststofffolie, z. B. Triacetat oder Polyester) und der lichtempfindlichen Schicht (Emulsion).

Da für die Schablonenherstellung idealerweise nur Kopiervorlagen mit völlig gedeckten (schwarzen) oder völlig offenen (durchsichtigen) Partien verwendet werden sollten, sind Halbtonfilme (Filme mit weicher, normaler und mittelharter Gradation) weniger geeignet. Als Halbtonfilm bezeichnet man in der Fotografie jene Filmmaterialien, die in der Lage sind, zwischen reinem Weiß und reinem Schwarz möglichst viele Tonabstufungen oder Tonverläufe von Hell nach Dunkel (»Grautöne«, Halbtöne) wiederzugeben. Die *Gradation* ist ein Begriff für die Tonwertabstufung und das Kontrastwiedergabevermögen der Filmemulsion. Filme mit flacher Gradation (= »weiche« Emulsion) geben Tonverläufe sehr differenziert wieder. Filme mit steiler Gradation (= »harte« Emulsion) erhöhen die Kontraste und geben zum Teil nur Schwarz oder Weiß wieder.

Der Siebdrucker benötigt demnach für die saubere Schablonenkopie hart arbeitende, kontrastreiche Lithfilme mit ultrasteiler Gradation (z. B. »Kodalith Ortho Film Type 3« von Kodak, »Gevalith 081« oder »081 p« von Agfa, »Cronar Ortho S Litho Film« von Du Pont, »Lithoguil A–P 10« oder »T–P 10« von Guilleminot).

Bei den genannten Lithfilmen handelt es sich um *orthochromatische Filme* (Filme, die für alle Farben, außer für Rot empfindlich sind). Bei diesen Filmen ist darauf zu achten, daß eventuelle Rottöne in farbigen Vorlagen im Negativ weiß und im Positiv schwarz erscheinen. Zur Verarbeitung orthochromatischer Filme ist ein spezieller Lith-Entwickler notwendig. Zudem ist stets bei dunkelrotem Dunkelkammerlicht zu arbeiten. Orthochromatische Filme sind dann gut einsetzbar, wenn die Vorlage selbst schwarzweiß ist oder von mehrfarbigen Vorlagen bereits eine fotografische Schwarzweiß-Aufnahme (Halbton- oder Strich-Bild als Negativ oder Positiv, auf Papier oder Film) besteht, eventuelle Rottöne aus der Originalvorlage also bereits in »Grautöne« umgesetzt worden sind.

Spezielle mehrfarbige Reproduktionen (z. B. im Vierfarben-Rasterdruck) erfordern *panchromatische Filme* (Schwarzweiß-Filme, die für alle Farben empfindlich sind, alle Farbtöne in entsprechende Grautöne umsetzen) in Kombination mit Farbfiltern und einem Kontaktraster.

Für die verschiedenen Lithfilme können hier keine Verarbeitungshinweise gegeben werden. Es ist ratsam, sich von einem Fachmann beraten zu lassen und/oder ein Reprofachbuch zu Hilfe zu nehmen. Belichtungszeiten, notwendige Lichtquellen, Blendeneinstellung und Entwicklungszeiten sind den Verarbeitungsvorschriften und Datenblättern der Filmhersteller zu entnehmen.

Fotografisch hergestellte Dias sind sinnvoll einsetzbar zur Reproduktion (Wiedergabe) von:

- Besonders fein gezeichneten einfarbigen und mehrfarbigen Strichvorlagen (Vorlagen ohne Halbtöne), die nicht als Kopiervorlage direkt verwendet werden können (z. B. Feder- und Tuschezeichnungen auf starkem Papier)
- Vorlagen, deren Format für den Druck verändert (vergrößert oder verkleinert) werden muß

- Einfarbigen Halbtonvorlagen (Vorlagen, die nicht nur reines Schwarz oder Weiß, sondern Tonverläufe von Hell nach Dunkel, Grautöne enthalten, z. B. Schwarzweiß-Fotos oder Bleistift- und Kohlezeichnungen)
- Mehrfarbigen Halbtonvorlagen (Vorlagen mit Farbtonabstufungen bzw. Farbverläufen, z. B. Farbfotos oder farbig gemalte Vorlagen wie Aquarelle, Buntstift- und Kreidezeichnungen).

Nach der Wiedergabeart der Vorlage unterscheiden sich fotografisch hergestellte Dias noch einmal in »Strich-Dias« und »Raster-Dias«, und zwar jeweils für einfarbige und für mehrfarbige Drucke.

Das Arbeiten mit fotografisch hergestellten Kopiervorlagen bietet ein breites Spektrum bildnerischer Möglichkeiten. Hier wird die Absicht die Wahl des einzusetzenden Filmmaterials bestimmen, andererseits aber auch die fototechnische Ausrüstung Grenzen setzen. Ein unorthodoxes Experimentieren mit Filmmaterial, Kontaktrastern und Geräten kann zu Lösungen führen, die in ihrem Ergebnis vom reinen Reproduktionsvorgang wesentlich abweichen, ihn aufheben zugunsten einer künstlerischen Umgestaltung.

Hat man keine entsprechenden Geräte zur Verfügung, lassen sich Foto-Dias in einer Reproanstalt anfertigen. Dabei ist es wichtig, darauf hinzuweisen, daß es sich um Kopiervorlagen für den Siebdruck handelt. Es ist aber auch möglich, Halbton-, Strich- und Raster-Dias selbst herzustellen, wenn man eine Reprokamera, ein Vergrößerungsgerät und/oder ein Kontaktkopiergerät zur Verfügung hat.

a) Strich-Dias von Vorlagen ohne Halbtöne

Zur Wiedergabe von Vorlagen ohne Halbtöne (Strichvorlagen, wie z. B. Federzeichnungen, Schriften usw.) werden sogenannte »Strich-Dias« hergestellt, wobei es sich ebenso wie bei gezeichneten Kopiervorlagen auf Folie um ein positives Bild der Vorlage handelt, allerdings fotografisch wiedergegeben auf einem transparenten Film (Lithfilm). Zu diesem Positiv kommt man in der Regel durch ein vorher hergestelltes Negativ, das in ein Positiv umkopiert wird (Abb. 103).

103 Fotografisch hergestellte Strich-Dias (nach: Albrecht Dürer, Die Schule. 1510. Holzschnitt) für Vorlagen, die keine Grautöne, sondern nur reines Schwarz oder Weiß enthalten: a) Negativ – b) Positiv

b) Strich-Dias von Halbtonvorlagen (Fotografische Tontrennung durch Stufenbelichtung)

Zur Wiedergabe von ein- oder mehrfarbigen Halbtonvorlagen im Druck (z. B. von Fotos, farbigen Zeichnungen, Aquarellen u. a.) eignen sich neben der beschriebenen Direktdurchleuchtung (s. S. 197) mehrere Strich-Dias (durch fotografische Tontrennung hergestellt) oder aber Raster-Dias (s. S. 206 ff.)

Die in der Halbtonvorlage vielfältig enthaltenen Grau- oder Farbtöne (Tonwerte) wären im Siebdruck nicht druckbar. Deswegen zerlegt man diese vielen Grautöne in eine bestimmte Anzahl von Grau- oder Tonwertstufen. Man »trennt« die einzelnen Töne.

Aus der Halbtonvorlage (z. B. Kleinbild-Negativ, Schwarzweiß-Fotos, gemalte und gezeichnete Vorlage) werden durch unterschiedlich lange Belichtungszeiten bestimmte Tonwerte herausgezogen und einzeln auf hart arbeitendem Lithfilm kopiert (Abb. 104).

104 Fotografische Tontrennung: Die im Foto (a) enthaltenen Halbtöne wurden durch Stufenbelichtungen und mehrmaliges Umkopieren in verschiedene positive und negative Tonwertstufen zerlegt, die als Kopiervorlagen für einen Stufensiebdruck dienten: a) Ausgangspunkt: Halbtonvorlage Foto – b) 1. Stufenbelichtung auf Halbtonfilm (lange Belichtungszeit, dunkel, enthält noch mehrere Tonwerte) – c) 2. Stufenbelichtung auf Halbtonfilm (kürzere Belichtungszeit, heller, zeigt weniger Tonwerte, teilweise freigeschnitten) – d) 1. Tonwertstufe auf hart arbeitendem Lithfilm (Positiv-Form, keine Halbtöne mehr) – e) 2. Tonwertstufe auf Lithfilm (Negativ-Form, Himmel freigeschnitten) – f) 3. Tonwertstufe auf Lithfilm (Negativ-Form, Himmel)

Die entstandenen Strich-Dias stellen ein in seine einzelnen Tonwerte zerlegtes Bild dar, das beim Druck durch Übereinander- und Zusammendrucken der einzelnen Tonwertstufen wieder »zusammengefügt«, zum gedruckten Bild aufgebaut wird. Kombinationen mit geschnittenen Schablonen, Übermalungen und andere manuelle Weiterbearbeitungsmöglichkeiten der Strich-Dias eröffnen darüber hinaus zusätzliche Umgestaltungsmöglichkeiten der Vorlage entsprechend der künstlerischen Absicht (vgl. Farbabb. 5).

c) Raster-Dias

Da im Siebdruck normalerweise bei einem Druckvorgang nur volle Farbtöne gedruckt werden können, muß zur tonwertrichtigen Wiedergabe von Halbtönen mit einem »Trick« gearbeitet werden, dem Aufrastern. Die Halbtonvorlage wird in ein System einzelner Punkte verwandelt, »aufgerastert«. Dazu bedient man sich eines Reprogerätes und eines Glasgravur- oder Kontaktrasters.

Im Gegensatz zu fotografischen Strich-Dias ist die Halbtonvorlage nicht direkt auf den Lithfilm zu übertragen. Bei der fotografischen Aufnahme wird vielmehr zwischen Vorlage und Film ein Raster gebracht, der die Auflösung der Halbtöne in der Vorlage in einzelne Punkte (Rasterpunkte) auf dem Lithfilm bewirkt. Diese Punkte sind im Gegensatz zu Halbtönen drucktechnisch einwandfrei wiederzugeben.

Kontaktraster bestehen aus einem Film, auf dem in gleichmäßigen Abständen und in gleicher Größe Punkte aufgebracht sind, die von ihrer Mitte her zu ihrem Rand hin immer lichtdurchlässiger werden (Abb. 105). Die durch die jeweilige Belichtungsintensität und unterschiedliche Lichtrückstrahlung von der Vorlage bedingten unterschiedlichen *Punktgrößen* und *Punktdichten* entsprechen den Tonwerten der Vorlage. Schattenpartien (Dunkelwerte) ergeben im Dia und damit im Druck größere und dichter stehende Punkte als Lichter, helle Partien. Zwischen Lichter- und Schattenpartien entstehen viele Grautöne. Beim Druck sind alle Punkte gleich schwarz. Der Eindruck von Halbtönen wird durch die optische Täuschung des Auges hervorgerufen. Das Auge »mischt« aus einigem Abstand die unterschiedlich dichten und großen Punkte wieder zu Halbtönen mit

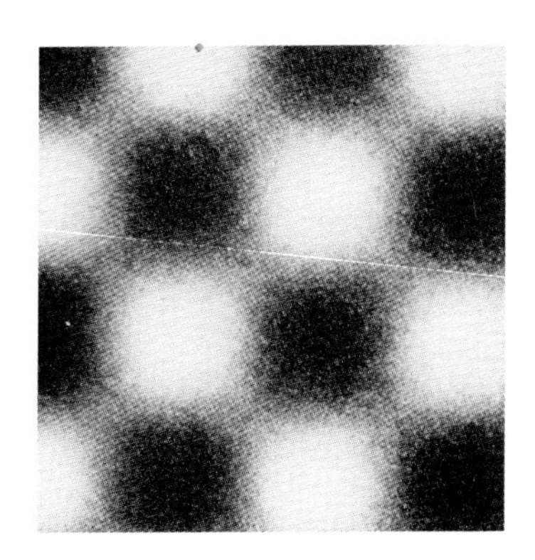

105 Stark vergrößerter Ausschnitt aus einem Kontaktraster: Die Punkte werden zu ihrem Rand hin immer lichtdurchlässiger

verschieden dichter Schwärzung. Wenn die schwarzen Punkte groß sind und eng zusammenstehen, nimmt das Auge die Fläche dunkler wahr, sind die Punkte kleiner und stehen sie weiter auseinander, sieht das Auge sie heller.

Die Wirkung einer aufgerasterten Halbtonvorlage im Druck wird durch die Rasterweite mitbestimmt. Die Rasterweite bezeichnet die Anzahl der auf dem Raster aufgetragenen Punkte auf 1 cm Länge. Rasterweiten gibt es von 15 bis 120 Punkten per cm. Je feiner ein Raster, desto schwieriger ist es für das Auge, die einzelnen Punkte zu erkennen, und desto feiner wirkt das Ineinanderlaufen der einzelnen Tonabstufungen (Abb. 106).

Es gibt Raster mit unterschiedlichen Strukturen: Punkt-, Linien-, Kreuz-, Kreis-, Korn- und Wellenlinienraster.

Für den Einfarbendruck verwendbare Effekt-Raster:

Für einfarbige Drucke im grafischen Siebdruck lassen sich verschiedene »Effekt-Raster« (Korn-, Linien-, Kreis-, Radier-, Kupferstich-Effekt-Raster u. a.; Abb. 107) einsetzen, um Vorlagen durch geometrische oder ungleichmäßige Strukturen »umzuformen«, ihnen eine neue bildnerische Wirkung zu geben. Auf eine tonwertrichtige Wiedergabe der Vorlage wird, im Gegensatz zu Rastern mit gebräuchlicher Punktstruktur, bei den Effekt-Rastern zugunsten eines härteren Kontrastes und einer grafischen Umsetzung verzichtet.

60er Raster

48er Raster

30er Raster

25er Raster

20er Raster

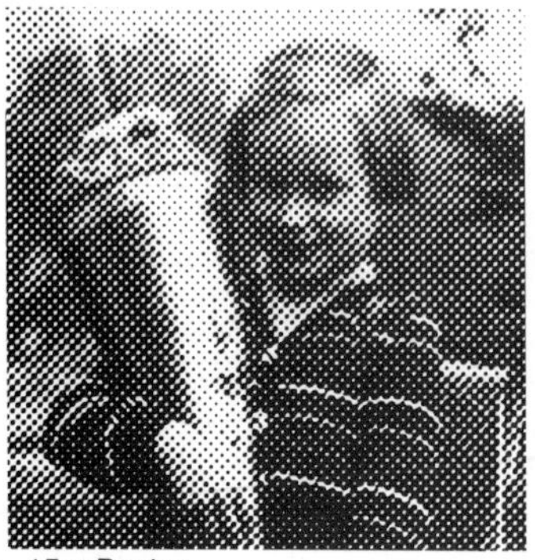
15er Raster

106 Rasterweiten von 15 Punkten per cm bis 60 Punkten per cm: Die Halbtonwirkung wird durch die Rasterweite beeinflußt

7 Grafische Umsetzung und Wirkung von Halbtonvorlagen durch »Effekt-Raster« (Policrom Spezial-Effekt-Raster): 1 Kreis-Raster – 2 Korn-Raster – 3 Linien-Raster (waagerecht) – 4 Kupferstich-Raster – 5 Linien-Raster (waagerecht, stark vergrößert) – 6 Wellenlinien-Raster – 7 Radier-Effekt-Raster

107/4

107/5 und 6

Für einfarbige Drucke mit weichen Tonwirkungen sind besonders *Korn-Raster* (Abb. 107/2) geeignet. Korn-Raster gibt es in verschiedenen Zeichnungen und Feinheiten. Durch ihre unregelmäßige Struktur läßt sich eine Moiré-Wirkung weitgehend ausschalten. Werden sie für mehrfarbige Arbeiten eingesetzt, ist keine Rasterwinkelung wie bei Punktrastern notwendig.

Ebenfalls für den Einfarbendruck, jedoch mit harter, technoider Wirkung ist der *Linien-Raster* (Wellen-, Kreis oder gerade Linien; Abb. 107/3, 5) verwendbar. Bei Halbton-Nega-

107/7

tiven oder -Positiven ergibt dieser Raster in den Schattenpartien sehr starke Linienverdickungen bis hin zur vollständigen Dekkung. Mittelwerte werden durch An- und Abschwellen der Linien gezeichnet. Das horizontal oder vertikal angeordnete Linienfeld unterstützt optisch diese Bewegungstendenzen im Druck. Beim Drucken von Feinstricharbeiten mit vielen horizontalen oder vertikalen Linien (z. B. bei Reproduktion von Radierungen) sollten diese Linien in einem Winkel von 15° zum Gewebeverlauf auf das Sieb gebracht werden.

Beim *Kreis-Raster* (Abb. 107/1) ist die Linienführung konzentrisch angeordnet und lenkt die optische Aufmerksamkeit zum Kreiszentrum. Das muß bei der Herstellung des Raster-Dias berücksichtigt werden. Inhaltliche und/oder formale Schwerpunkte sollten im Kreiszentrum liegen. Die Tonabstufungen dieses Rasters sind nicht sehr groß, der Übergang von Licht zu Schatten erfolgt abrupt.

Für den Ein- und Mehrfarbendruck verwendbare Punktraster:

Die genannten Effekt-Raster werden für bestimmte grafische Umformungen im Einfarbendruck eingesetzt. Für die *tonwertrichtige Wiedergabe* ein- und mehrfarbiger Halbtonvorlagen durch drucktechnisch einwandfreie Raster-Dias steht eine große Anzahl unterschiedlicher Punktraster zur Verfügung, die sich u. a. nach Fabrikat, Punktform, Rasterweite, Anwendungsbereich, Farbe und Winkel unterscheiden lassen. Der Wahl des geeigneten Rasters kommt für den jeweiligen Anwendungsbereich und das Druckergebnis eine große Bedeutung zu. Es gibt unzählige Rasterfabrikate auf dem Markt (u. a. von Agfa-Gevaert, Du Pont, EFHA-KOHINOOR, Klimsch, Kodak und Policrom), die hier im einzelnen nicht weiter behandelt werden können. Punktraster sind mit quadratischer, elliptischer und runder Punktform lieferbar (Abb. 108).

Punktanordnung und Punktform bestimmen das Kopierergebnis, welches durch die Filmentwicklung zusätzlich manipulierbar ist. Raster mit quadratischer Punktform zeigen bei etwa 50% Deckung eher eine quadratische Form. Elliptische und

108 Mögliche Punktrasterformen: a) quadratischer Punkt – b) elliptischer Punkt – c) runder Punkt

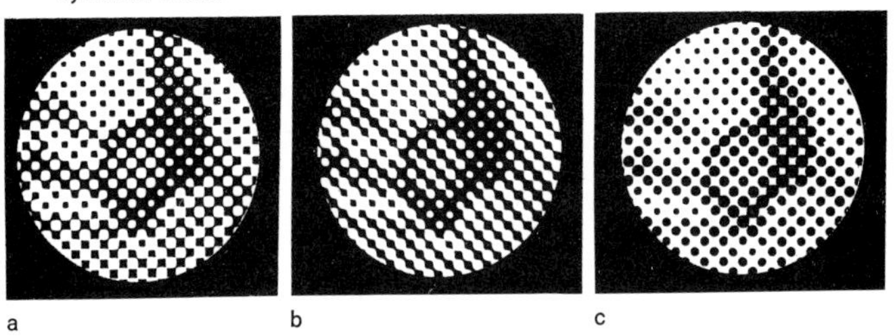

runde Punktformen dagegen verbinden sich eher bei 50% Deckung und zeigen weichere Übergänge der Tonwerte (Abb. 108 a, b).

Die Rasterweite darf für den Siebdruck nicht zu fein sein und muß in einem bestimmten Verhältnis zur Gewebefeinheit stehen. Die Gewebefeinheit (s. S. 38 f.) sollte etwa 4- bis 6mal größer sein als die verwendete Rasterweite, damit die einzelnen Rasterpunkte im Gewebe Halt finden. *Beispiel:* Ein 25iger Raster verlangt etwa ein Gewebe der Nr. 120.

Beim manuellen Siebdruck sollten allerhöchstens Rasterweiten von 25 bis 30 Punkten per cm (Abb. 106) und mit einer Deckung von 15% bis 85% benutzt werden, da sonst die Druckprobleme zu groß werden. Allerdings ist es beim maschinellen Siebdruck heute schon möglich, Raster mit einer Feinheit bis zu 48 Punkten, ja bis zu 60 Punkten per cm mit Qualität zu drukken (vgl. Farbabb. 7).

In der Typenbezeichnung der Kontaktraster ist angegeben, ob es sich um ein Positiv-Raster (P) oder um ein Negativ-Raster (N) handelt. *Positiv-Kontaktraster* sind zur Anfertigung von Raster-Positiven geeignet, wenn man beim Reproduzieren von Halbton-Negativen (Schwarzweiß- und Farbauszugsnegativen) ausgeht. *Negativ-Kontaktraster* dienen zur Herstellung von Raster-Negativen, wenn man beim Reproduzieren vom Original oder von Halbton-Positiven ausgeht. Kontaktraster sind grau oder magenta: *Grau-Raster* für farbige und schwarzweiße Vorlagen einsetzbar, *Magenta-Raster* nur für Schwarzweiß-Arbeiten gedacht.

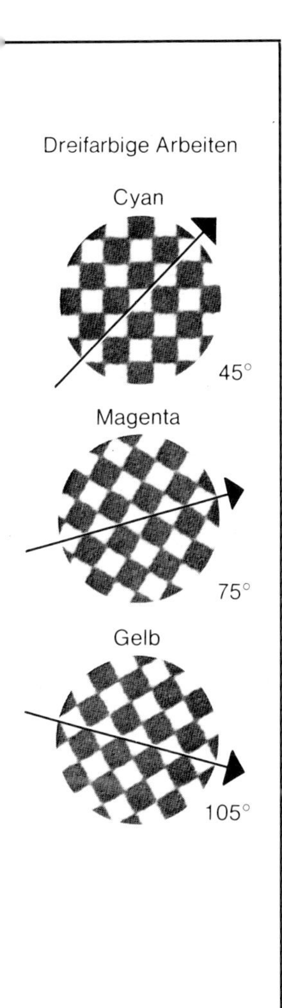

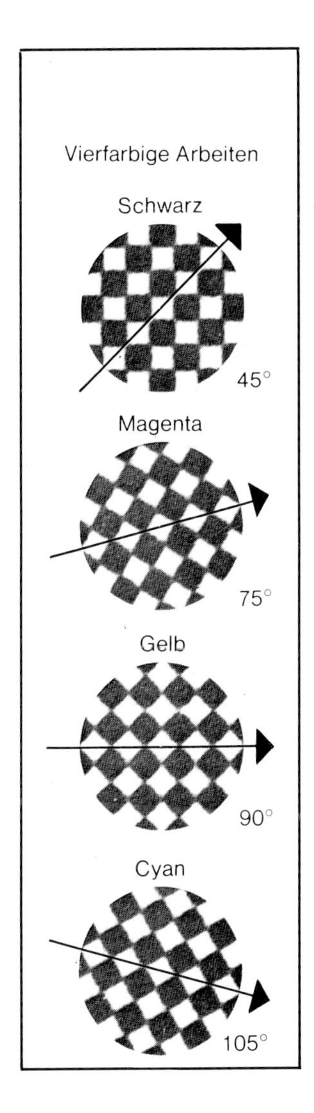

109 Rasterwinkelung beim Mehrfarbendruck

Die Rasterkopie für den Siebdruck ist insofern problematisch, als der Druckformträger, das Gewebe, keine glatte Oberfläche wie andere Druckformen hat, sondern selbst eine Art Rastersystem darstellt. Wenn jedoch zwei Rastersysteme, wie Gewebe und Raster-Dia, bei der Belichtung zusammentreffen, kann durch die Überlagerung der beiden Rasterstrukturen ein Moiré-Effekt (ein unruhiges, störendes Muster) entstehen. Dies kann beim Siebdruck weitgehend vermieden werden, indem entweder das Gewebe vorgewinkelt aufgespannt wird (der Fadenverlauf also nicht wie sonst parallel zur Rahmenkante verläuft) oder indem man auf dem Leuchttisch das Raster-Dia auf dem Sieb solange dreht, auswinkelt, bis die Moiré-Wirkung zwischen Gewebe- und Rasterstruktur verschwunden ist. Diese Position wird eingezeichnet, um das Raster-Dia in dieser Winkelung auf das Sieb zu kopieren. Bei *einfarbigen Rasterdrucken* ist das Moiré am besten bei einer Winkelung der Rasterpunktreihen von 22,5° zum Gewebeverlauf auszuschalten.

Der Moiré-Effekt entsteht auch dann, wenn bei *mehrfarbigen Rasterdrucken* verschiedene Farben übereinandergedruckt werden müssen und sich Punktüberlagerungen ergeben. Um im Druck ein Moiré zu vermeiden, muß bereits bei der Diaherstellung für jede einzelne Farbe ein anderer Rasterwinkel genommen werden.

Die Standardwinkelung für einfarbige Rasterarbeiten und für die jeweils dominierende Farbe im Mehrfarbendruck (z. B. Schwarz beim Vierfarbendruck oder Cyan beim Dreifarbendruck; Abb. 109) beträgt 45° zur horizontalen und vertikalen Bildachse. Bei diesem Winkel empfindet das Auge die Rasterstruktur am wenigsten störend.

Bei mehrfarbigen Rasterdrucken sollte die Winkelung dominanter (zeichnender) Farben wie Schwarz, Cyan (Blau) und Magenta (Rot) jeweils 30° auseinanderliegen. Es sind unterschiedliche Rasterwinkelungen möglich. Eine häufig verwendete Winkelung für den normalen Vierfarbendruck ist 90° für Gelb, 75° für Magenta, 105° für Cyan und 45° für Schwarz (Abb. 109). Statt bei den Rasteraufnahmen der einzelnen Farbauszüge den Kontaktraster jeweils für die verschiedenen Winkelungen zu drehen, können auch fertig vorgewinkelte Sätze benutzt werden. Kontaktraster sind teure Anschaffungen und wegen ihrer Empfindlichkeit sehr sorgfältig zu behandeln und aufzubewahren.

1 Ziel Nr. 1. Plakat. Vereinigte Flugtechnische Werke Fokker GmbH. 1971. Farbsiebdruck. Entwurf: Fritz Haase

a

b

c

d

e

f

2 Schülergruppenarbeit, Lehrer R. B. – Physikstunde (Farbabb. 3). Druckfolge: a) Fläche/Blau (Hintergrund) – b) Fläche/Gelb (Explosion) – c) Fläche/Rot (Explosion) – d) Text/Schwarz – Zusammendruck: e) zweifarbig (Blau, Gelb) – f) dreifarbig (Blau, Gelb, Rot)

Schülergruppenarbeit (9. Klasse, Hauptschule), Lehrer R. B. – Physikstunde (vgl. Farbabb. 2). 1972. Farbsiebdruck (Flächendruck)

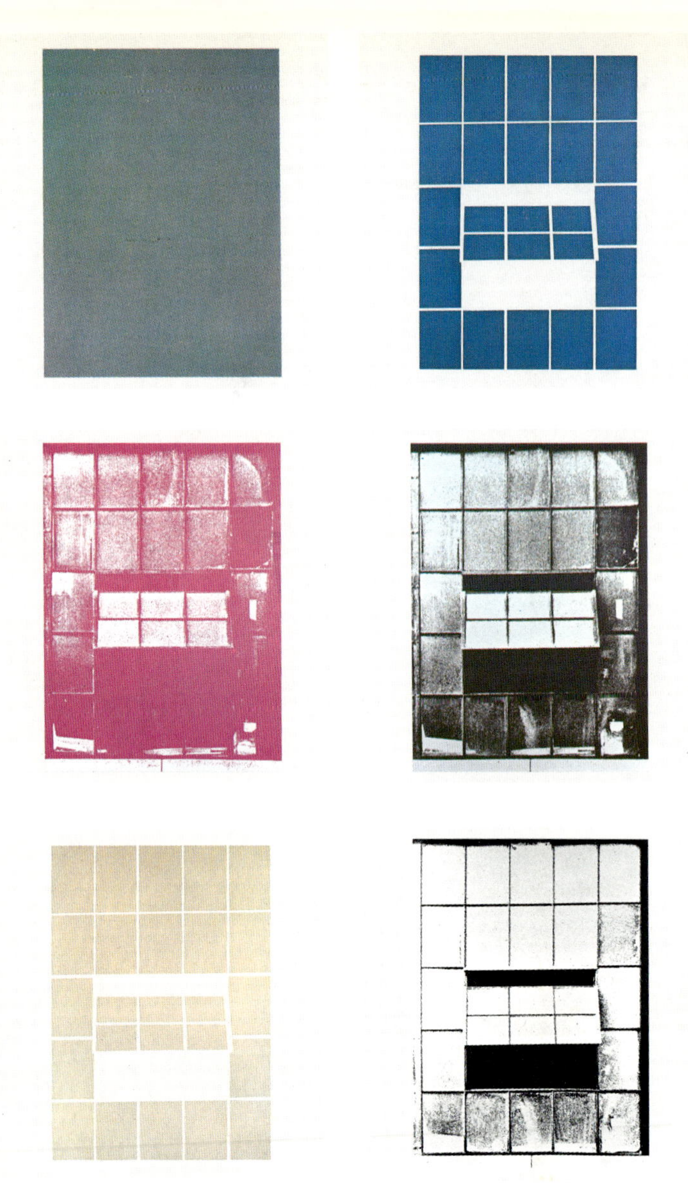

4 Gerd Winner, Fenster (vgl. Farbabb. 5). Druckfolge: a) Fläche/Grau – b) Glas/Blaugra hell (Fläche) – c) Fenster/Rotviolett, lasierend (1. Tonstufe) – d) Fenster/Graublau, dunk lasierend (2. Tonstufe) – e) Glas/Beige, transparent (Fläche) – f) Fenster/Blauschwa leicht lasierend (3. Tonstufe, Tiefe)

5 Gerd Winner, Fenster (vgl. Farbabb. 4). 1974/78. Farbsiebdruck (Stufendruck). Druck: Hajo Schulpius

GEORGE LEONG
191
LAUNDRY
a

b

GEORGE LEONG
191
LAUNDRY
c

GEORGE LEONG
191
LAUNDRY
d

GEORGE LEONG
191
LAUNDRY
e

f

Sonntag	Montag	Dienstag	Mittwoch	Donnerstag	Freitag	Samstag
	1	2	3	4	5	6
7	8	9	10	11	12	13
14	15	16	17	18	19	20
21	22	23	24	25	26	27
28	29	30	31			

März

7 Hans-Peter Haas druckt New York (vgl. Farbabb. 6). Siebdruck-Kalender. 1971. Foto: Thomas Lüttge. 13 Blätter im Vierfarben-Rastersiebdruck (48 Punkt) und Text

8 Hans-Peter Haas druckt New York (vgl. Farbabb. 7). Siebdruck-Kalender. Druckfolge: a) Schwarz – b) Gelb – c) Rot (Magenta, Purpur) – d) Blau (Cyan) – e) Zusammendruck: Schwarz, Gelb, Rot (a, b und c) – f Ausschnittvergrößerung (12fach). Beim Vierfarben-Rasterdruck setzt sich das Bild aus einzelnen Rasterpunkten der Farben Gelb, Rot, Blau und Schwarz zusammen, die im Zusammendruck die Vielfarbigkeit bewirken

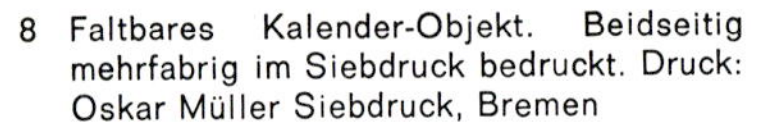

8 Faltbares Kalender-Objekt. Beidseitig mehrfabrig im Siebdruck bedruckt. Druck: Oskar Müller Siebdruck, Bremen

9 Auferstehung. Nach einer äthiopischen Miniatur, 14. Jh. Farbiger Siebdruck mit Email auf Stahl. Bei 820° C eingebrannt. Alape Studio. Druck: Hajo Schulpius

10 Anwendungsmöglichkeiten des Siebdruckverfahrens: Siebdruck bedruckt verschiedenartigste Materialien unterschiedlichster Formen und Oberflächen in fast jedem Format und jeder Auflage

11 Willi Baumeister, Amenophis. 1950. Farbiger Siebdruck. Druck: Domberger

12 Rupprecht Geiger. Komposition. 1956. Farbsiebdruck

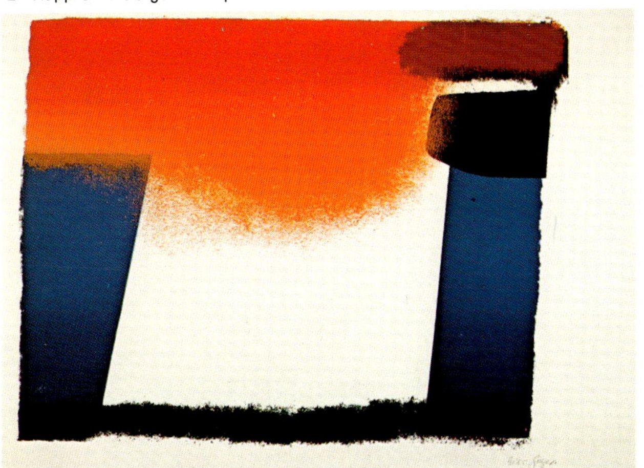

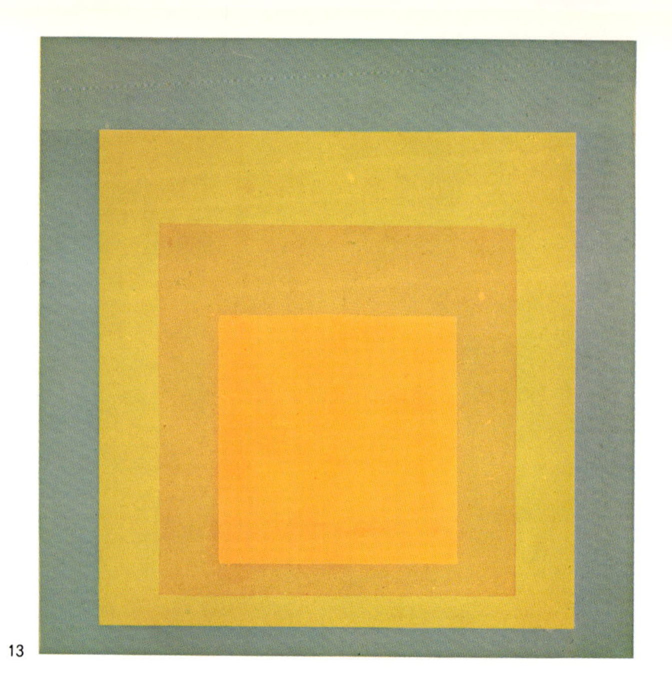

13

14

15 Max Bill, Ohne Titel. 1976. Farbiger Siebdruck. Druck: Domberger

13 Josef Albers, aus: Formen der Farbe. Portfolio. 1967. Farbiger Siebdruck. Druck: Domberger

14 Victor Vasarely, aus: CTA 102. Portfolio. 1966. Farbiger Siebdruck. Druck: Domberger

16 Herman Hebler, Komposition – 9. 1968. Farbserigrafie (Kontaktdruck). Eigendruck

18 Roy Lichtenstein, Modern Art Poster. 1967. Farbsiebdruck

19 Otto Piene, Rose oder Stern. 1964. Farbserigrafie

17 Miroslav Šutej, Schwarze Kugel. 1972. Mobile Serigrafie

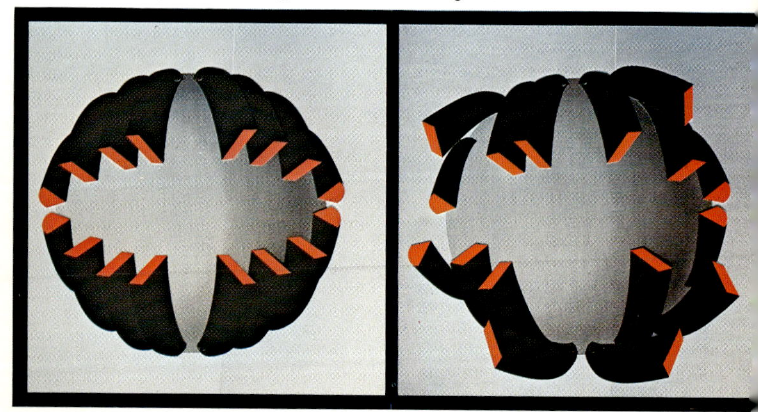

18

19

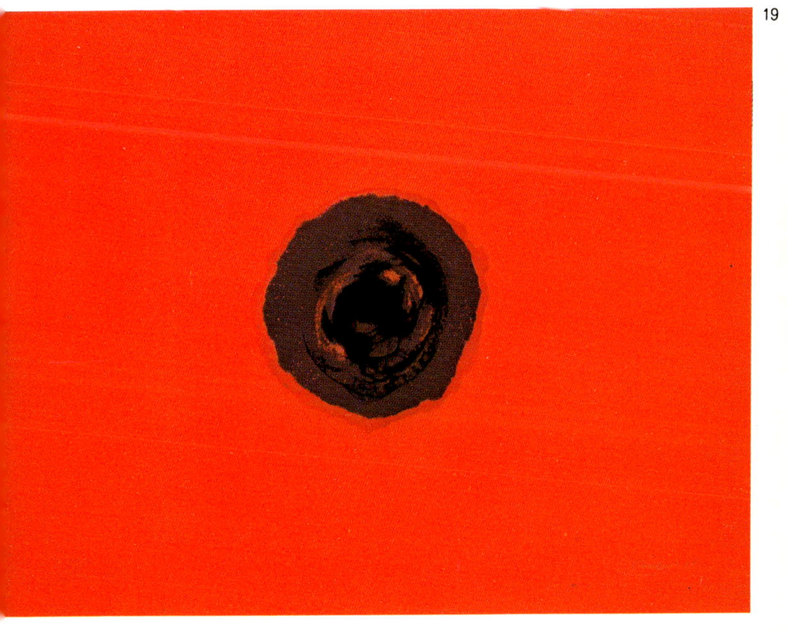

20 Richard Hamilton, I'm dreaming of a white Christmas. 1967. Farbserigrafie. Druck: Domberger

22 Andy Warhol, Mao Tse-Tung. 1972. 6 Blätter aus einer Serie von 10 Siebdrucken in verschiedenen Farben. Druck: Styria Studio ▷

21 Larry Rivers, Redcoats-Mist, aus: Boston Massacre. Mappe mit 12 farbigen Siebdrucken und Collagen. 1970. Druck: Chris Prater, Kelpra Studio

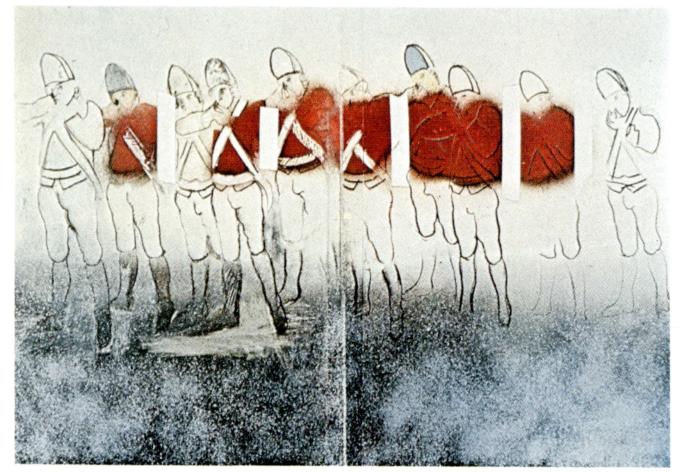

a

23 Dieter Roth, 6 Piccadillies. 1969/70. Blatt 3 (23 a) und 4 (23 b) aus einer Mappe m
6 doppelseitigen Drucken. Serigrafien in 1–24 Farben (über Vierfarben-Offsetdruck, fot
mechanische Reproduktion einer Ansichtskarte). Siebdruck: Hans-Peter Haas

b

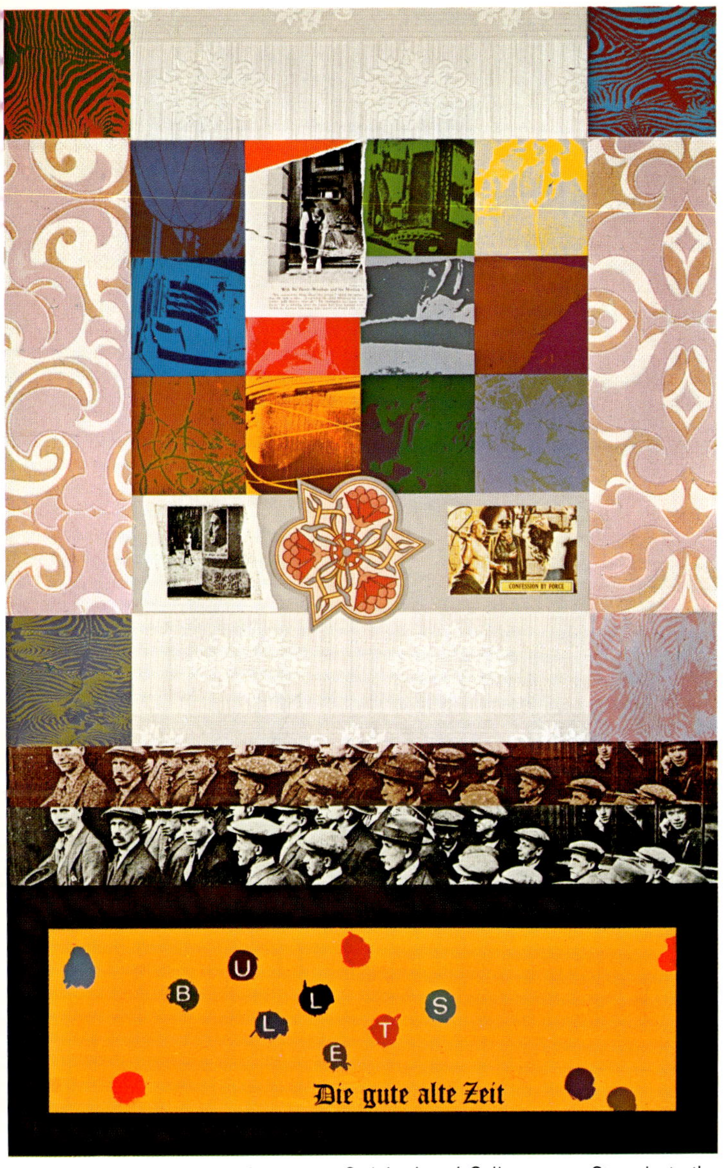

24 R. B. Kitaj, Die gute alte Zeit. 1968. Siebdruck und Collage, aus: Struggle in the West. Mappe mit 7 farbigen Siebdrucken. 1967/69. Druck: Chris Prater, Kelpra Studio

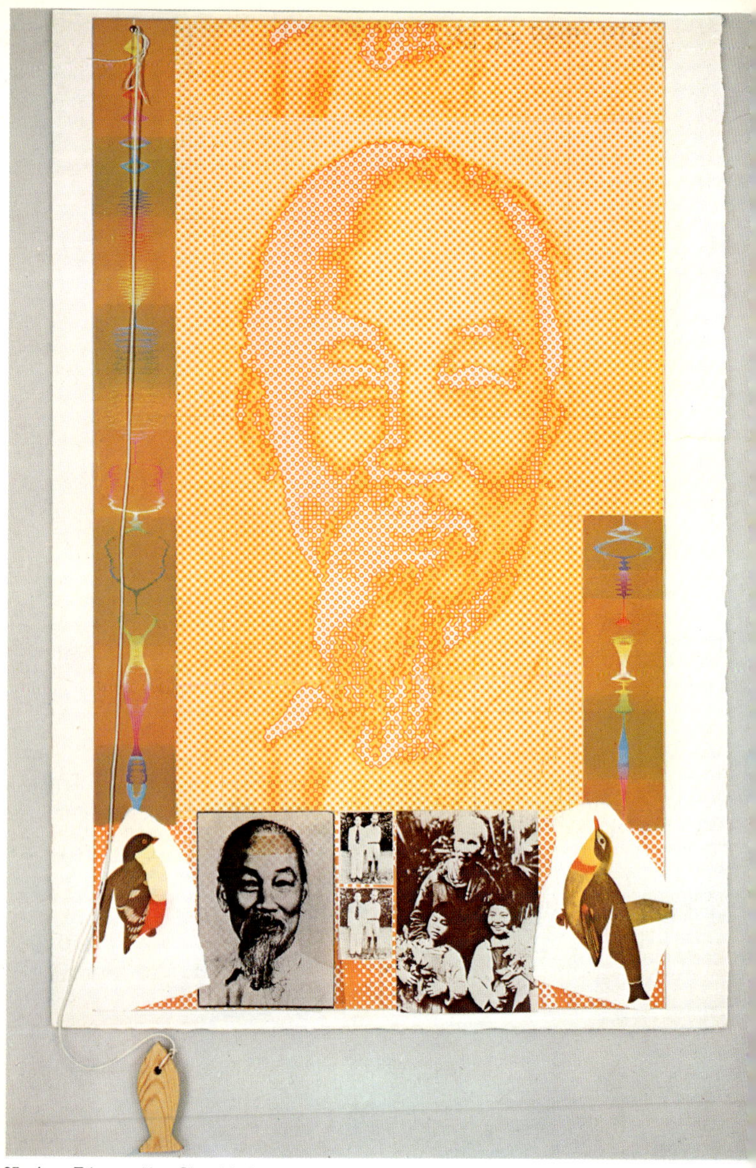

25 Joe Tilson, Ho Chi Minh. 1970. Farbiger Siebdruck/Collage/Holzfisch. Druck: Chri
Prater, Kelpra Studio

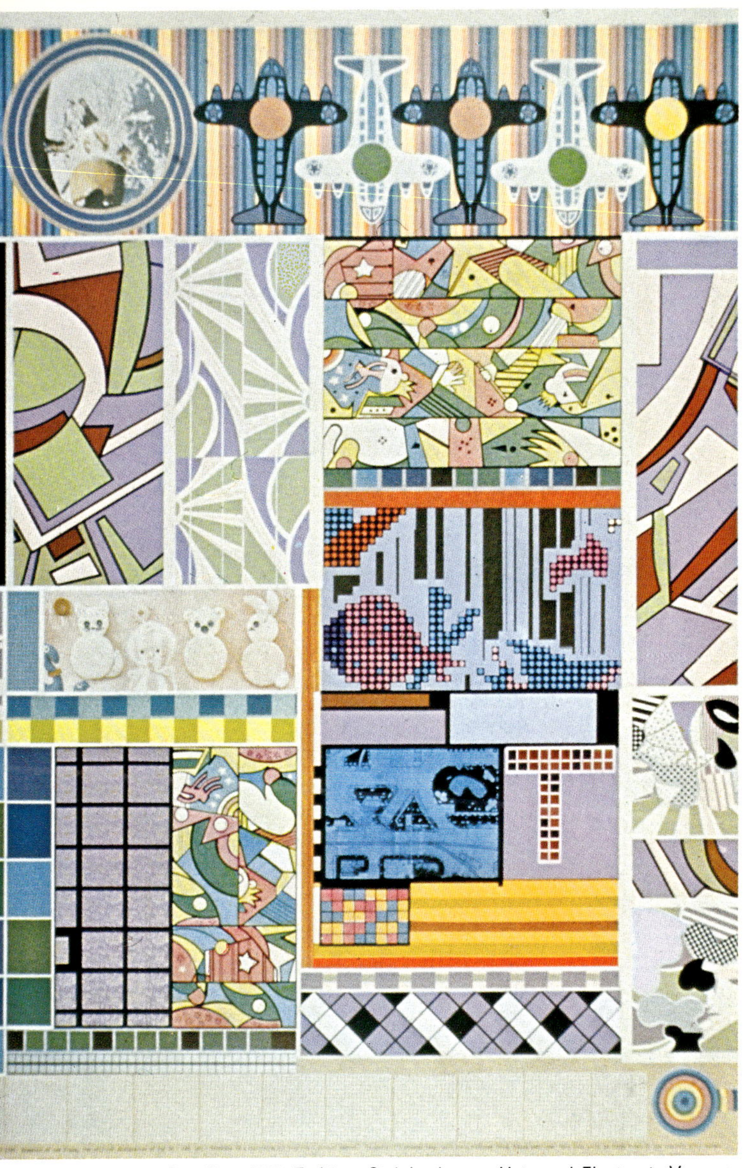

Eduardo Paolozzi, Sun City. 1967. Farbiger Siebdruck, aus: Universal Electronic Vacuum. Mappe mit 10 Blättern, 1 Poster und Text (jedes Blatt in anderer Farbzusammenstellung gedruckt). Druck: Chris Prater, Kelpra Studio

27

28

29 Richard Estes, Big Diamonds. 1978. Farbiger Siebdruck, aus: Urban Landscapes No. 2. Portfolio mit 8 Blättern. Druck: Domberger

27 Alain Jacquet, Déjeuner sur l'herbe. 1964. Zweiteiliger Vierfarben-Rastersiebdruck

28 Howard Kanovitz, The People. 1971. Siebdruck auf Plexiglas. Druck: Chris Prater, Kelpra Studio

30

31

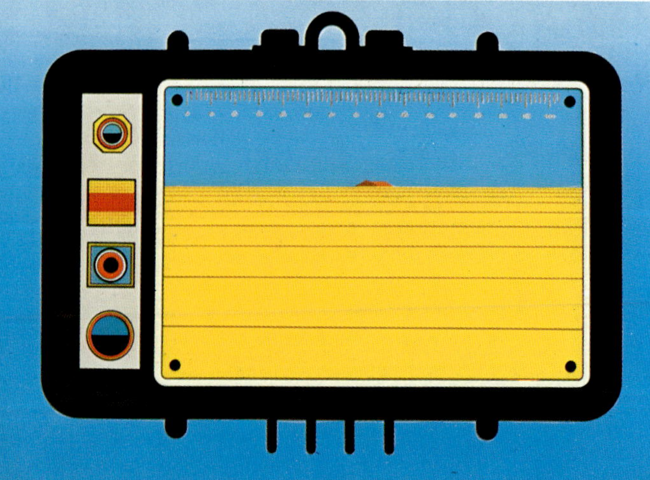

32 Wolfgang Troschke, Seelandschaft (S 1/76). 1976. Farbserigrafie. Eigendruck

30 Rudolf Hausner, Adam – Maßstäblich. 1973. Siebdruck in 52 Farben. Druck: Hans-Peter Haas

31 Werner Nöfer, Messko. 1970. Farbserigrafie. Druck: Boer

33 Patrick Caulfield, Glazed Earthenware. 1976. Farbsiebdruck. Druck: Chris Prater, Kelpra Studio

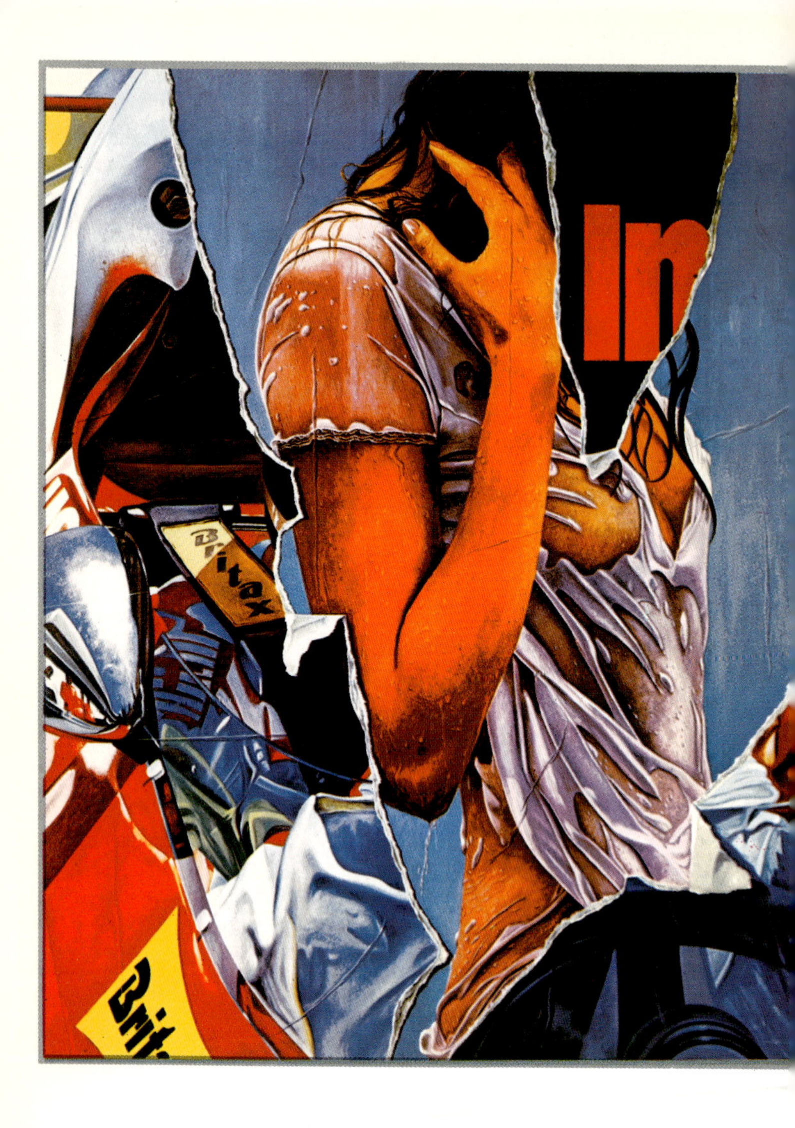

34 Fritz Köthe, In. 1974. Serigrafie in 20 Farben. Druck: Dietz Offizin

Falls kein Kontaktraster vorhanden ist, jedoch ein Raster-Dia angefertigt werden muß, kann dieses mit »Kodalith Autoscreen Orthofilm« (von Kodak) erreicht werden. In diesen Film ist bereits ein Raster von 54 Punkten per cm einbelichtet, der wie beim zwischengeschalteten Kontaktraster Halbtonwerte in Rasterpunkte umsetzt. Der Film ergibt, ausgehend von einem Halbton-Negativ, ein Raster-Dia-Positiv. Da jedoch eine Rasterweite von 54 Punkten per cm für den manuellen Siebdruck kaum verwendbar ist, muß durch Vergrößern des Raster-Dias und anschließendes Umkopieren eine druckbare Rasterweite hergestellt werden.

d) Rastermöglichkeiten mit Hilfe eines Kontaktrasters und verschiedener Reproduktionsgeräte

Das Aufrastern von Halbtonvorlagen ist eine komplizierte Reproduktionstechnik, ebenso wie die Technik des anschließenden Raster-Siebdrucks, vor allem des Vierfarbendrucks. Die Eigenherstellung von Raster-Dias wird sich in der Regel nur auf Dias für einfarbige Rasterdrucke beschränken. Sie ist nur möglich, wenn man über eine Reproduktionskamera (Abb. 110), ein Kontaktkopiergerät oder ein Vergrößerungsgerät und einen Kontaktraster verfügt. Alle genannten Geräte lassen sich natürlich auch ohne Zwischenschaltung eines Kontaktrasters zum Anfertigen von Strich-Dias einsetzen.

Rastern in der Reproduktionskamera:

Die Reprokamera (Horizontal- oder Vertikalkamera) ist mit Abstand das teuerste der drei genannten Geräte, bietet dafür aber die besten Voraussetzungen und beste Qualität für Raster-Dias.

Die Rasterung kann direkt von der planen Originalvorlage erfolgen. Zudem kann die Aufnahme innerhalb eines bestimmten Maßstabes auf das gewünschte Druckformat vergrößert oder verkleinert werden. Saugkassetten garantieren während der Aufnahme absoluten Kontakt zwischen Kontaktraster und Filmmaterial.

110 Reproduktionskamera »Student« (Sixt KG)

Arbeitsablauf (Abb. 111 a, b):

Die Halbtonvorlage (2) ist zuerst vor dem Objektiv (3) auf einem Vorlagenhalter anzubringen, dann ist eine entsprechende Größen- und Schärfeneinstellung an der Kamera vorzunehmen. Das Filmmaterial (5) wird mit der Schichtseite zum Objektiv (zum Licht) auf die Vakuum-Saugkassette gelegt. Darüber plaziert man den Kontaktraster (4) mit der matten Seite (Schichtseite) zum Film. Der Kontaktraster muß allseitig etwa 3 cm größer als das Filmformat sein, um vom Vakuum mit angesaugt zu werden. Mit einem Rollenquetscher entfernt man nach dem Ansaugen eventuelle Luftpolster zwischen Film und Raster, um Hohlkopien zu vermeiden. Nun schließt man die Kamerarückwand (6), und die zu rasternde Halbtonvorlage wird durch das Objektiv (3) und den zwischengeschalteten Kontaktraster (4) auf den dahinterliegenden Lithfilm (5) belichtet.

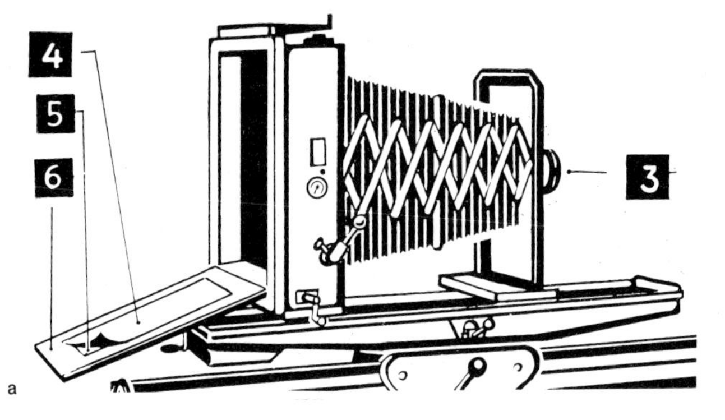

111 Rastern in der Reproduktionskamera: a) Ansicht b) Schnitt: 1 Lichtquelle – 2 Halbtonvorlage – 3 Objektiv – 4 Kontaktraster – 5 Filmmaterial – 6 Vakuumwand (Kamerarückwand)

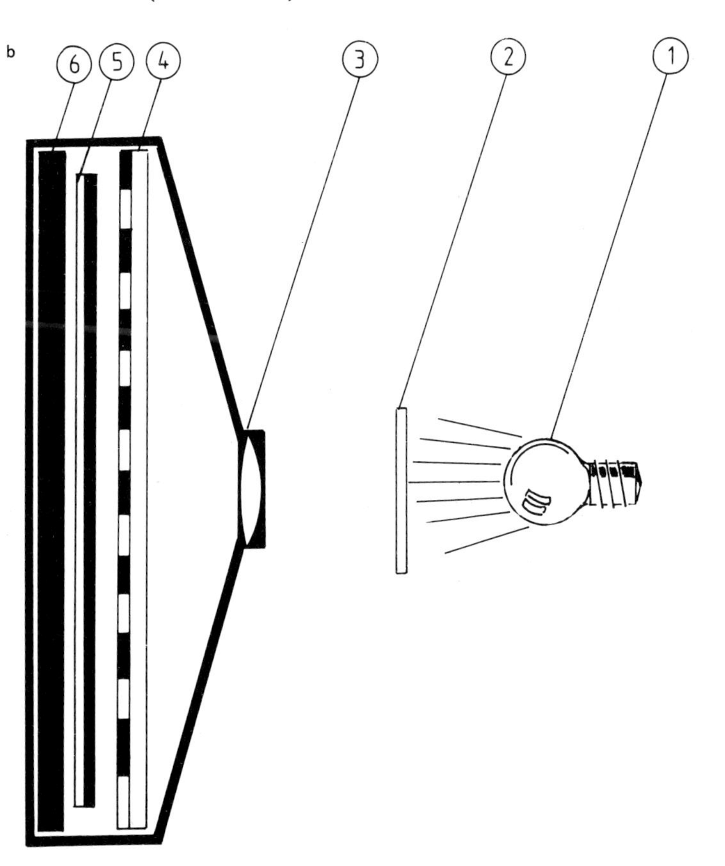

Rastern im Kontaktkopiergerät:

Kontaktkopiergeräte benutzt man in erster Linie zum Umkopieren von Strich- und Raster-Negativen und Positiven.

Die Rasterung auf dem Kontaktweg ist nur gegeben, wenn vom Original bereits negative oder positive Halbton-Dias (also transparente Vorlagen) vorliegen. Verkleinern oder Vergrößern wie in der Reprokamera ist hier nicht möglich. Statt Kontaktkopiergeräte können für diese Rasterweise auch Vakuum-Kopierrahmen (Abb. 86) in Kombination mit geeigneten Lichtquellen (Belichtung von oben) benutzt werden.

In der Regel erhält man bei diesem Kopiervorgang (»Reflexkopie«) stets ein »umgekehrtes« Bild: Geht man von einem Negativ aus, erhält man ein Positiv und umgekehrt. Es gibt aber auch Filmmaterial (Direktumkehrfilm), das eine direkte Kopie möglich macht. Das Umkopieren entfällt: Von einem Negativ erhält man sofort wieder ein Negativ und von einem Positiv ein Positiv. Direktumkehrfilme (z.B. »Autopositive«-Reprofilm von Kodak, »Cronar Contact Reversal W«-Film von Du Pont) sind in erster Linie zur Duplikatherstellung von Strich- und Raster-Dias gedacht.

Arbeitsablauf (Abb. 112a, b):

Zuerst wird das Halbton-Dia (3) mit der Schichtseite nach oben auf die Kopierscheibe (2) gelegt, darüber der Kontaktraster (4), ebenfalls mit der Schichtseite nach oben, und zuletzt der Lithfilm (5) mit der Schichtseite nach *unten* (zur Lichtquelle). Nach dem Schließen des Kopiergerätes und Einschalten des Vakuums wird durch die Gummidecke (6) engster Kontakt zwischen Halbton-Dia, Kontaktraster und Lithfilm hergestellt. Die Belichtung erfolgt von der Lichtquelle (1) durch die Kopierscheibe (2), das Halbton-Dia (3) und Kontaktraster (4) auf den Lithfilm (5).

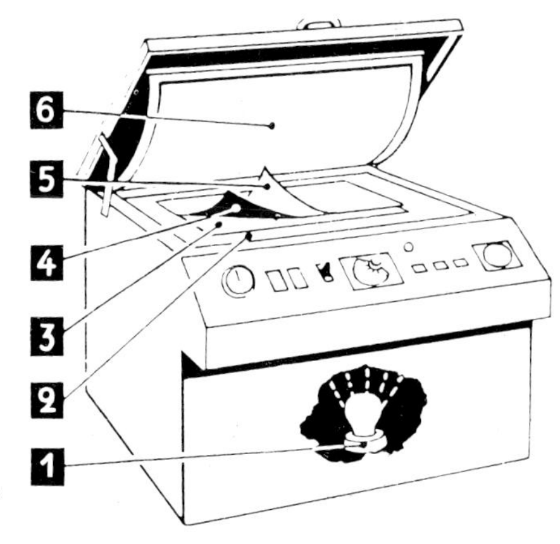

112 Rastern im Kontaktkopiergerät: a) Ansicht b) Schnitt: 1 Lichtquelle – 2 Kopierscheibe – 3 Halbton-Dia – 4 Kontaktraster – 5 Filmmaterial – 6 Gummidecke

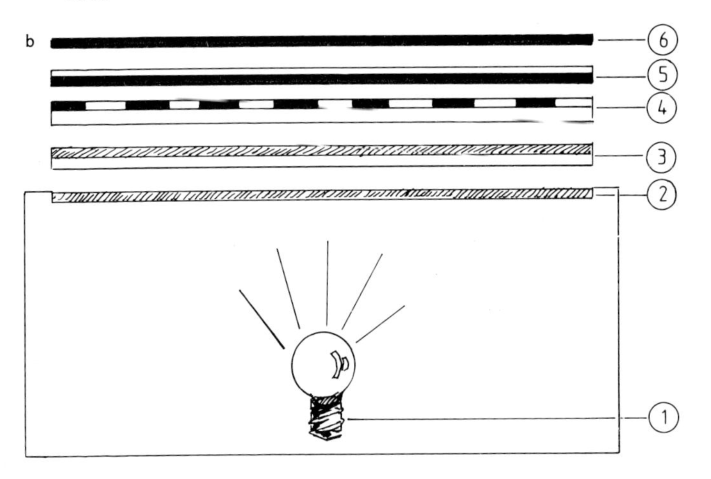

Rastern mit dem Vergrößerungsgerät:

In Schule und Hobby-Werkstatt gibt es meistens keine Reprokamera. Das Aufrastern in allen guten Vergrößerungsgeräten und besonderen Repro-Vergrößerern ist eine Alternative. Vorlage ist hier ein Halbton-Negativ, das durch Vergrößern sofort im richtigen Druckformat direkt auf den Lithfilm aufgerastert werden kann. Die Papiervergrößerung und dadurch verursachte Schärfeverluste fallen weg.

113 Rastern mit dem Vergrößerungsgerät: a) Ansicht b) Schnitt: 1 Lichtquelle – 2 Halbtonnegativ in der Bildbühne – 3 Objektiv – 3a Glasplatte – 4 Kontaktraster – 5 Lithfilm – 6 Grundplatte/Saugplatte

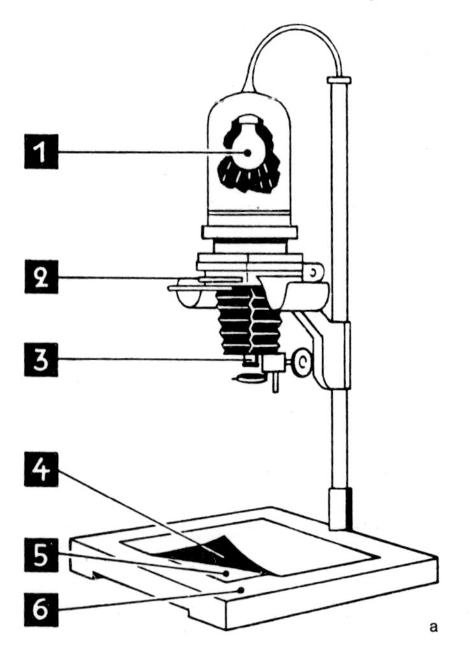

Arbeitsablauf (Abb. 113 a, b):

Das Halbton-Negativ (2) wird in die Bildbühne des Vergrößerers (2) eingelegt und die übliche Größen- und Schärfeneinstellung vorgenommen. Auf der Grundplatte oder Saugplatte (6) muß der Lithfilm (5) mit der Schichtseite nach oben (zur Lichtquelle) liegen, darüber kommt der Kontaktraster (4) mit der Schichtseite zum Lithfilm. Die Belichtung erfolgt von der Lichtquelle (1) durch das Halbton-Negativ (2), Objektiv (3), die eventuell aufgelegte Glasplatte (3a) und den Kontaktraster (4) auf den Lithfilm (5).

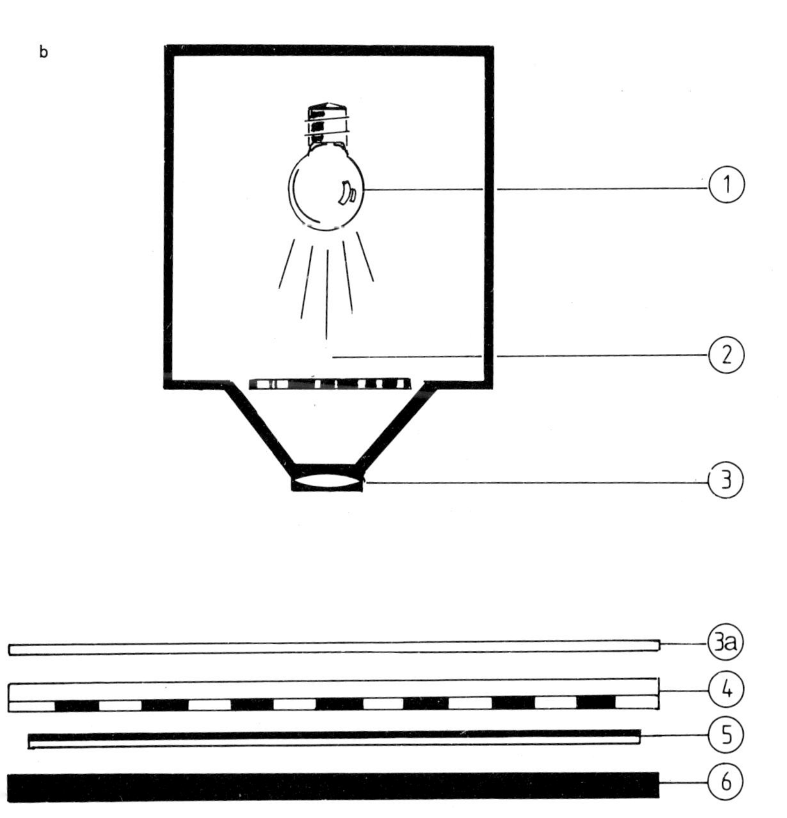

4 Filmmontage

Beim einfachen Bilddruck wird man ohne Filmmontage auskommen, indem man das Dia in der gewünschten Position auf das beschichtete Sieb kopiert. Kombinationen von Schrift und Bild bei Plakaten sowie die Kopie unterschiedlichen Filmmaterials in festgelegten Positionen auf das Sieb erfordern eine Filmmontage. Es gibt verschieden geartete Montagefolien für verschiedene Zwecke. Für die Herstellung eines Kopierfilms, bei dem eine Kombination Fotofilm/Zeichenfilm notwendig ist, kann eine einseitig matte Montagefolie verwendet werden. Auf ihr haftet die Abdeckfarbe besser als auf einer Folie, die beidseitig klar ist.

114 Montage- und Leuchttisch (Sixt KG)

Die Filme sollten mit Spezial-Schneidemessern geschnitten werden, die eine Drehklinge besitzen. Das Aufkleben einzelner Filmteile erfolgt mit einem Montagekleber (z. B. »Fixogum«), der – wenn einseitig bestrichen – ein späteres Ablösen und eine Weiterverwendung von Filmteilen erlaubt. Es ist auch möglich, während des Montierens Filmteile zu verschieben und in andere Positionen zu bringen. Zweckmäßigerweise wird die Montage auf einem Leuchttisch (Abb. 114) ausgeführt, um eine Kontrolle in der Durchsicht zu gewährleisten. Bei unterschiedlichem Ausgangsmaterial für eine kombinierte Montage muß man spätere Kopierzeiten und -feinheiten berücksichtigen.

Kürzer zu belichtende Partien können nach den entsprechenden Belichtungszeiten durch Auflegen von Maskierfilmen einfach abgedeckt werden. Beim Montieren der Filme ist darauf zu achten, daß alle Filme und evtl. eingebrachte Zeichnungen mit der Schichtseite nach oben liegen.

Werden für die Stufenkopie und den Stufendruck mehrere Kopierfilme benötigt, so ist es wichtig, die verschiedenen Filme auf dem Leuchttisch genau aufeinander zu passern und mit Passerkreuzen an drei Stellen zu versehen. Diese Passerkreuze werden mitkopiert und bei einigen Drucken beim Einrichten des Blattes mitgedruckt. Ist der genaue Stand des 2., 3. usf. Druckvorganges ermittelt, werden die Passerkreuzöffnungen auf dem Sieb von unten mit Klebeband abgeklebt. Der Auflagendruck für diesen Druckgang kann beginnen.

VI Gestaltungsmöglichkeiten verschiedener Siebdruck-Techniken

Die im folgenden beschriebenen Drucktechniken geben einige besondere Gestaltungsmöglichkeiten des Verfahrens wieder. Sie sind selbstverständlich auch untereinander kombinierbar oder müssen sogar, bedingt durch die Vorlage oder die Absicht, »gemischt« eingesetzt werden, um gezielt grafische, malerische, besondere farbliche Wirkungen oder Kontraste überhaupt erst zu erreichen. Auf die jeweils adäquate Vorlagen- und/oder Schablonenherstellung sei noch einmal besonders hingewiesen.

Flächendruck

Hierunter versteht man den vollflächigen Druck eines Farbtones ohne linienhafte, strukturierte Formelemente und ohne Halbtöne. Die vollen Farbflächen können bei mehrfarbigen Drucken nebeneinander liegen (vgl. Farbabb. 1–3) oder aber auch zum Teil übereinander gedruckt werden. Typisches Merkmal rein flächiger Siebdrucke sind scharfkantige, hart voneinander abgesetzte, in der Farbe gleichmäßige Flächen, wobei intensive Farbwirkungen wie in keinem anderen druckgrafischen Medium möglich sind.

Zur Herstellung solcher scharfkantigen Flächendrucke ist die geschnittene Schablone besonders geeignet. Vor allem die Künstler der Op- und Pop-Art, des Hard-Edge und des Konstruktivismus haben die siebdrucktechnischen Möglichkeiten absoluter Flächigkeit und größter Farbigkeit zu nutzen gewußt (vgl. Farbabb. 13–15, 33). Neben deckenden Farben lassen sich aber auch Lasurfarben und Kombinationen dieser Farben einsetzen.

Stufendruck

Stufendrucke lassen sich zur Wiedergabe von Motiven mit Halbtönen benutzen, wenn man ohne Raster (s. S. 200 f.) arbeiten will. Der Aufbau des Bildes erfolgt »stufenweise«, indem einzelne Farben entsprechend einzelner Tonstufen der Vorlage über- und/ oder nebeneinander gedruckt werden, so daß sich im fertigen, »zusammengefügten« Druck die Wirkung von Halbtönen ergibt.

Bei der Schablonierung kann man von Foto-Dias ausgehen, die durch fotografische Tontrennung entstanden sind und einzelnen Tonstufen der Halbtonvorlage entsprechen (vgl. Abb. 104). Es lassen sich aber auch Halbton-Dias, Originale und leichte Fotopapiere durch Stufenbelichtung fotomechanisch direkt auf das Sieb übertragen, sofern sie für eine Durchleuchtung im Kontakt geeignet sind (s. S. 197). Durch unterschiedlich lange Belichtungszeiten bei der Schablonenkopie werden einzelne Tonstufen aus der Vorlage ausgezogen und ergeben entsprechend unterschiedliche Schablonen, die wieder in einer der Tonstufe entsprechenden oder gewünschten Farbe gedruckt werden (vgl. Farbabb. 4).

In erster Linie benutzt man für den Stufendruck Lasurfarben, wodurch die Halbtonwirkung beim Übereinanderdrucken verfeinert werden kann, da sich weitere Farbtöne (Misch- oder Zwischentöne) ergeben. Deckende Farben oder Kombinationen mit Lasurfarben sind eine mögliche Variante. Die richtige Farbabstufung verlangt Erfahrung. In der Regel ist stets von der hellsten oder schwächsten zur dunkelsten oder kräftigsten Farbe zu drucken.

Statt der Foto-Dias sind aber auch gezeichnete und geschnittene Kopiervorlagen oder Schablonen zu verwenden, die man manuell nach der Halbtonvorlage herstellt. Ein gutes Beispiel bietet der Siebdruck »Big Diamonds« von Richard Estes (Farbabb. 29). Abgesehen von einigen Reflexen am Boden sind die Kopiervorlagen nicht fotografisch hergestellt, sondern für jede einzelne Farbe von Hand »ausgezogen«, nach der Halbtonvorlage in Maskierfilm geschnitten worden. Eigentlich handelt es sich also um einen reinen »Flächendruck«.

Die Farben sind vollflächig und scharfkantig nebeneinander und übereinander gedruckt und ergeben erst im Zusammendruck durch überlegte und gekonnte Abstimmung und Abstufung der einzelnen Farben untereinander eine fast fotografische Wirkung mit Halbtönen.

Wieder andere gestalterische Möglichkeiten ergeben sich durch den kombinierten Einsatz manuell geschnittener und durch fotografische Tontrennung hergestellter Kopiervorlagen, wie es Gerd Winner in seinem Druck »Fenster« (Farbabb. 5) demonstriert.

Rasterdruck

Rasterdrucke dienen zur Wiedergabe von Halbtönen. Grundsätzlich lassen sich einfarbige und mehrfarbige Rasterdrucke unterscheiden. Als Kopiervorlagen werden Raster-Dias (s. S. 206 f.) benutzt. Bei einfarbigen Rasterdrucken werden die Halbtöne der Vorlage auf ein Dia aufgerastert und in *einer* Farbe im Druck wiedergegeben. Einfarbige Drucke mit grobem Raster sind zwar noch mit normaler Papiermattfarbe unter Zugabe von Transparentmittel zu drucken. Doch bei feineren Rastern und vor allem beim Mehrfarbendruck sind nur spezielle Rasterfarben zu benutzen, die so eingestellt sind, daß sie nach dem Druck nicht verlaufen und jeden Punkt randscharf wiedergeben. Die

Rasterweite darf für den Siebdruck nicht zu fein sein (s. S. 207, 214). Die Grenze für den manuellen Siebdruck liegt bei etwa 30 Punkten per cm.

Mehrfarben-Rasterdrucke dienen zur farbtonrichtigen Wiedergabe farbiger Halbtonvorlagen. Ein Dreifarbendruck baut sich auf den Grundfarben Gelb, Rot (Magenta, Purpur) und Blau (Cyan) auf. Beim Vierfarbendruck kommt noch Schwarz hinzu, um im Zusammendruck eine größere Tiefenwirkung zu erzielen.

Für jede der Farben ist ein extra Raster-Dia und eine entsprechende Schablone notwendig. Dazu muß man die vielfarbige Halbtonvorlage mit Hilfe von Farbfiltern in der Reproduktionskamera in die drei Grundfarben »zerlegen«. Diese so erhaltenen »Farbauszüge« auf Halbtonfilm werden gerastert auf hart arbeitenden Lithfilm übertragen und dienen als Kopiervorlage beim Mehrfarben-Rasterdruck. Der Zusammendruck der drei oder vier Grundfarben ergibt für den Betrachter Mischfarben entsprechend der farbigen Halbtonvorlage. Durch Vergrößern oder mit Hilfe einer Lupe läßt sich beim Mehrfarbendruck kontrollieren, daß die vielfarbig wirkenden Bilder tatsächlich nur aus drei oder vier Farben bestehen (vgl. Farbabb. 6 f).

Der *Vierfarben-Rastersiebdruck* (Farbabb. 7), gedruckt von Hans Peter Haas, zeigt die adäquate Umsetzung eines Farbfotos von Thomas Lüttge in einer dem Siebdruck eigenen Farbbrillanz, wie sie kaum in einem anderen Druckverfahren möglich zu sein scheint.

Während bei anderen Drucktechniken im Rasterdruck Schwarz in der Regel zuletzt gedruckt wird, druckt Haas in der Farbreihenfolge Schwarz, Gelb, Rot, Blau (Farbabb. 6), d. h. er steuert die Tiefenwirkung durch das Blau, so daß der Druck weniger »geschwärzt« wirkt. Die Leuchtkraft der Siebdruckfarben bleibt »ungetrübt« erhalten.

Auf die notwendige Winkelung der Raster-Farbauszüge untereinander, die Winkelung der Raster-Dias zum Gewebeverlauf zur Vermeidung der Moirébildung, die im Siebdruck möglichen Rasterweiten und spezielle Rasterfarben ist bereits eingegangen worden.

Das Herstellen der Schablonen erfordert größte Sorgfalt und Genauigkeit. Zum Kopieren sollten unter allen Umständen nur Punktlichtlampen eingesetzt werden. Benötigt werden monofile, der Rasterweite entsprechend feine Polyester-Gewebe. Alle

Metallrahmen müssen gleich groß und mit dem gleichen Gewebe fadengerade, gleichmäßig und fest bespannt sein. Die Rakel muß eine Härte von etwa 70 Shore haben, einwandfrei geschliffen sein und beim manuellen Druck möglichst unter gleichmäßigem Anpreßdruck und Anstellwinkel (ca. 75°) geführt werden. Die Rasterfarbe ist möglichst »kurz« einzustellen (evtl. Zugabe von Rasterpaste). Die Absprunghöhe darf nur wenige Millimeter betragen, damit der Gewebeverzug möglichst gering ist. Rasterdruck verlangt erste Versuche mit grobem Raster (z. B. 20 Punkte per cm), bevor man sich an schwierige Mehrfarbendrucke wagt.

Irisdruck

Um stufenlose Tonverläufe innerhalb einer Fläche zu erreichen, ist der Irisdruck geeignet. Es ist möglich, eine Brechung – z. B. von Rot nach Gelb oder innerhalb einer Farbe von Hell nach Dunkel oder Verläufe mehrerer Farben – in *einem* Druckvorgang zu erreichen. Dazu bringt man die ausgewählten Farben zusammen auf das Sieb und verdruckt sie gleichzeitig in einer Schablone. Beim Druckvorgang laufen die einzelnen Farben ineinander und zeigen nach einigen Andrucken gleichmäßige Tonverläufe.

Bei Tonverläufen innerhalb einer Farbe von Hell nach Dunkel (z. B. von Hell- nach Dunkelblau) sind die einzelnen Farben entweder nebeneinander auf das Sieb zu geben, so daß sie sich beim Druck nach und nach an den Berührungsstellen vermischen, oder aber man gibt zwei Farbsträhnen hintereinander angeordnet auf das Sieb, wobei die hellere Farbsträhne gleichmäßig dick sein sollte. Die davorliegende dunklere Farbsträhne muß zu der Seite, die im Druck heller erscheinen soll, kontinuierlich dünner werden. Durch vorsichtiges Vermischen mit einem Spachtel oder nach einigen Makulaturdrucken ergibt sich im Druckbild nach und nach ein gleichmäßiger Verlauf von Hell nach Dunkel, der sich allerdings beim Auflagendruck durch ständiges Weitervermischen leicht verändern kann. Die Iris-Wirkung ist in der Auflage nicht ganz zuverlässig und nicht exakt wiederholbar.

Geeignet sind Tonverläufe u. a. zur Erzielung tiefenräumlicher Wirkungen, wie bei der Darstellung von »Himmel« oder »Wasser« (vgl. Farbabb. 31; Abb. 78 a).

Simultandruck
(Zwei- oder Mehrfarbendruck in einem Arbeitsgang)

Motive, bei denen einzelne Farben genügend weit auseinanderstehen (z. B. bei Schriften), lassen sich in einem Druckvorgang mehrfarbig drucken, wenn man die Rakel und die Druckform entsprechend den Farben aufteilt (Abb. 115). Auf dem Sieb wird zwischen die einzelnen Farben ein Steg aus Pappe eingefügt, mit einem Zweikomponenten-Kleber abgedichtet und in das Rakelblatt an entsprechender Stelle ein genügend breiter Einschnitt gesägt.

115 Durch einen Steg unterteiltes Sieb und Rakel mit Einschnitt für den Simultandruck zweier Farben

Transparentdruck

Sollen Farben sehr lasierend verdruckt werden, ist es notwendig, deckenden Farben Kristallpaste oder Transparentmittel beizumischen oder eine spezielle Lasurfarbe zu benutzen.

Transparente Flächen sind oftmals schwierig gleichmäßig zu drucken. Die Rakel soll hart und scharfkantig, das Gewebe nicht zu grob (ab Nr. 70 aufwärts) sein. Gleichmäßig verlaufende Flächen erreicht man durch hartes Rakeln. Besonders im Stufendruck werden transparente Farben verwendet, um neben vollen Farbwerten lasierende Werte einsetzen zu können. In der Schwarzweiß-Grafik (im Hell-Dunkel-Bereich) ist beim Siebdruck ohne transparente Farben nicht auszukommen. Durch Brechung der Farbe von Hell nach Dunkel, durch Hinzunahme von Schwarz werden Nuancen erzeugt, die mit anderen Mitteln nicht zu erreichen sind.

Für besondere Druckaufgaben stehen Bronzepasten in Gold-, Silber- und Kupfertönen zur Verfügung. Die Pasten werden in Büchsen (angeteigt) geliefert und müssen vor dem Druck mit Bronzefirnis oder Firnis gebunden und druckfertig eingestellt werden. Bronzen sind mit bestimmten Farbsorten mischbar, aber in diesem Fall muß die Farbe während der Druckarbeit immer wieder gut durchgerührt werden, da die Bronzepigmente sehr schwer sind und in einer Mischfarbe absinken. Eine Buntfarbe kann statt mit Weiß ebenso mit Silberbronze aufgehellt werden. Der Farbcharakter der aufgehellten Farbe ist weniger »kalkig« als dies bei Weißzugabe der Fall ist.

Hans D. Voss stellte 1962–65 Bronzedrucke im Rasterreliefdruck her, für die fast ausschließlich Bronzen, Schwarz und einige Druckhilfsmittel, selten einmal eine Buntfarbe verwendet wurden. Sie zeigen, welche Möglichkeiten der Nuancierung, der plastischen Gestaltung usw. allein mit dem Mittel »Bronze« zu erreichen sind (Abb. 145).

VII Allgemeine Hinweise zur Einrichtung einer Siebdruck-Werkstatt

Die Einrichtung einer Werkstatt für den manuellen Siebdruck ist weitgehend von den örtlichen Verhältnissen, den finanziellen Möglichkeiten, dem geplanten Einsatzbereich und in der Schule auch von pädagogischen Intentionen abhängig.

Was ist bei der Einrichtung zu beachten?

- Es sollte grundsätzlich ein Spezialraum als Druckerei eingerichtet werden
- Der Raum darf nicht zu eng sein (ca. 15–20 m^3 Luftraum pro Person)
- Praktische Unterbringung der Geräte und Hilfsmittel ist oberstes Gebot

- Aus Gesundheits- und Sicherheitsgründen ist für gute Belüftung zu sorgen. Innenräume ohne Fenster sind nicht geeignet; evtl. sollten Abzugseinrichtungen oder Entlüftungsaggregate eingebaut werden, um eine zu hohe Anreicherung von Lösungsmitteldämpfen zu vermeiden
- Möglichst helle Lichtquellen an allen Arbeitsplätzen (Tageslicht oder ausreichendes Kunstlicht) sind unerläßlich
- Der Fußboden muß trittsicher, unempfindlich gegen Lösungsmittel und leicht zu reinigen sein
- Gleichbleibende Klimatisierung (ca. 15–22° C) ermöglicht konstante Arbeitsbedingungen für Schablonenherstellung und Druck
- Feuergefährliche Lösungsmittel sind unter Verschluß zu lagern
- Türen sollten immer in Richtung des Fluchtweges zu öffnen sein
- Ein »Feuchtraum« mit fließend Kalt- und Warmwasseranschluß, einer Wanne oder einem Becken ist für Siebreinigung und fotomechanische Schablonenentwicklung nötig
- Trockeneinrichtungen für die Siebe (Trockenschrank, Ventilator oder Fön) sind zweckmäßig
- Trockenvorrichtungen für den Bedruckstoff sollten sich in unmittelbarer Nähe des Druckplatzes befinden und beweglich sein
- Es sind genügend elektrische Anschlüsse vorzusehen; Absicherung und Installation müssen den VDE-Bestimmungen entsprechen
- Das Herstellen fotomechanischer Schablonen verlangt einen Raum, der abzudunkeln ist
- Die Entwurfsgestaltung sollte getrennt von den Druckplätzen, falls möglich in einem anderen Raum, durchgeführt werden können. Zeichen-, Leucht- und/oder Montagetische sind zweckmäßige Hilfsmittel
- Evtl. ist eine Projektionswand (weiß gestrichen) für Entwurfs- und Vergrößerungsarbeiten freizuhalten
- Entwürfe, Dias, fertige Drucke und Zeichenpapier sind in einem Zeichenschrank zu lagern
- Man sollte möglichst viele Ablageflächen für Hilfsmittel schaffen (z. B. raumsparende Wandregale)
- Eine Papierschneidemaschine erleichtert die Weiterverarbeitung der Drucke
- Rauchen ist strengstens verboten!

Der Siebdruck in der Praxis

I Siebdruck in Gewerbe und Industrie

Obwohl der Siebdruck erst seit etwa 50 Jahren kommerziell genutzt wird, ist die gegenwärtige Entwicklung im gewerblichen und industriellen Bereich durch eine andauernde und immer stärker werdende Technisierung und Automatisierung des im Grunde so einfachen Druckprinzips gekennzeichnet.

Die fast unbegrenzten Anwendungsmöglichkeiten (vgl. Farbabb. 10) ließen die Bedeutung des Verfahrens im kommerziellen Bereich ständig wachsen. Das führte, ausgehend von der gewerblichen Nutzung in der Werbung, neben dem herkömmlichen »Flachsiebdruck« zu einer Vielfalt von Spezialtechniken in der Industrie (Zylinder-, Rund-, Rotationsdruck, elektrostatischer, rakelloser und Multi-Color-Druck), den dazu notwendigen Spezialmaschinen (z. B. Maschinen zum Bedrucken von körperhaften Gegenständen, Abb. 44, 116) und entsprechenden Farb-, Schablonen- und Gewebequalitäten.

»Siebdruckstraßen« (Abb. 143) erledigen Einlegen, Drucken, Trocknen und Stapeln der bedruckten Produkte vollautomatisch und ermöglichen Serienproduktion mit Druckgeschwindigkeiten und Auflagenhöhen, die vor einigen Jahren im Siebdruck noch undenkbar waren. Das Aufzählen der Produkte, die im Siebdruck bedruckbar sind und bedruckt werden, würde Seiten füllen. Wir begegnen solchen Erzeugnissen in unserer Umgebung täglich, z. B. in Form von Verkehrs- und Hinweisschildern, Reklamespannplakaten, diversen Aufklebern, Firmenemblemen, Fahrzeug- und Gerätebeschriftungen, Dekors auf Haushaltsgeräten, Tapeten, Verpackungen, Kosmetikartikeln usw.

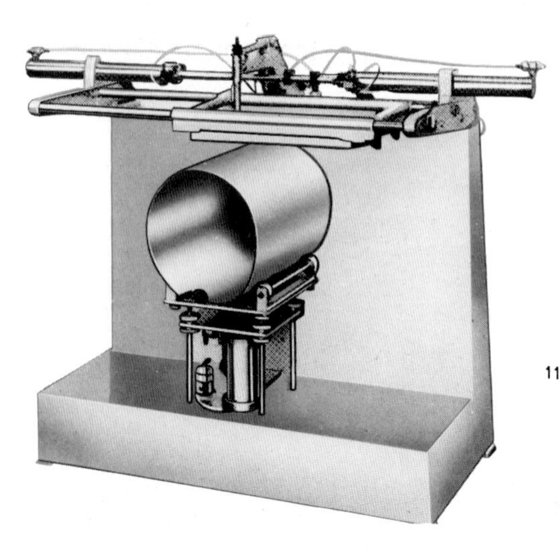

116 Siebdruckmaschine zum Bedrucken körperhafter Gegenstände (EMM-Faßdruckmaschine Nr. 32)

Sonderverfahren in der Elektrotechnik dienen nicht zum Übertragen von Farbe, sondern zum Aufdruck stromleitender oder ätzfester Substanzen auf integrierten Schaltungen. Siebbedruckte Kunststoffe können für reliefartige Darstellungen (z. B. Relief-Landkarten) thermoplastisch verformt werden. In der Faltschachtelindustrie bringt man Klebstoffmasse im Siebdruck auf. Im Maschinen- und Fahrzeugbau ist es heute möglich, statt herkömmlicher Dichtungen pastose Dichtungsmassen direkt auf die Dichtflächen zu drucken.

Siebdruck bedruckt alles, was Farbe annimmt, fast jedes Material, jede Oberfläche, jede Form und jedes Format. Siebdruck bedruckt auch gewölbte Formen und Oberflächen, selbst körperhafte Gegenstände (vgl. Farbabb. 8–10):

Das Dekorieren von flachem, zylindrischem, gewölbtem, konischem oder hohlem Geschirr, früher häufig durch Abziehbilder, Gummistempel oder Handmalerei ausgeführt, kann heute vollautomatisch von Geschirr-Siebdruckmaschinen übernommen werden (Abb. 117).

117 Membran-Geschirr-Siebdruckmaschine zum vollautomatischen Dekorieren flacher und leicht gewölbter Artikel aus Steingut, Porzellan, Glas (Netzsch Maschinenfabrik)

Der Siebdruck findet nahezu in allen gewerblichen und industriellen Wirtschafts- und Handelsbereichen mehr oder weniger Verwendung. Bedingt durch seine drucktechnischen Eigenschaften ist er universell einsetzbar und mit anderen Druckverfahren kombinierbar zum Bedrucken unterschiedlicher Ausstattungs-, Verpackungs- und Werbemittel (s. Übersicht S. 260). Diese breit gefächerte und kaum noch zu überschauende Vielfalt des Verfahrens, Technisierung und Rationalisierung werden in Zukunft im kommerziellen Siebdruck zwangsläufig immer stärker zur Spezialisierung der Betriebe auf bestimmte Produktgebiete führen.

»Siebdrucker« ist ein staatlich anerkannter Lehr- und Meisterberuf in der Industrie (seit 1959) und im Handwerk (seit 1965). Die Ausbildung dauert in der Regel drei Jahre und kann sowohl in Handwerks- als auch in Industriebetrieben erfolgen.

Bedruckbare Materialien, mögliche Produkte und Anwendungsbereiche

Bedruckbare Materialien	Mögliche Produkte	Mögliche Anwendungsbereiche
Papier	Plakate	Werbung
Pappe	Displays	Verpackung
Holz	Serigrafien	Design
Hartfaser	Kalender	Bildende Kunst
Leinen	Skalen	Verkehr
Leder	Zifferblätter	Elektronik
Jute	Speisekarten	Industrie
Gummi	Spielkarten	Architektur
Glas	Verkehrsschilder	Außenreklame
Textilien	Tapeten	Fassadengestaltung
Metalle	Kleider	Raumgestaltung
Filz	Landkarten	Textilindustrie
Kork	Flaschen	Erziehung
Kunststoffe	Gläser	
Steine	Dosen	
Keramik	Kacheln	
Wasser	Geschirr	
Haut	Fahnen	
Fell	Aufkleber	
	Maschinen- und Fahrzeug-beschriftungen	
	Verpackungen	
	Werbetransparente	
	Teppiche	
	T-Shirts	
	elektronische Leiterplatten	
	Pelze	
	Buchumschläge	
	Informationstafeln	
	Lampenschirme usw.	

II Siebdruck in der Schule

Für den Schulbereich bietet der Siebdruck folgende technische und bildnerische Vorteile:

- Für den manuellen Siebdruck werden keine teuren und komplizierten Druckmaschinen benötigt
- Der einfache Handdrucktisch ist transportabel und läßt sich schnell auf- und abbauen
- Die Ausrüstung kann zum Teil von Schülern und Lehrern selbst hergestellt werden
- Die Investitions- und Nachfolgekosten sind auch bei begrenzten Etatmitteln tragbar
- Der manuelle Druckvorgang ist einfach und schnell für Schüler verständlich
- Die Auflagenhöhe ist praktisch unbegrenzt
- Nahezu jedes Material ist bedruckfähig
- Es gibt Spezialfarben für verschiedenste Bedruckstoffe, matte und glänzende, deckende und transparente Farben für jeden Einsatzbereich
- Siebdruck erlaubt, in einem Druckvorgang helle (z. B. weiße) Farbe deckend auf dunkle (z. B. schwarze) Farbe zu drucken
- Die Druckvorlage kann seitenrichtig hergestellt werden; Siebdruck ist kein Umdruck, sondern Durchdruck
- Das besondere Merkmal des Siebdrucks ist seine intensive Farb- und Flächenwirkung, die sich besonders gut für künstlerische und plakative Aufgaben einsetzen läßt
- Die gestalterischen Möglichkeiten sind vielfältig (Schrift, Struktur, Linie, Fläche, Relief, Raster, Foto, Einfarben- und Mehrfarbendruck, Kombination mit anderen Drucktechniken)

Die Vorzüge des Verfahrens werden in großformatigen, farbintensiven, flächenhaften, mehrfarbigen Drucken deutlich. Im Schulbereich ist Siebdruck besonders für künstlerische Drucke, Plakate, Aufkleber, Kalender, Flugblätter, Wand- und Schülerzeitungen, Schulraum- und Schulhofgestaltung, Unterrichtsmaterial, großformatige Beschriftungen, T-Shirt- und Textildruck geeignet (Abb. 120, 121).

1 Zur Funktion druckgrafischer Verfahren im Bereich der ästhetischen Erziehung

»Emanzipatorischer Mediengebrauch« – eine Aufgabe ästhetischer Erziehung

Die starke Beeinflussung des Menschen durch die heutige »Medienwirklichkeit« weist auf die Bedeutung des kommunikativen Aspektes ästhetischer Erziehung hin. Druckerzeugnisse in Form von reproduzierten Texten und Bildern überschwemmen täglich die Haushalte in Millionenauflagen. Diese Reizüberflutung ist eine Gefahr für Kinder und Jugendliche, da sie die ihnen gebotenen Informationen konsumieren, ohne darüber nachzudenken.

Es geht darum, aufzuzeigen, welchen Beitrag ästhetische Erziehung leisten kann, um den Jugendlichen aus seiner »visuellen Unmündigkeit« zu befreien, um ihm Wertmaßstäbe und Verhaltensweisen zu vermitteln, die ihm einen »emanzipatorischen Mediengebrauch« ermöglichen. Enzensberger nennt folgende Bedingungen für solchen emanzipatorischen Mediengebrauch:

»Dezentralisierte Programme
Jeder Empfänger ein potentieller Sender
Mobilisierung der Massen
Interaktion der Teilnehmer
oder Bürokraten
Politischer Lernprozeß
Kollektive Produktion
Gesellschaftliche Kontrolle
durch Selbstorganisation«

Auf der anderen Seite formuliert Enzensberger Gesichtspunkte, die einen repressiven Mediengebrauch charakterisieren sollen:

»Zentral gesteuertes Programm
Ein Sender, viele Empfänger
Immobilisierung isolierter
Individuen
Passive Konsumentenhaltung
Entpolitisierungsprozeß
Produktion durch Spezialisten
Kontrolle durch Eigentümer
feedback«

Daraus ergibt sich für den Bereich Schule und die kommunikative Funktion ästhetischer Erziehung:

- Auch die Schulen müssen über die verschiedenartigsten Medien verfügen
- Jeder Schüler muß seine Kommunikationsbasis dadurch verbreitern, daß er nicht nur Informationen aufnimmt, sondern selbst Informationen liefert (SENDER)
- Die Schüler müssen sich in Gruppen zusammenschließen, um ihrer Isolation zu entkommen
- Reflexion und Informationsaustausch der Schüler untereinander sollen von der passiven Konsumentenhaltung zu einem aktiven Kommunikationsprozeß führen
- Lernprozesse (Kommunikationsprozesse) sollen von den Schülern auf ihre gesellschaftliche Bedeutung hin erkannt werden
- Die Schüler produzieren Informationen mit Hilfe bestimmter technischer Medien in ihrer Gruppe selbst; jeder kann alles; es gibt keine Spezialisten, um den emanzipatorischen Anspruch zu wahren
- Die Schüler bestimmen als Gruppe zusammen mit dem Lehrer Ziele, Einsatz und Verwendung »ihres« Mediums; sie verfügen über entsprechende Produktionsmittel

Eine *Umsetzung* dieser theoretischen Vorstellungen in die pädagogische Praxis läßt sich nicht ohne weiteres erreichen. Unabdingbare Voraussetzungen sind u. a. funktionsgerechte Fachräume und Ausstattungen (Fotolabor, Druckerei, Film- und Fernsehraum, Film- und Fotoausrüstungen, Videoanlagen usw.).

Neuere audiovisuelle Medien sind sehr kostenaufwendig und materialintensiv. Um nicht bereits durch das Kostenproblem die theoretischen Forderungen eines emanzipatorischen Mediengebrauchs von vornherein in Frage zu stellen, empfiehlt es sich, bei der Einrichtung von Fachräumen und Ausrüstung mit technischen Medien zuerst solche Medien anzuschaffen, die auch für Schulen erschwinglich sind. Das sind beispielsweise die *Medien aus dem Druck- und Reprobereich* (Vervielfältigungsapparate, Fotokopiergeräte, Offsetmaschinen, Siebdruckanlagen, Tiefdruckpressen, Linoldruckausstattungen u.a.m.).

Nicht jede Drucktechnik eignet sich für jeden Zweck. Informationsabsicht und Unterrichtsziele bestimmen die Auswahl des geeigneten Verfahrens. Ein vorbildliches Schuldruckzentrum sollte, schon aus Gründen der Wirtschaftlichkeit und Zweck-

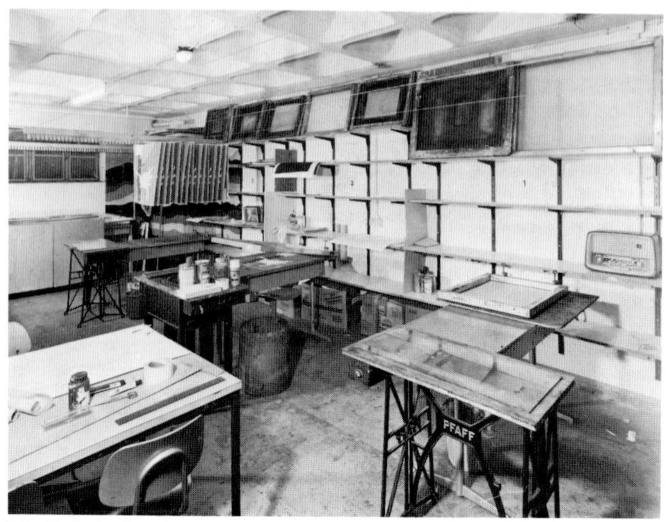

118 Einfache Siebdruckwerkstatt, von Schülern und Lehrern selbst eingerichtet (Schule Robinsbalje, Bremen)

mäßigkeit, vielfältige drucktechnische Möglichkeiten bieten. Erst dadurch wird vermieden, daß bestimmte Inhalte und Ziele für den Unterricht nur deshalb gewählt werden, weil nur eine bestimmte Art von Druckeinrichtung zur Verfügung steht.

Schulen ohne großen Lehr- und Lernmitteletat ist es ohne weiteres möglich, eine einfache Siebdruckanlage anzuschaffen, vorausgesetzt, die Raumfrage ist zu lösen und Lehrer und Schüler sind bereit, durch Eigeninitiative eventuell auftauchende organisatorische und finanzielle Schwierigkeiten zu überwinden (Abb. 118).

Ein weiterer pragmatischer Aspekt ergibt sich durch die Bestimmung der Rolle, die der Siebdruck innerhalb des Kommunikationsprozesses übernehmen sollte. Er hat als druckgrafisches Verfahren die Aufgabe, Mittler zwischen Sender und Empfänger zu sein. Siebdruck sollte in der Schule daher nicht Selbstzweck sein, nicht als verselbständigte Technik allein aufgefaßt und benutzt werden.

Ein Ziel der ästhetischen Erziehung ist es, dem Schüler nicht nur Zusammenhänge und Bedingungen kommunikativer Prozesse deutlich zu machen, sondern ihn auch zu befähigen, Wertmaßstäbe und Verhaltensweisen zu entwickeln, um den Medien Informationen entnehmen, Informationen verwenden und selbst Kommunikationsmittel benutzen zu können. Das ist nur möglich, wenn der Schüler konkrete Erfahrungen im Umgang mit diesen Mitteln sammeln kann, d. h. wenn neben Medienanalyse und Medienkritik auch Mediengebrauch, im Sinne von *Medienproduktion,* tritt. *Eine* Form für den Schüler, Medien selbst zu benutzen und zu produzieren, ist das *Drucken.*

Beherrscht er diese Technik, ist eine wichtige Vorbedingung für produktiven Mediengebrauch gegeben: Schüler können Informationen (Zeichen) in großer Auflage vervielfältigen und sich dadurch einem erweiterten Empfängerkreis innerhalb und außerhalb der Schule verständlich machen. Zwar werden die Drucktechniken gern als ältere oder »altmodischere« Medien bezeichnet, aber für die Schule besitzen sie noch einen hohen *Kommunikationswert,* da die Schüler sie, im Gegensatz zu neueren audiovisuellen Medien, technisch beherrschen lernen können.

Drucken in der Gruppe – eine kooperative Form der Produktion

Bedingt durch den technischen Ablauf, ergibt sich beim Siebdruck die Notwendigkeit, kooperativ zu arbeiten. Arbeiten in der Gruppe verlangt gegenseitige Rücksichtnahme, freiwillige Mitarbeit, Ideen- und Erfahrungsaustausch, Beurteilungs- und Entscheidungsfähigkeit. Drucken als eine der Techniken, Informationen zu vermitteln, heißt aktives, praktisches Handeln in der Gruppe, manuelle Tätigkeit, aber auch Rezeption und Reflexion. Damit behauptet die Arbeitsform der *Produktion* eine zentrale Stellung in der Medienherstellung. Selbständigkeit und praktische Arbeit in der Gruppe werden verstanden als Notwendigkeit, um Schüler aus ihrer Vereinzelung zu befreien und sie zum Handeln, zum Kommunizieren mit anderen zu veranlassen.

Drucken in der Gruppe bietet dem Einzelnen Erfahrungsspielraum, um neue Verhaltens- und Arbeitsweisen zu trainieren

(Abb. 119). Solche gemeinschaftlichen Arbeitsformen stellen an alle Beteiligten hohe Anforderungen:

- Abbau der auf den Lehrer zentrierten Arbeitsformen zugunsten gruppenunterrichtlicher Formen
- Abbau von primär reproduktiven Arbeitsweisen zugunsten produktiver Arbeitsweisen

119 a) und b) Schülergruppe beim Siebdrucken

a

b

– Abbau individualistischen Konkurrenzverhaltens zugunsten von »Teamgeist«

Der Siebdruck hat den Vorteil, reproduktive, motorisch-monotone oder schablonierte Arbeitsabläufe, gleichsam Fließbandarbeit, zu verhindern, da sich arbeitsteilige Aufgaben zweckmäßigerweise nur jeweils einem Druckvorgang zuordnen lassen und dann gewechselt werden können.

Bastelbogen Hampelmann (nach einer Vorlage der Karstadt AG). Siebdruck auf Pappe

Puzzle (Schülerarbeit, 6. Klasse). Mehrfarbiger Siebdruck auf Sperrholz. Nach dem Druck in Puzzlesteine zerschnitten

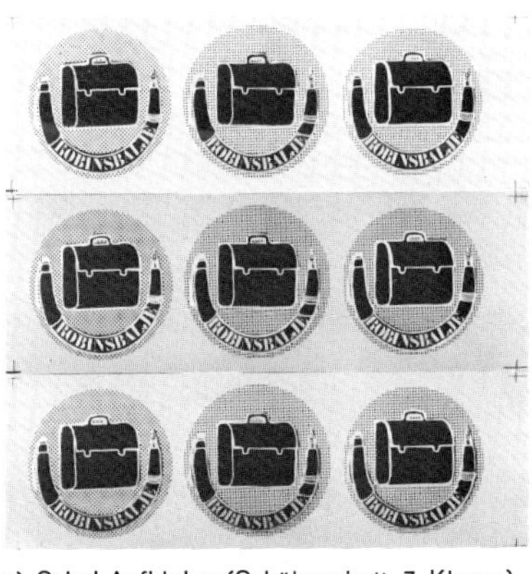

c) Schul-Aufkleber (Schülerarbeit, 7. Klasse). Siebdruck auf selbstklebender Folie

0 a) – c) Anwendungsmöglichkeiten der Siebdrucktechnik im Schulbereich

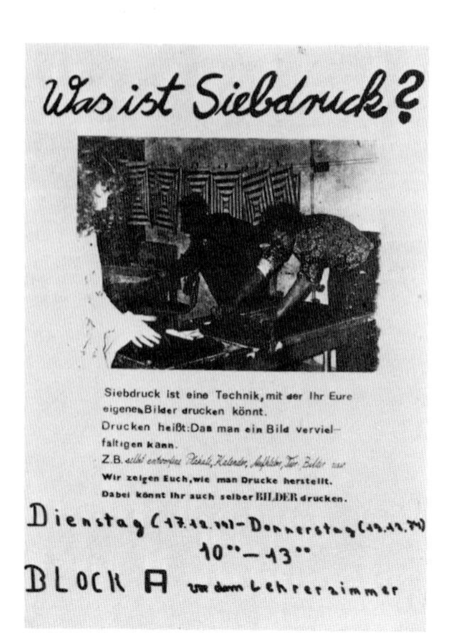

121 Siebdruckplakat (Schülerarbeit, 8. Klasse)

2 Projekt »Lehrer-Kalender«

Das Projekt »Lehrer-Kalender« wurde im Rahmen einer freiwilligen Arbeitsgemeinschaft mit Schülern einer 9. Hauptschulklasse in Bremen durchgeführt. In einem projektorientierten Unterricht wurde ein *Bild-Kalender* hergestellt, der in Form von Siebdrucken Schüleraussagen über die eigenen Lehrer zum Inhalt hatte.

Darüber hinaus ging es unter besonderer Berücksichtigung kommunikativer und kreativer Absichten ästhetischer Erziehung um die Auseinandersetzung mit dem Siebdruck als einem drucktechnischen Mittel zur Herstellung von Bildinformationen. *Bild-Kalendern* fällt im Sinne der kommunikativen Funktion ästhetischer Erziehung als Medium der Zweck »Transport von Bildern« zu.

Wir leben in einer »Bilderwelt«. Die Aufgabe der Schule kann nicht allein lauten, die Schüler in die herkömmlichen Kulturtechniken Lesen, Schreiben und Rechnen einzuweisen. Sie muß auch lauten: Einweisung und damit Vorbereitung auf das »Le-

b

c

e

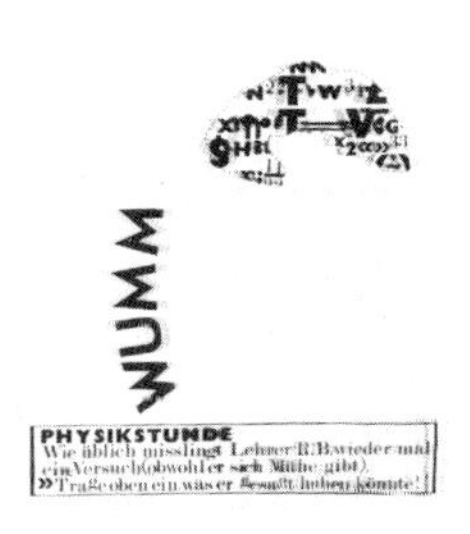

f

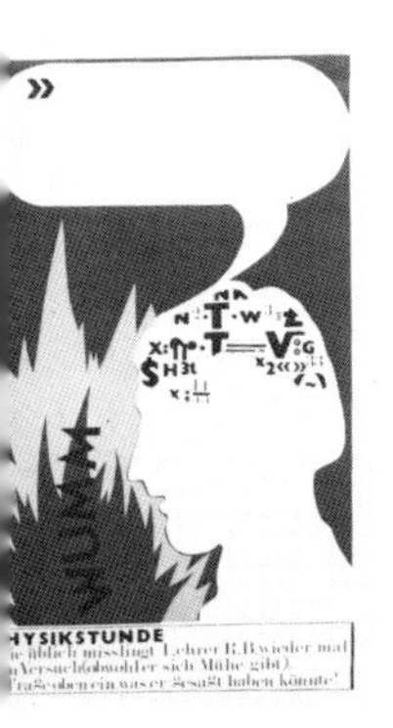

122 Entwurfsgestaltung und Kopiervorlagenherstellung zum Kalenderblatt »Lehrer R. B. – Physikstunde« (vgl. Farbabb. 3): a) Ausgangspunkt: Foto des Lehrers aus dem Unterricht – b) erste Ideenskizze (Orientierung an Comic-Darstellungen) – c) Umrißlinienzeichnung des Lehrerkopfes (Vergrößerung nach dem Foto mit einem Episkop) – d) farbiger Entwurf in Druckgröße (Festlegen der genauen Komposition und der Farben) – e) Schneidevorlage (Herauszeichnen der Umrißlinien aus dem Entwurf, um danach Schnittschablonen für die Farbflächen Blau, Gelb und Rot herzustellen; vgl. Farbabb. 2) – f) Manuell hergestellte Kopiervorlage (mit Anreibefolie auf transparente Folie montierte Text- und Symbolelemente) – g) Druckergebnis (vgl. Farbabb. 3). Schablonentechnik: Schnittschablonen (Wachs-Bügelfilm) für die Farbflächen Blau, Gelb und Rot; direkte Fotoschablone für Text und Buchstaben (Schwarz)

sen« von Bildern und »Herstellen« von Bildern. Stellen wir Bild-Kalender her, erfüllen wir diese Forderung. Stellen wir Kalender nicht als Einzelexemplare, sondern mit Hilfe eines Druckverfahrens in Auflagen her, erhalten wir *gedruckte, vervielfältigte Bilder.*

Gedruckte Bilder haben gegenüber Einzelbildern aus den Bereichen Malerei, Fotografie und den von technischen Hilfsmitteln abhängigen Bildern des Films und Fernsehens den Vorteil, überall und in großer Menge präsent sein zu können.

Für den Schulbereich stellen Bild-Kalender eine besonders geeignete Realisationsform für *inszenierenden* Zeichengebrauch dar, weil sie einen verhältnismäßig langen Entwicklungsweg von der Idee über den Entwurf, die Reproduktion, den Druck und den Vertrieb bis hin zur Benutzung beanspruchen. Sie eignen sich aus diesem Grund weniger zum Transport von kurzfristig und auf schnellstem Wege zu vermittelnden, hochaktuellen Tagesereignissen mit womöglich *objektivierendem* Anspruch in der Vermittlung. Hier wären Medien wie Fotos, Flugblätter, Plakate oder Filme sinnvoller und effektiver. Bild-Kalender bieten folgende kommunikative Möglichkeiten im Bereich der ästhetischen Erziehung:

- Gedruckte Kalender in mittleren oder hohen Auflagen machen Schülerarbeiten über den Schulbereich hinaus für viele Menschen zugänglich
- Schülerarbeiten in Form eines Kalenders wirken über einen längeren Zeitraum
- In einem Kalender können unterschiedliche Aussagen verschiedener Schüler zu einem Thema ihren Ausdruck finden
- Kalender können mithelfen, Schülerarbeiten und Aussagen als bedeutsam und wirksam anzuerkennen
- Kalender geben anderen Schülern ein Beispiel, wie visuelle Aussagen in einem geeigneten Medium und einer geeigneten Produktionsform realisiert werden können
- Kalender sind ein Spiegelbild der Arbeits- und Zeitsituation von Schülergruppen und ihren Wirklichkeitsauffassungen

Festzuhalten bleibt, daß das Medium Kalender für die Produktionsform Drucken nur eine mögliche Realisationsform unter vielen anderen darstellt und daß deren spezifische Möglichkeiten und Grenzen zu berücksichtigen sind.

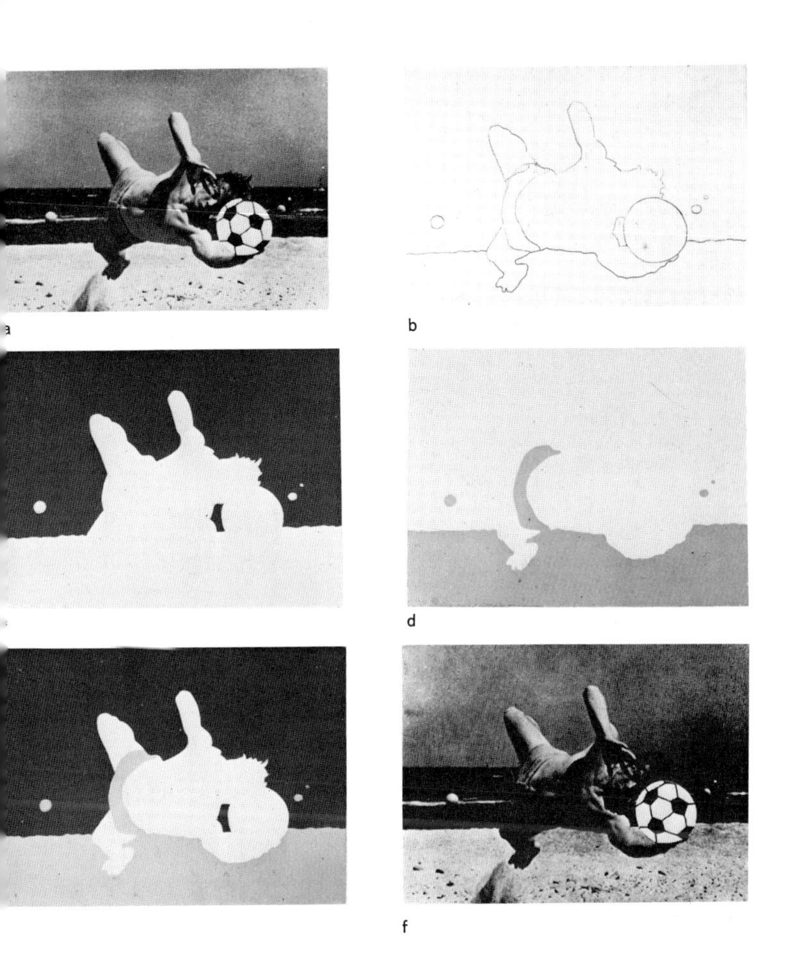

123 Entwurfsgestaltung und Druckfolge zum Kalenderblatt »Der Torwart« (vgl. Abb. 124 a): a) Ausgangspunkt: Foto des Lehrers (von dem Schwarzweiß-Foto wurde ein Raster-Dia in einer Reproanstalt hergestellt) – b) Schneidevorlage in Druckgröße (Herauszeichnen der Umrißlinien aus der Fotovorlage, um danach die Schnittschablonen anzufertigen) – c) 1. Farbe Blau (Hintergrundfläche Himmel und Wasser) – d) 2. Farbe Gelb (Fläche, Strand) – e) Zusammendruck: 1 und 2 (Blau und Gelb) – f) 3. Farbe Schwarz (Rasterdruck über die gesamte Bildfläche)

a

b

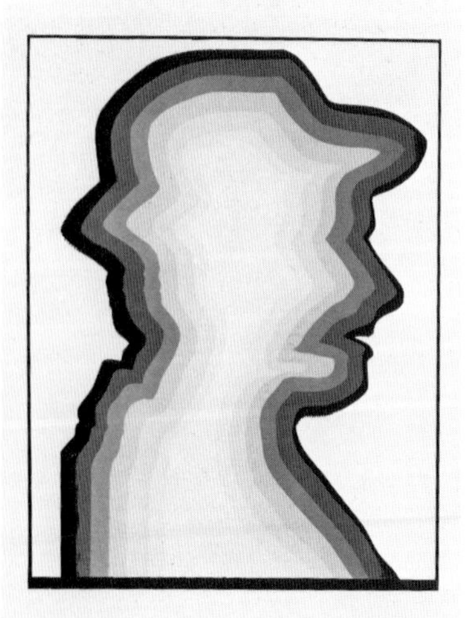

c

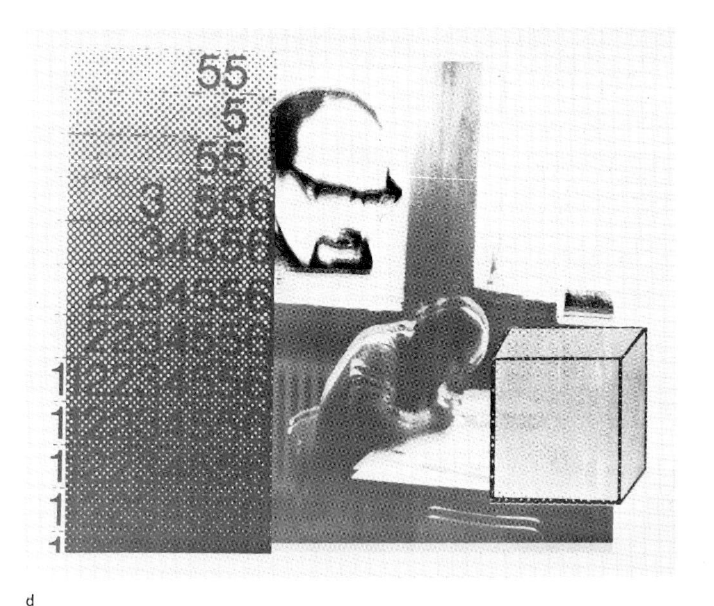

d

124 Kalenderblätter (Schülergruppenarbeiten, 9. Klasse, Hauptschule) aus dem »Lehrer-Kalender«: a) »Der Torwart«. Dreifarbiger Siebdruck – b) »Lehrer M.«. Siebenfarbiger Siebdruck nach Schnittschablonen (Wachs-Bügelfilm) – c) »Der Lehrer in der Kiste«. Sechsfarbiger Siebdruck (Farbflächen nach Schnittschablonen, 1 fotografisches Strich-Dia nach direkter Fotoschablone) – d) »Zensuren sind ein Würfelspiel«. Sechsfarbiger Siebdruck (nach geschnittenen, mit Anreibebuchstaben und -rastern geklebten und gerasterten Kopiervorlagen mit direkten Fotoschablonen gedruckt)

Die technische Realisation der Siebdrucke erforderte vier *Arbeitsabschnitte* (Abb. 122–124):

1. Fotografieren
2. Entwerfen und Collagieren
3. Übertragen und Schablonieren
4. Drucken

Bis auf die Herstellung der Raster-Diapositive zur fotomechanischen Übertragung wurden alle Arbeitsgänge von den Schülern selbst ausgeführt.

Eine Siebdruck-Werkstatt war an der Schule nicht vorhanden, sie wurde mit einfachsten Mitteln eingerichtet (Abb. 118).

III Siebdruck in der Hochschule

Zum Studium der Kunstpädagogik gehören auch Kenntnisse von Verfahrens- und Arbeitsweisen verschiedener druckgrafischer Techniken, wobei der Siebdruck eine für die Schule relevante Drucktechnik ist, die Kunstpädagogik-Studenten erlernen sollten.

Der folgende *Arbeitsplan* von Hans D. Voss ist ein Vorschlag zur Einführung in die manuelle Siebdrucktechnik für Lehrer-Studenten.

Arbeitsplan für drei Semester: Einführung in die Technik des manuellen Siebdrucks für Kunstpädagogik-Studenten

1. Semester:
Praktische Einführung in die Technik des Siebdrucks unter besonderer Berücksichtigung der in der Schulpraxis gegebenen oder zu entwickelnden Möglichkeiten.

Theoretische Technologie I.

Ausarbeitung einfacher Entwürfe; ihre Umsetzung in Schablone und Druck. Es wird in Kleingruppen von 3–4 Studenten gearbeitet. Im 1. Semester sollen zwei Schablonen-Bereiche erarbeitet werden, eine manuelle Schnittschablone und ein Maskierfilm. Lernsequenz: Technischer Aspekt – Erarbeitung der Technik mit formal einfachen, siebdruckspezifischen Mitteln.
2. Semester
Vertiefung von Kenntnissen und Fertigkeiten; Filmherstellung, Filmmontage und Rasterprojektion, Schrift (Letraset)

Im drucktechnischen Bereich: mehrfarbiges Arbeiten mit Vollfarben, Transparentdruck, Bronzen. Unter gestalterischem Aspekt soll aus mehreren Skizzen ein Entwurf erarbeitet werden, der auf verschiedene Realisationsmöglichkeiten hin untersucht wird.

Klärung bildnerischer Fragen unter formalen inhaltlichen Aspekten. Lernsequenz: Vertiefung der technischen Kenntnisse, Bewußtmachung und Objektivierung der bildnerischen Mittel.
3. Semester:
Technischer Aspekt: Kopiermöglichkeiten ohne Filmherstellung (für die Schulpraxis verwendbar, wenn kein Fotolabor vorhanden ist). Neue Formen (Arbeitsfelder) des Siebdrucks: Stufendruck usw.

Theoretische Technologie II.

Die Funktion des Siebdrucks als Drucktechnik. Relation von Farbe – Form – Inhalt und Realisation eigener Inhaltsvorstellungen. Psychologische und rationale Farb-Form-Qualität. Schrift und Bild und ihre

Verwendbarkeit in bestimmten Bereichen. Lernsequenz: Ausweitung der technischen Fertigkeiten und Kenntnisse. Analyse und Reflexion der eigenen Produkte mit dem Versuch, sie in Beziehung zur Schulpraxis zu bringen.

Denkbar ist aber auch ein mehr inhaltlich bestimmter Ansatz, um gleichsam im Zusammenhang mit einem bestimmten druckgrafischen Vorhaben zur Vermittlung der Siebdruck-Technik zu kommen (vgl. Abb. 125, 126). Das wird im Einzelfall vom Interesse der Studenten, dem Zeitaufwand, der Prüfungsordnung, Studienschwerpunkten und werkstattmäßigen Voraussetzungen an der jeweiligen Hochschule abhängen. Die Bildbeispiele geben kurze Erläuterungen zur Entstehungsphase und zur inhaltlichen Absicht verschiedener Studentenarbeiten.

Studenten-Kalender

Die Kalenderblätter (Abb. 125) sind im Rahmen eines Arbeitsvorhabens von drei Kunstpädagogik-Studenten der Universität Bremen gedruckt worden. Die Entwürfe zu den einzelnen Blättern wurden von den Studenten individuell gestaltet, in der Gruppe diskutiert und korrigiert. Die Reproduktions- und Druckarbeiten erfolgten gemeinsam.

Inhaltlich setzen sich die Arbeiten mit der Situation der Studenten auseinander und sollen den Betrachter anregen, sich mit diesem Problemkreis zu befassen.

Technische Daten zu den einzelnen Blättern:

Titelblatt:	vierfarbiger Siebdruck/Überdrucklack Kopierfilme: gezeichnete Filme, geschnittene Maskierfilme
April:	einfarbiger Siebdruck/schwarz Kopierfilm: Kombination Grobaufrasterung/gezeichneter Film
Juni:	zweifarbiger Siebdruck Kopierfilm: Kombination Collage/gezeichneter Film
August:	vierfarbiger Siebdruck Kopierfilme: Kombination geschnittener Maskierfilm / gezeichneter Film / Letratone

Die Kalendarien wurden jeweils mit Letraset – Aufreibungen auf Transparent-Folien – erstellt und in Montage mit den Kalenderbildern auf das Sieb kopiert.

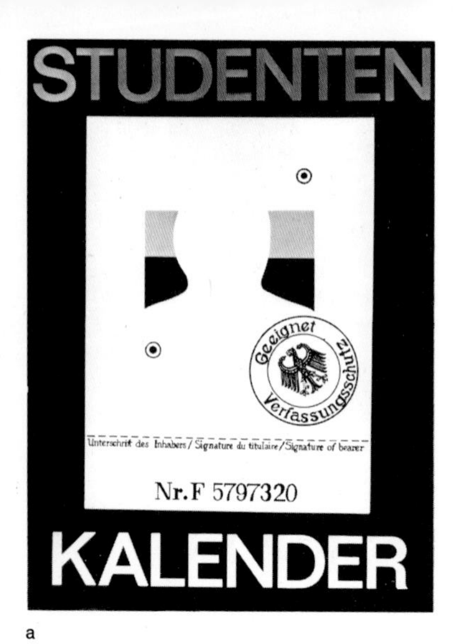

a

April 1 2 3 4 5 6 7
8 9 10 11 12 13 14
15 16 17 18 19 20 21
22 23 24 25 26 27 28
29 30 31

b

c

Juni 1 2 3 4 5 6 7
8 9 10 11 12 13 14
15 16 17 18 19 20 21
22 23 24 25 26 27 28
29 30

d

August 1 2 3 4 5 6 7
8 9 10 11 12 13 14
15 16 17 18 19 20 21
22 23 24 25 26 27 28
29 30 31

125 a) – d) Studenten-Kalender (Gruppenarbeit, Kunstpädagogik-Studenten, Universität Bremen). 1978

126 a) – c) Siebdrucke zum Thema Gewalt. Arbeitsergebnisse aus einem Kurs mit Kunstpädagogik-Studenten, Universität Bremen. 1976/77. Die Vermittlung der Siebdruck-Technik erfolgte hier nicht lehrgangsmäßig, sondern anwendungsbezogen anhand der Umsetzung von Collagen zum Thema Gewalt in Druckgrafik

Jutta Virus, § 218. 1977. Siebdruck in verschiedenen Grautönen. Druck nach direkten Fotoschablonen. Kopiervorlagen-Kombination: manuell (geschnittene Maskierfilme, auf Transparentfolie gezeichnete, gemalte, gekratzte und gesprühte Dias) und fotografisch (Raster-Dia)

b) Willi Athenstädt, Moto Guzzi. 1977. Farbsiebdruck. Druck nach direkten Fotoschablonen. Kopiervorlagen-Kombination: manuell (gezeichnete, geschnittene und gesprühte Dias) und fotografisch (Strich-Dias)

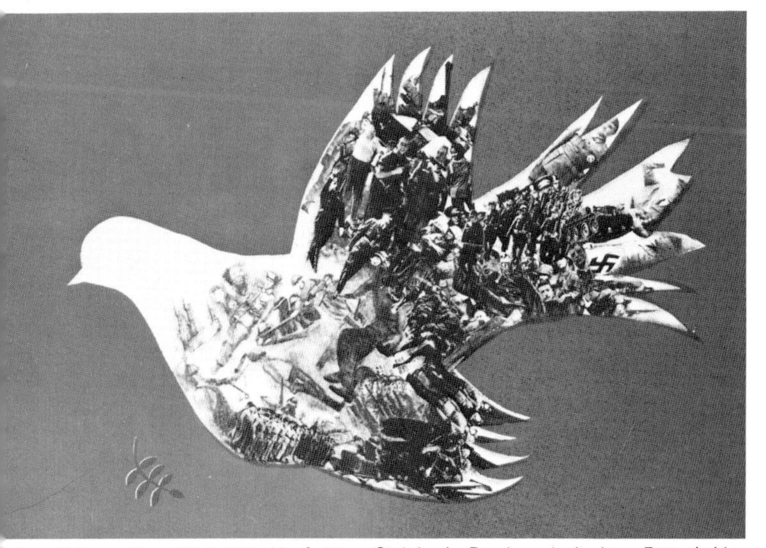

Jens Krüger, Ohne Titel. 1977. Vierfarbiger Siebdruck. Druck nach direkten Fotoschablonen. Kopiervorlagen: manuell (geschnittener Maskierfilm, gesprühtes Dia auf Zeichenfolie) und fotografisch (Raster-Dia)

IV Siebdruck im außerschulischen Bereich
(Kinder-, Jugend- und Erwachsenenarbeit)

Daß Drucktechniken auch und gerade in außerschulischen Bereichen (z. B. in der Kinder-, Jugend- und Erwachsenenarbeit) einen sinnvollen Ansatz für Freizeitgestaltung oder emanzipatorischen Mediengebrauch darstellen können, zeigen drei verschiedene Beispiele.

Beispiel 1: Studenten der Visuellen Kommunikation an der Fachhochschule Bielefeld (Gunter von Groß, Ute Krugmann, Paul Wurdel) kamen auf die Idee, eine *Offene Druckwerkstatt* einzurichten. Über ihr Anliegen und ihre Erfahrungen berichten sie im folgenden selbst.

Beispiel 2: Im Rahmen einer Hauswirtschafts- und Familienausstellung zeigte eine Schülergruppe interessierten Besuchern, wie ein Siebdruck entsteht (S. 282).

Beispiel 3: Manfred und Heidi Pfeiffer (Inhaber einer Siebdruckwerkstatt in Karlsruhe) bieten für interessierte Laien Siebdruck-Kurzlehrgänge in ihrer Werkstatt (S. 285 ff.).

1 Gunter von Groß, Ute Krugmann, Paul Wurdel (Bielefeld): Projekt Offene Werkstatt

Eigentlich fing alles mit dem *»Kellersiebdruck«* an! Das war eine *Offene Siebdruckwerkstatt* im »Treffpunkt Grille«, einem Kommunikationszentrum für Psychisch Leidende in Bielefeld. Dort konnte grundsätzlich jeder arbeiten, der Interesse am Drucken hatte oder ganz konkret Drucksachen brauchte, die sich im Siebdruck realisieren ließen. Zum andern sollte die Werkstatt den »Grille«-Besuchern Gelegenheit geben, ihre Öffentlichkeitsarbeit unter unserer Anleitung selbst zu machen. Aus personellen Gründen wurde der »Kellersiebdruck« aufgelöst.

Um zu sehen, wie andere Werkstätten arbeiten, um neue Ideen und Anregungen zu bekommen, haben wir uns auf die Reise gemacht. Wir besuchten verschiedene Einrichtungen wie z. B. den Medienladen in Hamburg, das Drukhuis in Amsterdam, das Künstlerhaus Bethanien in Berlin usw. Alle haben eins gemeinsam: *Sie stellen ihre Medienwerkstätten einem Publikum zur Verfügung* (natürlich unter verschiedenen Voraussetzungen)!

Parallel zu der Arbeit in der »Grille« haben wir im September 1977 das Projekt Offene Werkstatt gegründet, das die Ideen von Offenen Werkstätten weiterentwickeln wollte:

Die eigene Sache selbst in die Hand nehmen, das ist ein wichtiger Aspekt für eine Offene Werkstatt. Wir helfen jedem dabei, der eigene Texte, Poster und Plakate drucken will. Aber die Arbeit macht er selbst!

Es ist wichtig, daß wir wieder lernen, uns auszudrücken. Gerade das Geschriebene oder Gedruckte macht stark, sobald es an die Öffentlichkeit kommt. Jeder von uns hat doch Ziele, Wünsche und Träume, die sicher auch andere interessieren ... *Beim Drucken lernt man, sich mit anderen zu verständigen.* Allein ist man in der Werkstatt nie; bei uns erfordern die »umständlichen« Techniken einfach *Zusammenarbeit!* Es ist immer jemand da, der einem hilft!

127 Projekt Offene Werkstatt. Arbeitsergebnis aus einer Druckaktion mit Kindern in der Stadtbibliothek Bielefeld. 1978

Wir bauen selbst eine Siebdruckanlage!

Dieses Blatt dokumentiert den Bau einer Siebdruckanlage, die für die „Reisende Werkstatt" angefertigt wurde.
Um beweglich zu sein, haben wir sie für einen schnellen Auf- und Abbau und einfachen Transport im Bulli leicht zerlegbar konzipiert. Die Technik ist überschaubar und unkompliziert.
Bevor ihr euch aber an die Arbeit macht, solltet ihr einen Einführungskurs in Siebdrucktechnik machen (das geht bei uns oder z.B. auch in der Volkshochschule) – denn, wer einige Grundkenntnisse besitzt, hat beim Nachbau viel weniger Mühe, und ihr könnt die Anlage für euren Bedarf umschneidern!
Unsere Siebdruckerei haben wir so ausgerichtet, daß Formate bis DIN A1 gedruckt werden können. Wer in kleineren Rahmen arbeiten will, kann dementsprechend die Maße verändern. Wir wollen mit dieser Anleitung eigentlich nur zeigen, wie die Anlage vom Prinzip her funktioniert!

1. Was wir so alles brauchen

Es erleichtert die Arbeit, wenn ihr das Material, das zum Bau des Drucktisches und der Belichtungseinheit (siehe Zeichnung) benötigt wird, alles auf einmal besorgt: Holz, Ofenschalter, Staubsauger, Schrauben, Elektroartikel, HPR-Lampen (eine Liste mit Preisen findet ihr am Schluß).

2. Es geht auch anders

Soll die Anlage fest installiert werden (also nicht wie bei uns zerlegbar), können die **lösbaren Verbindungen** gespart werden.
Oder noch einfacher: Eine **Druck-Hohlplatte** (5) auf einen vorhandenen Tisch aufmontieren; 'ne andere Idee: Löcher in einen alten Tisch bohren und einen dünnen Holzkasten darunterschrauben, Staubsauger anschließen – geht's noch leichter?
Eine Variante für den Bau des Gestells: Anstatt Holz zu verarbeiten, kann man auch **durchbohrte Winkelprofile** aus einem Regalbausystem verwenden.
Wichtig ist, daß man weiß, worum es geht, das Prinzip kennt, meine ich.

3. Arbeit in der Holzwerkstatt

Wir haben das Glück, an der Fachhochschule eine komplett eingerichtete Tischlerei benutzen zu können. Wer sowas nicht hat, kann auch einfaches Handwerkszeug benutzen – und es gibt wirklich noch nette Tischler, die hier und da gern helfen!

Holz ist ein relativ **billiger Werkstoff**, läßt sich leicht verarbeiten und ist ein angenehmes Material. Wir beginnen damit, die rohen Kanthölzer, die wir vom Zimmermann geholt haben, ein paar Tage lang im geheizten Raum zu trocknen. Man muß schon bei der Wahl des Holzes berücksichtigen, daß es sich während des **Trocknungsprozesses verziehen und reißen kann**. Dann werden die Hölzer auf 6 x 6 cm gehobelt und auf die endgültigen Längen zugeschnitten. (Man kann auch schon fertig gehobelte Kanthölzer beim Tischler oder in der Holzhandlung bekommen.)
Damit das Untergestell (1) für Drucktisch und Kopiergerät genügend Stabilität bekommt, wählen wir als Holzverbindung **Loch + Zapfen**, die verleimt werden. Wie die Zeichnung zeigt, entstehen rechteckige Rahmen (1a), die später mit der Grund- und Seitenplatte (2, 3) durch Maschinenschrauben + Flügelmutter verbunden werden.

4. Platte für den Drucktisch

Beim Siebdruck brauchen wir eine Vorrichtung, die das zu bedruckende **Papier festhält**, damit es nicht an der Farbe unter dem Sieb kleben bleibt. Es hat sich bewährt, dafür eine **Saugpumpe (Staubsauger reicht aus)** (4) zu benutzen, die aus einer abgedichteten Hohlplatte (5) die Luft raussaugt. In die obere Platte sind Löcher gebohrt **(1,5 mm Ø, Abstand 2 cm)**, durch die das Papier angesaugt wird.

Es wird also auf eine Sperrholzplatte (6) ein Rahmen (7) geleimt, in dem Mittelfeld befestigt ihr kleine Abstandhölzchen (8), die Maschinenschrauben zur Verbindung der Platte mit dem Untergestell werden eingelassen und arretiert (9). Nachdem der Stutzen für den Staubsaugeranschluß in die Grundplatte eingearbeitet worden ist, kann die obere gelöcherte Platte aufgeklebt werden (10).
Als Material könnt ihr dafür **kunststoffbeschichtete Spanplatte oder Aluminium** verwenden.

5. Staubsauger

Der Staubsauger zur Vakuumerzeugung kann am Günstigsten in der Mitte der Hohlplatte angebracht werden – befestigter Metallstutzen und Plastikrohr. (11) Bei einer Platte, die auf einen einfachen Tisch aufmontiert wird, **muß der Stutzen seitlich angesetzt werden**.
Eine größere Saugleistung wird erzielt, wenn **der Staubbeutel aus dem Staubsauger herausgenommen wird**.
In das Anschlußkabel bauen wir einen **Fuß-Druckschalter** ein. So kann der Saugmotor nach jedem Druck wieder leicht mit dem Fuß ausgeschaltet werden und das nächste Blatt Papier kann eingelegt werden.

6. Zusammenbau

7. Schwinge mit Gewicht

Je nach Geldbeutel kann jetzt vom **Scharnier bis zur dreidimensional verstellbaren Schwinge mit mechanischer Rakelführung** alles an den Tisch angebaut werden, was den Siebrahmen hält und hoch- und runterklappen läßt. Wenn ihr Glück habt, könnt ihr auch eine **gebrauchte Schwinge** kaufen. Wir haben uns fürs Erste für eine einfache **Rahmenklammerhalterung** entschieden, die eine **Höhenverstellung** zuläßt (13).
Um das Gewicht des Siebes auszugleichen, bauen wir ein **Gegengewicht** (14), das an den Rahmen angeschraubt werden kann.

128 Projekt Offene Werkstatt. Arbeitsanleitung zum Bau einer Siebdruckanlage (Ausschnitt; DIN-A 0-Faltblatt)

Wir hatten die Idee, mit einer *Reisenden Werkstatt* in andere Städte zu ziehen und dort für kurze Zeit *Offene Druckaktionen mit Kindern, Jugendlichen und Erwachsenen* zu machen. Eine neue Siebdruckanlage wurde gebaut, die aber diesmal zusammengelegt in einen Bulli paßt!

Auf der *IKiBu '77* (Internationale Kinder- und Jugendbuchausstellung) in Duisburg hatten Kinder und Jugendliche viel Spaß daran, aus alten Holzbuchstaben Sprüche und »Buchstaben-Tiere« zu setzen und auf einer alten Andruckpresse *selbst zu drucken!* Für eine Woche waren wir mit der Werkstatt da.

In Unna z. B. konnte jeder Interessierte das Werkstattangebot im Sommer 1978 wahrnehmen. Im *»Kulturladen Unna«* experimentierten Bürger drei Wochen lang mit den technischen Möglichkeiten des Buch- und Siebdrucks. Jugendgruppen nutzten die Werkstatt, um eigene Plakate zu drucken und nach unserem Vorbild eine Siebdruckanlage zu bauen. *Für unsere Reisende Werkstatt und unsere eigene Arbeit haben wir jetzt einen Standort in Bielefeld gefunden!* Das soll auch wieder eine *Offene Werkstatt* werden, wo man experimentiert, wo z. B. auch Künstler eigene Grafiken herstellen können, wo Initiativgruppen Drucksachen in Auftrag geben oder selbst machen. *Neben dieser Offenen Werkstatt arbeiten wir auch im Bereich der Kulturwerbung, entwickeln Konzepte und Entwürfe für Plakate und andere Drucksachen!*

Daß Siebdruck auch ganz einfach geht, zeigt eine Druckaktion mit Kindern in der Stadtbibliothek Bielefeld. Im Foyer der Eingangshalle bauten wir eine improvisierte Siebdruckwerkstatt auf. Wir hatten dabei: einen Drucktisch, Siebe, Rakel, Farben und Lösungsmittel.

Der Drucktisch war bald von Kindern umlagert! Mit einer ganz einfachen Technik, der Papierschablone (Abb. 127), druckten die Kinder ganz tolle Bilder und Texte, auch Plakate für eine Geburtstagsfeier. Die Papierschablone ist besonders geeignet fürs Drucken in Schule, Kindergarten, auf Festen usw. Auf diese Weise lassen sich auch sehr schnell und billig *Plakate* herstellen!

Beim direkten Bemalen des Siebes mit Siebfüller oder Gummikleber (Fixogum) können bis zu acht Kinder an einem Sieb arbeiten. Wir teilten die Fläche in Felder ein (Abb. 74). Jedes Kind malte in ein oder mehrere Felder ein Bild oder einen Spruch. Der große Bogen wurde hinterher auseinandergeschnitten: Die einzelnen Bilder kann man dann als Postkarten verschicken.

Die Kinder machten begeistert mit!

Wer sich dafür interessiert, wie man eine Siebdruckanlage (Drucktisch und Kopiertisch) selbst bauen kann, bekommt bestimmt einige Tips durch eine Bauanleitung, die wir herausgegeben haben (Abb. 128). Falls es Schwierigkeiten oder Fragen gibt, wir helfen gerne!

Kontaktadresse:
Projekt Offene Werkstatt, Friedrich-Verleger-Straße 22 Hh, 4800 Bielefeld 1. Tel. (0521) 179205

2 Projekt »Musische Freizeit«

Während der »hafa« 1975 in Bremen (Ausstellung Hauswirtschaft – Familie) zeigte eine Schülergruppe aus den 5. und 6. Klassen einer Bremer Schule im Rahmen der Sonderschau »Musische Freizeit«, wie im Handdruck ein Siebdruck entsteht. Im Laufe einer Woche wurde in Gruppenarbeit und unter Mithilfe der Besucher ein fünffarbiger Siebdruck hergestellt.

Die praktische Arbeit sollte den Besuchern einen Einblick in die Möglichkeiten des manuellen Siebdruckes vermitteln, schulische Anwendung im Kunstunterricht verdeutlichen und Anregungen für den eigenen Freizeitbereich geben. Die Besucher hatten Gelegenheit, selbst zu drucken, sich das Prinzip erläutern zu lassen und die Drucke auch zu erwerben.

Für die Schüler ergab sich die Möglichkeit, im Unterricht erlernte Kenntnisse und Fertigkeiten anzuwenden, im außerschulischen Bereich zu demonstrieren und an andere weiterzuvermitteln.

Ausgangspunkt für den Druck waren Schülerfotos aus dem Bremer Stadtbild (Abb. 129), von denen ein Foto aus dem Altstadtviertel Schnoor zur Reproduktion im Druck ausgewählt wurde. Durch fotografische Tontrennung und Vergrößerung des Fotos auf hart arbeitenden Lithfilm (vgl. Abb. 104) wurden einzelne Tonwertstufen aus dem Foto als Kopiervorlagen ausgezogen und im Laufe der Ausstellungswoche zum fünffarbigen Siebdruck »Schnoor« aufgebaut (Abb. 130).

Kopiervorlagen- und Schablonenherstellung wurden in den Werkstätten der Schule selbst vorgenommen.

Der Ausgangspunkt Foto war u. a. deshalb gewählt worden, um dem Besucher zu verdeutlichen, wie aus einem Schwarzweiß-Foto ein farbiger Siebdruck entstehen kann, wenn man fotografische Dunkelkammer-Techniken zu Hilfe nimmt. Hier bieten sich z. B. für den Hobby-Fotografen geradezu »multimediale« Arbeitsweisen an, die erweiterte künstlerische Umgestaltungsmöglichkeiten seiner Fotos ermöglichen.

Im Laufe der Woche konnten nahezu 1000 Drucke hergestellt und verkauft werden.

a

b

c

d

29 a) – d) Schülerfotos aus dem Bremer Stadtbild. (Foto b: Ausgangsvorlage für Siebdruck »Schnoor«, Abb. 130)

130 Schülergruppenarbeit (5./6. Klasse), Schnoor. 1975. Fünffarbiger Stufen-Siebdruck

3 Manfred und Heidi Pfeiffer (Karlsruhe): Siebdruck-Kurzlehrgänge für Erwachsene

Für unsere Kurse gab eine Ausstellung über Siebdruck, durchgeführt von unserem Fachverband der Siebdruck-Industrie, den letzten Anstoß. Diese Ausstellung im Karlsruher Landesgewerbeamt fand sehr großes Interesse, und verstärkt bekamen wir Anfragen wie: »Also, in der Ausstellung habe ich gesehen, wie vielseitig der Siebdruck ist. Aber wie funktioniert das? Kann ich vielleicht mal in Ihrer Werkstatt zuschauen, wie das funktioniert?«

Zunächst stimmten wir zu. Wir führten die Leute meist einzeln ca. zwei Stunden lang durch den Betrieb und zeigten und erklärten ihnen alles, was sie wollten. Sehr schnell aber merkten wir, daß diese Leute durch die Fülle der Informationen und wir durch den Zeitaufwand überfordert waren. So boten wir unsere Siebdruck-Abendkurse an, die begeistert aufgenommen wurden, und zwar von sehr unterschiedlichen Leuten, vom Werkkunststudenten über den Druckeinkäufer von Industrie- und Werbeunternehmen bis zur Lehrerin oder Hausfrau. Selbst absolute Laien machen wir in unseren Kurz-Lehrgängen mit dem Thema Siebdruck vertraut. Natürlich können wir in 16 Stunden niemanden zum perfekten Profi-Siebdrucker ausbilden – dafür wären drei Jahre nötig.

Jeder Kursteilnehmer stellt selbst eine Druckform her (möglichst nach eigenem Entwurf) und druckt dann auch damit (Abb. 131).

Das Kursus-Programm gliedert sich in:
- Theoretischen Teil und Verteilung der Kursunterlagen, Betriebsführung
- Erklärung der Schablonenarten, Entwurfsaufgabe
- Entwurfsbesprechung, Material und Unterlagen für den Entwurf
- Schablonenherstellung
- Druck
- Prüfungsfragen und Besprechung

Ob als berufliche Ergänzung und Fortbildung oder aus Spaß an handwerklicher Tätigkeit, als Hobby, oder aus Kostengründen bei geringem Eigenbedarf für Vereinsplakate, Einladungskarten, Vorhänge, Kissen etc. – diese Kurse haben einen hohen Kommunikationswert für alle Beteiligten.

Technisch bietet eine gewerbliche Siebdruckerei natürlich alle Vorteile der modernen Produktion. Leider ist in Schulen oder ähnlichen Einrichtungen eine Siebdruck-Werkstatt gar nicht vorhanden, nicht mehr zeitgemäß ausgestattet oder auch »vergammelt«. Es fehlt an geeignetem Personal und Geld. Jedoch sind die Belastungen durch

131 Alois Reith, Karlsruher Altstadt. 1977. Siebdruck mit Manufix-Schablone nach einer eigenen Zeichnung, die als Vorlage unter das Sieb gelegt wurde. Mit Pinsel, Tusche und Fettkreide wurde auf das beschichtete Sieb gezeichnet, Strukturen wurden durch Frottage des untergelegten Leinenstoffes erreicht

132 Aquarell-Skizze als Vorlage für den Siebdruck »Clown«. (Abb. 134)

133 Druckformen zum Siebdruck »Clown« (Abb. 134): a) Druckform für die Fläche. Technik In die offene Fläche werden die aus Papier gerissenen Konturen eingelegt; der nicht druckende Teil ist damit abgedeckt; der Rand wird mit Siebfüller geschlossen – b) Druck form für die Haare, Wangen und die Schleife. Technik: Aus dem mit Gelatine gan geschlossenen Sieb wird das Motiv mit Wasser ausgewaschen (Schwamm, für fein Stellen Q-tips-Wattestäbchen) – c) Druckform für die Hautfarbe. Technik: Das mit Fett stift auf das Gewebe gezeichnete Motiv wird nach dem Verschließen der Maschen mi Gelatine mit Terpentin ausgewaschen – d) Druckform für die Jacke (Fläche) un Augen. Technik: Das Sieb wird mit Siebfüller negativ verschlossen – e) Druckforn für Jackenmuster, Augen- und Stirnfalten. Technik: Positive Manufix-Schablone; da Muster wird mit Lithostift frottiert, die Falten werden mit Positiv-Tusche und Pinse gemalt – f) Druckform für Mund, Nase und Schleifenmuster. Technik: Wasserlösliche Schneidefilm

134 Elfi Kern, Clown. Mehrfarbiger Siebdruck, hergestellt mit Manufix-Schablonen

Kurse in einem Gewerbebetrieb erheblich. So wird eben immer wieder abzuwägen sein zwischen dem PR-Wert, dem Spaß, der Wirtschaftlichkeit und den Belastungen für den gesamten Betrieb.

Informationsmöglichkeiten wie Druckvorführungen z. B. im Badischen Kunstverein November 1978, die stark von Schulklassen besucht wurden, sind nur ein Tropfen auf den heißen Stein, solange nicht in den Schulen fundiert nachgefaßt wird und das Gesehene aufgearbeitet wird. Gerade beim Siebdruck ist die Technologie noch in der Entwicklung – was heute noch gilt, ist vielleicht morgen schon überholt. Allein diese Tatsache macht eine dauernde Neuinformation nötig. Abb. 131 und 132 zeigen Ergebnisse der Kursteilnehmer, geben Erläuterungen zu Arbeitsweisen mit manuell hergestellten Schablonen und zeigen die einzelnen Druckformen zum mehrfarbigen Siebdruck »Clown« (Abb. 133, 134).

V Siebdruck in der Bildenden Kunst

Siebdruck ist die jüngste druckgrafische Technik im Bereich der Bildenden Kunst. Zwar haben in Deutschland u. a. Künstler wie Willi Baumeister (Farbabb. 11), Rupprecht Geiger (Farbabb. 12) und Fritz Winter (Abb. 150) bereits zu Beginn der 50er Jahre mit der Siebdruck-Technik gearbeitet, doch erst Anfang der 60er Jahre begann eine größere Zahl von Künstlern dieses Medium verstärkt für ihre künstlerischen Absichten zu nutzen. Das ist zum einen zu erklären durch die verbesserte Technik und die dadurch erweiterten Anwendungsmöglichkeiten, die bereits in der Industrie Verwendung fanden. Neue fotomechanische Schablonenverfahren erweiterten die eingeschränkten Darstellungsmöglichkeiten der rein manuell hergestellten Schablonen. Die Schablonentechnik verlagerte sich vom manuellen zum fotomechanischen Bereich. Fotografische Übernahmen und realistische Inhalte wurden möglich.

Zum anderen erlaubte das Siebdruck-Verfahren Farbintensitäten und volldeckende Farbflächen, wie sie bis dahin kein anderes Druckverfahren zu bieten vermochte. Das kam vor allem den Vorstellungen der Künstler der Pop-Art (Farbabb. 18, 22), Op-Art (Farbabb. 14) und des Konstruktivismus (Farbabb. 13, 15) entgegen. Der Siebdruck wurde zum bevorzugten druckgrafischen Medium für die Kunst der 60er Jahre. So war

135 Larry Rivers, Cigar Box. 1965. Multiple. Holzkasten mit hölzernen Zigarren. Deckel im Siebdruck

136 Timm Ulrichs, Dreidimensionaler Würfel-Text »Würfel«. 1964. Multiple. Holz, weißer Kunststoffüberzug, Beschriftung im Siebdruck

137 Robert Indiana, Exploding Number-Box. 1966. Multiple. Siebdruck auf Holz

138 Joseph Beuys, Holzpostkarte. 1974. Postkartenobjekt. Siebdruck auf Fichtenholz

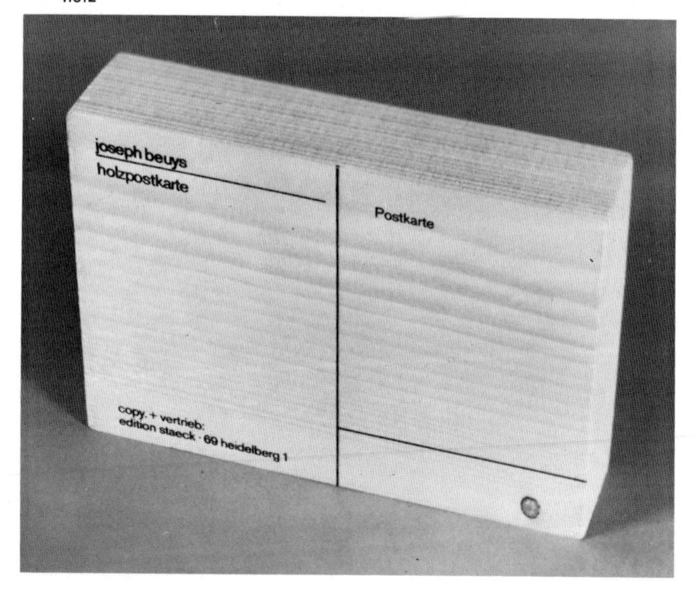

139 Allan d'Arcangelo, Ohne Titel. 1971. Multiple. Druck: Domberger

z. B. der überwiegende Teil der auf der documenta 4 gezeigten Druckgrafik im Siebdruck hergestellt.

Vom Staat, von Museen, Kunstkritikern und Sammlern wurden und werden künstlerische Siebdruck-Arbeiten oftmals nicht als Original-Druckgrafik anerkannt. Siebdruck galt als reine Reproduktionstechnik. Diese Einschätzung wurde nicht zuletzt durch die Fülle der Siebdruck-Editionen selbst verursacht, bei denen sich die Künstler von den fotomechanischen Wiedergabemöglichkeiten der Technik und den Bedürfnissen des Kunstmarktes allzu leicht verleiten ließen und reine Reproduktionsdrucke von Originalen produzierten, die fälschlicherweise als Original-Druckgrafik bezeichnet wurden.

Unsicher und mißtrauisch machte auch, daß der Künstler nicht mehr unbedingt selbst druckte, sondern sich industrieller, weitgehend mechanischer Verfahrensweisen zu bedienen begann und/oder die Produktion dem Drucker ganz überließ. Doch gerade die Verwendung industrieller Technologien ermöglichte neue Ausdrucksformen. Unterschiedlichste Materialien und Oberflächen konnten bedruckt werden.

Verstärkt verwenden Künstler den Siebdruck auch zum Bedrucken dreidimensionaler Auflagenobjekte (Multiples) in verschiedenen Materialien und Formen, deren Konzeption und Realisation in der jeweiligen Form u. a. erst durch diese Technik möglich wurde und die herkömmliche zweidimensionale Druckgrafik zum bedruckten Objekt hin erweiterte (Abb. 135–139; vgl. auch Farbabb. 28), daneben auch Grafiken mit beweglichen Elementen (Farbabb. 17) entstehen ließ.

Wollen Künstler das Medium Siebdruck verwenden, sehen sie sich grundsätzlich vor die Frage gestellt, ob sie selbst drucken, drucken lassen oder in Kooperation mit einem Drucker arbeiten. Das ist weitgehend abhängig von den Verfahrens- und Anwendungsweisen (s. Künstler-Statements, S. 302 ff.). Viele bedeutende Künstler haben sich für letzteres entschieden. Die ständige und stürmische Entwicklung der Siebdruck-Technologie (der Arbeitsverfahren, Maschinen und Geräte) erfordert für bestimmte Vorhaben geradezu den Spezialisten, der dem Künstler mit seinem Fachwissen zur Seite steht, ihn berät und so erst die adäquate Umsetzung der künstlerischen Idee in die Druckgrafik sicherstellt.

Erst diese Zusammenarbeit, nicht nur die technische, sondern auch die gedankliche, machte viele bedeutende und qualitätsvolle Siebdrucke möglich. Der Künstler bekennt sich zu dieser Zusammenarbeit, der Drucker bleibt nicht anonym. Häufig werden in Mappenwerken Künstler und Drucker zusammen genannt (Abb. 140), in Katalogen die gemeinsamen Arbeitsweisen beschrieben und illustriert und Ausstellungen für den Drucker organisiert (Abb. 141), die die Bedeutung des Druckers unterstreichen und seine Leistungen gleichberechtigt neben die des Künstlers stellen.

Richard Hamilton beispielsweise hat mit so wichtigen Siebdruckern wie Domberger, Haas und Prater zusammengearbeitet, sich u. a. durch diese Zusammenarbeit die verschiedenen Techniken selbst bis in alle Einzelheiten verfügbar gemacht und gehandhabt, weshalb er nicht auf eine druckgrafische Technik fixiert bleibt. Das ist eine Grundvoraussetzung für seinen Arbeitseinsatz, jeweils das Druckverfahren für ein Vorhaben zu wählen, das am besten geeignet erscheint, um die Bildidee umzusetzen. Typisch für Hamilton ist auch der kombinierte Einsatz verschiedener Techniken und die Kooperation mit anderen Künstlern, z. B. mit Dieter Roth.

Seine Serigrafie »I'm dreaming of a white Christmas« 1967 (Farbabb. 20) – entstanden in enger Zusammenarbeit mit Luitpold Domberger – zeigt auf, wie man bei intelligentem Einsatz industrielle (mechanisierte) Druckverfahren für – in der Aus-

A TOOL BOX

by Jim Dine

screen printed and assembled by Christopher Prater at Kelpra Studios LTD. in april 1966 London, on various materials and papers chosen by the artist and the printer. Each print is 19" x 24".

Published by EDITIONS ALECTO as Portfolios of ten images in numbered and signed editions limited to 150 with 30 sets of artists proofs.

Jim Dine, London
april 1966

140 Zusammenarbeit Künstler-Drucker. Jim Dine und Chris Prater, Vorlagenblatt zu der Mappe: A Tool Box, gedruckt im Kelpra Studio, London

Hans-Peter Haas – seine Werkstätte in zwei Jahrzehnten

Serigrafien von 70 Künstlern

TWS-Etagengalerie
Lautenschlagerstraße 21 Stuttgart
Vom 16. 11. 78 bis 9. 1. 79
Geöffnet Mo – Fr 8 – 16 Uhr

141 Zusammenarbeit Künstler-Drucker. Plakat zu der Ausstellung: Hans-Peter Haas – seine Werkstätte in zwei Jahrzehnten. Die Ausstellung zeigte von 70 Künstlern ca. 300 Serigrafien, die im Atelier von Haas gedruckt wurden

sage und im handwerklichen gleichermaßen – hochwertige künstlerische Druckgrafik nutzbar machen kann. Manuelle, vom Künstler gezeichnete, gespritzte und fotografisch hergestellte Kopiervorlagen (Farbauszüge und Montageraster) wurden je nach Absicht hergestellt und für den Druck kombiniert eingesetzt.

Die Methode der vielfachen Veränderung einer einzigen Ausgangsvorlage demonstriert Dieter Roth in seiner Folge »6 Piccadillies« (Farbabb. 23), entstanden in Zusammenarbeit mit dem Drucker Hans-Peter Haas. Ausgehend von einer fotomechanisch vergrößerten Reproduktion einer Ansichtskarte, gedruckt im Offset, wird das Ausgangsmotiv in verschiedenen Variationen und Farben in geradezu experimenteller Weise auf jedem der beidseitig bedruckten 6 Blätter nach vom Künstler gezeichneten Kopiervorlagen bearbeitet und in Aussehen und Wirkung vielgestaltig verändert. Vor dem späteren Druck gab es also keine zu reproduzierende Vorlage (etwa ein Original), sondern nur die Idee des Künstlers, die Offsetvorlage mit Hilfe des Siebdruckes umzugestalten. Erst der Arbeitsprozeß Siebdruck und die variantenreichen Eingriffe des Künstlers lassen »originale« Druckgrafik entstehen.

In England ist es Chris Prater, der für den künstlerischen Siebdruck neue Maßstäbe gesetzt hat. Die Entwicklung beginnt, als eine Kommission des Institute of Contemporary Arts um 1964 führende Künstler mit der Siebdruck-Technik, so wie sie bereits im gewerblichen und industriellen Bereich benutzt wurde, nämlich unter Einschluß auch fotomechanischer Verfahren, bekannt machte und Kontakt zu Chris Prater und seinem Kelpra Studio herstellte.

In der Folgezeit arbeitet Prater mit vielen Künstlern zusammen, u. a. mit Jim Dine, Eduardo Paolozzi, Joe Tilson, Gerd Winner und R. B. Kitaj. In Partnerschaft mit Kitaj beispielsweise entstehen in den folgenden Jahren auf der Basis von Collagen künstlerisch bedeutsame Mappenwerke, die die Wiedergabe fotografischer Vorlagen (Collagen) und ihre ästhetische Umgestaltung durch das Medium Siebdruck eindrucksvoll belegen (Farbabb. 24).

Auch Eduardo Paolozzi (Farbabb. 26) ist in erster Linie »Collagist«, in seiner Grafik ebenso wie in seiner Plastik. Er bezieht die »vorfabrizierten« Teile für seine Arbeiten aus unserer heutigen Bilderwelt der Massenmedien, Illustrierten, Kataloge und Comics. Mit diesen Fotoelementen schafft Paolozzi

Collagen, für die er im von ihm bevorzugten Siebdruck das geeignete Verfahren zur Umsetzung in künstlerische Druckgrafik findet. In enger Zusammenarbeit mit Chris Prater entsteht seit etwa 1962 eine Vielzahl von Einzeldrucken und Mappenwerken, die man heute bereits als »klassische« Meisterwerke der Serigrafie bezeichnen könnte. Sie haben in nicht zu unterschätzender Weise die Entwicklung des künstlerischen Siebdrucks in den 60er Jahren (vor allem der Pop-Art) beeinflußt.

Neben Paolozzi ist es in England vor allem Joe Tilson, der nicht nur ebenso aus dem unerschöpflichen fotografischen Reservoir der Massenmedien sein Bildmaterial bezieht, sondern seit 1963 ebenfalls in inspirierender Zusammenarbeit mit Chris Prater immer wieder mit dem Siebdruck gearbeitet hat. Mit diesen »Bildern aus zweiter Hand« schafft Tilson neue Bildwirklichkeiten, in denen Fotos, Textteile und Symbole aus unterschiedlichsten Bezugsfeldern miteinander konfrontiert werden, aber gleichzeitig auch durch die Absicht und die subjektive Sichtweise des Künstlers und nicht zuletzt durch die manipulierende Behandlung des fotografischen Ausgangsmaterials im Fotolabor und die Umsetzung in das Medium Siebdruck auf eine neue, teilweise brutale, dann wieder poetische Weise integriert werden. Neben dem Siebdruck »Ho Chi Minh« (Farbabb. 25) gibt es eine Reihe weiterer Arbeiten, in denen sich Tilson mit politischen Leitfiguren unserer Zeit (z. B. Che Guevara, Martin Luther King, Jan Pallach) und ihren Erscheinungsweisen in den Massenmedien beschäftigt.

Nicht nur für seine Druckgrafik, sondern auch grenzüberschreitend für Tafelbilder und Objekte findet er im Siebdruck die Technik, die die Umsetzung des vorfabrizierten Fotomaterials für seine künstlerischen Absichten erlaubt.

Was Kunstdrucker wie Domberger, Haas, Prater und Schulpius und ihre Mitarbeiter auszeichnet, ist die Fähigkeit, sich in die ästhetischen Absichten des Künstlers einzufühlen, Vorlagen für den Druck zu analysieren, in entsprechende Kopiervorlagen und Schablonen zu zerlegen und im Medium Siebdruck adäquat umgesetzt wiederzugeben. Treffen das Verständnis und die siebdrucktechnischen Erfahrungen dieser Meisterdrucker auf bedeutsame bildnerische Absichten und Aussagen des Künstlers, entsteht Druckgrafik von außerordentlicher handwerklicher und künstlerischer Qualität. Dabei ist erstaunlich, wie unterschiedlich die technische Ausrüstung der Siebdruck-Werkstätten ist und wie

142 Atelier für Siebdruck Hans-Peter Haas, Korntal bei Stuttgart. Haas beim Drucken an einem Siebdruck-Halbautomaten

143 Domberger K. G., Bonlanden bei Stuttgart. Siebdruck – Werbung – Verlag. Werkstattfoto. Siebdruckstraße, bei der Anlegen, Drucken, Trocknen und Stapeln vollautomatisch ausgeführt werden

a) Chris Prater

b) Handdruck auf Vakuum-Drucktisch mit Tischschwinge und Einhandrakel

c) Reinigen des Siebes

144 a) – e) Kelpra Studio, London. Werkstatt für künstlerischen Siebdruck. Chris Prater und Mitarbeiter bei der Arbeit. Kelpra Drucke werden von Hand gedruckt. Alle manuellen

Dennis Francis, Kameramann, an der Reprokamera im Fotolabor

) Arbeitsraum für Schablonenkopie und Siebreinigung

nd fotografischen Kopiervorlagen für die Schablonenkopie werden im Studio selbst ergestellt.

variantenreich unterschiedliche Siebdruck-Techniken für künstlerische Siebdrucke eingesetzt werden. Hans-Peter Haas hat beispielsweise seit 1959 vor allem Anwendungstechniken zur Wiedergabe von Pastell-, Aquarell-, Kreide-, Ölmalerei und von Zeichnungen entwickelt.

Während bei Haas (Abb. 142) und bei Domberger (Abb. 143) die Siebdruckmaschine den Druckvorgang weitgehend mechanisiert hat, entstehen die Drucke bei Prater (Abb. 144) und Schulpius (Abb. 149) noch heute von Hand. Beide Arbeitsformen haben meines Erachtens ihre Berechtigung, solange die Qualität und die Vielfalt der Aussage- und Darstellungsformen durch das Medium erhalten bleiben. So gesehen, steht der Siebdruck heute gleichberechtigt neben anderen künstlerischen Drucktechniken und ist nicht als Konkurrenz, sondern als Ergänzung zu Radierung, Lithografie, Holzschnitt u. a. zu sehen.

1 Hans D. Voss: Das Rasterreliefdruck-Verfahren in der Serigrafie

Der Rasterreliefdruck war eine Erfindung, die »geplant« wurde und sich seine technischen Mittel schaffen mußte.

In der zweiten Hälfte der 50er Jahre wurde die Kunstszene vom auslaufenden Tachismus bestimmt, einer Kunstrichtung, die vor allem in der Malerei (informelle Malerei) zunächst eine radikale Abkehr von bildnerischen Konventionen bedeutete. »Im Gefolge des Tachismus entwickelte sich als eine besondere Spielart malerischer Sprache die sogenannte Reliefmalerei. Der Farbverlauf wird von der formalen Anlage des Reliefs bestimmt. Dieses Zusammenspiel ist zwischen Farbe und Form aber wechselseitig so eng verknüpft, das umgekehrt auch die Farbe die formale Anlage des Reliefs mitbestimmen kann. Aus diesem Grunde bezeichnen wir in der Reliefmalerei die Funktion der Farbe als regulativ, ein Begriff, der auch wieder indirekt auf den Gestaltwert der Farbe hindeutet. Wir müssen diesen Zusammenhängen zwischen Relief und Farbe im einzelnen nachspüren, da sie nicht allein eine Frage der Bildgrammatik, des syntaktischen Gefüges berühren, sondern sich nicht zuletzt auch auf den Bedeutungsumkreis der Reliefmalerei beziehen.« (Rolf Wedewer, s. Literaturverzeichnis 6c)

Vom Material und vom Malprozeß her trat eine Umkehrung ein: Im Tachismus wurden mit flüssiger Farbe (z. T. im Dripping-Verfahren) in einem motorisch-emotionalen Prozeß die Ergebnisse direkt erzielt, in der Relief-Malerei hingegen mit Pasten, Sand und Fremdmaterial planend, langsam aufgebaut.

Ein Prozeß, der vom Maler additives, kontrolliertes Vorgehen verlangt, um so zu seinem Bildergebnis zu kommen, führte zwangsläufig zu einer neuen Bildsprache. Sollte in der bisherigen Malerei Farbe räumlich wirken, so *war* sie jetzt räumlich. Der semantische Bezug von Farbe zum Bildraum veränderte sich. Die Farbpaste – das Relief – wurde Bedeutungsträger, der auf sich selbst verwies. Der Begriff »Informel« umfaßt diese Phase in der Malerei nur sehr ungenau.

Es war naheliegend, daß die Frage des Farbreliefs sich auch in der Druckgrafik jener Zeit stellen mußte, um druckgrafische Blätter analog zum Bild zu produzieren. Als einziges druckgrafisches Medium war nur das Siebdruck-Verfahren geeignet, von der technischen – aber auch von der ästhetischen – Seite her das Problem Farbreliefdruck zu lösen.

Es erfüllte vier notwendige Voraussetzungen:

1. Die Möglichkeit eines extrem hohen Farbauftrages (Farbrelief)
2. Die Seitenrichtigkeit dieses Druckverfahrens
3. Als »Durchdruck«-Verfahren minimaler Druck beim Druckvorgang
4. Die noch zu findende Schablonentechnik, welche flexibel zu handhaben war, um additiv Schichtungen entsprechend dem Reliefbild aufbauen zu können.

Es mußten zunächst methodisch neue Möglichkeiten gefunden werden, die das Gewebe, die Schablone und die Druckfarbe betrafen. Mit Lösung dieser Probleme entstand eine neue Kategorie von Druckgrafik: der Farbreliefdruck.

Alle anderen sogenannten Reliefdrucke in der Technik der Radierung (Tiefdruck) sind Prägungen des Papiers und somit keine Reliefdrucke, sondern Prägedrucke. Beim Rasterreliefdruck wird die Farbe als Farbrelief sukzessive aufgetragen (gedruckt), was dem methodischen Vorgehen bei der Reliefmalerei entspricht.

Sollten keine Reproduktionen von Reliefbildern entstehen, sondern Grafiken, die sich aus der Eigengesetzlichkeit des Druckens entwikkelten, so mußte zunächst der vorgegebene Entwurf (Vorlage) aufgegeben werden. Das war anfangs ein technisches Problem: Ich mußte eine Schablone finden, die beliebig auf einem Sieb verändert werden konnte, um Ergebnisse verwerfen und neue Möglichkeiten erschließen zu können. In einem kombinierten Schablonenverfahren – Kunststoff-Schellack-Schablone (s. S. 157) – fand ich die Lösung. Diese Schablone machte es möglich, beliebig viele Druckvorgänge von einem Sieb zu drucken und somit das Blatt selbst aus kontrollierten Zufällen heraus weiterzuentwickeln. Zur Belebung an sich homogener Reliefflächen, die so entstanden, erfand ich die Schellack-Sprüh-Schablone (s. S. 157 f.), die es mir ermöglichte, gezielt Mikro-Strukturen einzusetzen, um somit

145 Hans D. Voss, S. 23–63. Serigrafie/Rasterreliefdruck. 1963. Druck von 2 Sieben, 149 Druckvorgänge; Gewebe: Siebdruck-Perlon, verschiedene Rastergewebe; Schablonen: kombinierte Kunststoff-Schellackschablone/Schellack-Sprühschablone, Papierschablonen verschiedener Stärken

6 Hans D. Voss, S. 55–72. Wappen für Yozo. 1972. Reliefserigrafie/Collage. Eigendruck

vom Haptischen und Optischen her das Erscheinungsbild des Farbreliefs zu bereichern.

Das zweite Moment meiner künstlerischen Konzeption forderte das Relief, d. h. einen wesentlich stärkeren Farbaufbau beim Druckvorgang, als es allgemeinhin beim normalen Siebdruck der Fall ist. Die Farbe mußte in ihrer autonomen Stofflichkeit betont werden (Abb. 145, 146). Für den Rasterreliefdruck wird zunächst ein grobes Gewebe zusätzlich unter das Sieb gespannt und gedruckt. Es entsteht so eine plastische Rasterform auf dem Blatt. In weiteren Druckvorgängen ist diese Form unter Einschaltung feinerer Gewebe aufzufüllen und Schicht für Schicht aufzubauen.

Mit Verbesserung der alten Schellack-Schnittschablone zum Safir-Film konnte die Kunststoff-Schellack-Schablone aufgegeben werden, da die Safir-Film-Schablone bei zunehmender Verfestigung meiner Reliefformen einen präziseren Druck des Farbreliefs erlaubte. Diese Schablone als »Unter-dem-Sieb-Schablone« wurde dann doppelt geführt, was einen wesentlich höheren Farbauftrag bei jedem Druckvorgang ergab.

Mitte der 60er Jahre hatten sich meine Blätter zu »Siebdruckobjekten« entwickelt, die zunächst mit rein formalen Zitaten versehen wurden. In kontinuierlicher Folge entwickelten sich aus diesen formalen Zitaten »realistische« Zitate, die als Collage integriert und im Transparentdruck überdruckt wurden. Das Collage-Verfahren wurde dann später bei Beibehaltung des künstlerischen Konzepts durch verschiedene fotomechanische Verfahren ersetzt. Hierbei bestimmten bildnerische Forderungen die Wahl der technischen Mittel. Maskierfilm, Color-Key-Zwischenfilmverfahren, Direktdurchleuchtungen, Rasterfilme etc. wurden separat oder in Kombination miteinander für die Schablonenkopie eingesetzt.

Es ist selbstverständlich, daß bei sehr starkem Reliefaufbau der Farbe erhebliche Zusätze an Füllmaterialien (Füller etc.) zugegeben werden müssen. Dieses macht eine Zugabe von großen Mengen Hartdrucköl erforderlich, um Versprödungen der Farbe zu verhindern und sie zu elastifizieren. Auf die Trocknung der Farbpaste wirkt sich diese Ölzugabe sehr verzögernd aus. Bis zur Stapelfähigkeit der Blätter können – je nach den klimatischen Verhältnissen – Tage vergehen. Eine vollständige Durchtrocknung der Reliefdrucke dauert 2 bis 3 Jahre Die Blätter sollten in dieser Zeit nach Möglichkeit mit Doppelklebe-Folie (Lomacoll) ganzflächig aufgezogen und passepartouriert werden.

Zum Schluß stellt sich noch die Frage nach der Höhe der Druckauflagen: Zumeist sind sie recht niedrig. 10 bis 35 Exemplare wurden gedruckt. Jedoch wurden bei kleineren Blättern durchaus präzise Druckergebnisse auch bei Auflagen von 50 bis 60 Exemplaren erreicht.

2 Wolfgang Troschke: Original-Druckgrafik statt Reproduktion

Die Frage liegt nahe, warum seit ca. 6 Jahren das *Meer* aus meinen Arbeiten nicht wegzudenken ist. Es ist ständig anwesend, wenngleich in ständig sich wandelnder Form; und an diesen Wandlungen läßt sich kontinuierlich die selbständige, eigengesetzliche Weiterentwicklung einer Idee ablesen, deren wesentliches Moment das Nichtstehenbleiben ist und die analog zu einem veränderten Ausdrucksbedürfnis verläuft.

Das *Meer,* das ist ebenso das Amorphe, Unbegrenzte, wie das immer Vorhandene, ewig Gleiche, das Zugleich von Wechsel und Dauerhaftigkeit. So gesehen, hat *Wasser* schlechthin für mich auch die Bedeutung des IMMER GEGEBENEN, quasi der Umwelt, des Vorhandenen um mich oder um den Menschen überhaupt.

War anfangs das bestimmende Moment der Darstellung die technisch perfekte Umsetzbarkeit dieser möglichst eindeutigen, möglichst objektiven »Aussage«, so ging es mir parallel zur Hinzunahme zeichnerischer Elemente in steigendem Maße um das dialektische Spannungsverhältnis zwischen Objekthaftigkeit und persönlicher Reaktion darauf.

Abb. 147 illustriert diese ursprüngliche Vorstellung einer solchen, möglichst klaren Wiedergabe des Meeres: Hierzu benötige ich zunächst ein Schwarzweiß-Negativ, von dem ein Halbtonfilm hergestellt wird. Um die Grauwerte des Films trennen zu können, muß ich mit 10 verschiedenen Belichtungszeiten arbeiten. Hierbei bevorzuge ich Siebe mit feineren Geweben. Einen überaus wesentlichen, später nicht mehr rekonstruierbaren Bestandteil der manuellen Bearbeitung des belichteten Siebes bilden die unterschiedlichsten Abdeckungen mit Siebfüller. Die Tontrennungen werden beim Druck in verschiedene Farbnuancen umgesetzt, wobei ich mit dem am längsten belichteten Sieb beginne. Die Belichtungsvorlage für die darübergedruckte Konstruktion wird hergestellt, indem ich mit Abdeckfarbe auf Folie und mit weichem Bleistift auf Transparentpapier arbeite.

Das *Meer* selbst wird bei meinen neueren Arbeiten immer abstrakter. Erst durch den Vorgang des Druckens ist es für mich wieder konkret, durch den Prozeß der verschiedenen Farbnuancierungen, deren endgültiges Ergebnis zu Beginn nie feststeht.

Gleichzeitig stellt sich durch die Anonymität des technischen Ablaufs eine Art innerer Abstand zum Sujet ein, der seine wechselseitige Ergänzung erst in den zeichnerischen Elementen findet. Lag mir früher viel am totalen Verzicht auf das, was man eine persönliche Handschrift nennt, so empfinde ich heute das, was ich zeichnerisch den Drucken hinzufüge, ganz bewußt als meine subjektive, persönliche Antwort auf das immer noch »Gegebene« oder »Umgebende«, das in zunehmendem Maße und oft fast bis zur Unkenntlichkeit, mitunter

147 Wolfgang Troschke, Seelandschaft S/3/74. 1974. Serigrafie in 15 Farben

148 Wolfgang Troschke, Seelandschaft S/3/77. 1977. Serigrafie in 27 Farben

nahezu verschwindet hinter der individuellen Reaktion darauf und so vielleicht eine Art »subjektiver Realität« gewinnt.

Wie lassen sich nun die grundsätzlichen Veränderungen des Sujets in Abb. 148 beschreiben? Die Bildform ist teilweise aufgelöst. An die Stelle des inhaltlichen Realismus tritt die Realität der zeichnerischen und malerischen Mittel. Zwar bleibt die Tiefenräumlichkeit des Wassers erhalten, aber die Spannung zwischen realem und imaginärem Raum ist aufgehoben durch die das ganze Bild überdeckende Pinselstruktur und Zeichnung.

Ausgangspunkt ist nun nicht mehr ein in jeder Phase festgelegtes Konzept, sondern eine ungefähre Bildauffassung in Form einer Skizze. Prinzipiell gehe ich genauso vor wie bei einer Original-Zeichnung, nur daß ich den Umweg über die Technik nehme. Um die malerischen Nuancierungen zu erreichen, muß ich zahlreiche Filme (Farbauszüge) manuell herstellen, die mit Abdeckfarbe in Valeurs auf Folie gemalt und nach der Belichtung über das vorgearbeitete Wasser-Motiv gedruckt werden.

Die Tontrennung erfolgt durch mehrstufige Belichtung. Überwiegend benutze ich transparente, nur stellenweise deckende Farben. Nach und nach werden verschiedene Belichtungsvorlagen mit Fettkreide auf Transparentpapier gezeichnet, werden nach kurzer Belichtung erneut von Hand überarbeitet und dann gedruckt. Diese Vorgänge wiederholen sich so lange, bis ich mit dem Ergebnis zufrieden bin.

Aus diesen knappen Erläuterungen müßte vielleicht deutlich werden, warum ich meine Arbeiten als ORIGINAL-GRAFIK verstehe im Gegensatz zur Reproduktionstechnik, zu der der Siebdruck häufig gezählt wird.

3 Gerd Winner: Der Künstler als Drucker – der Drucker als Künstler

Der künstlerische Siebdruck hat wie keine druckgrafische Technik in unserer Zeit eine künstlerische und technische Entwicklung durchlaufen vom zunächst einfachen »kunsthandwerklich« betriebenen Seidensiebdruck bis hin zu der hochentwickelten intermedialen druckgrafischen Technik, die auf die Summe der vorausgegangenen grafischen Erfahrungen aufbaut, diese in wesentlichen Bereichen integriert, um neue Ausdrucksmöglichkeiten erweitert und so zu einem hervorragenden künstlerischen Ausdrucksmittel unserer Zeit geworden ist.

Pate dabei stand nicht nur die grafische Industrie, die jene von Künstlerhand entwickelten Seidensiebdrucke für ihre Möglichkeiten speziell in den kunststoffverarbeitenden Werkstätten adaptierte und in technischer Hinsicht erheblich ausbaute, sondern gerade eine produktive Gruppe von Künstler-Handwerkern, unter denen Chris Prater in London, Luitpold Domberger in Stuttgart neben anderen herausragen, die nicht nur die technische Entwicklung des Siebdrucks wesentlich beeinflußt haben, sondern, selbst Künstler, es verstanden haben, einer ganzen Reihe bedeutender Künstler diese neue Technik erst zu vermitteln. Die Künstler ihrerseits entdeckten bald das intermediale Zusammenwirken grafischer, malerischer und fotografischer Prozesse, schätzten einen analytischen Arbeitsprozeß, der ein schichtenweises, additives und integrierendes Arbeiten zuließ.

Zudem ermöglichte der Siebdruck, erstmals Farbe sowohl in pastoser als auch in transparenter Konsistenz von hoher Intensität in einen druckgrafischen Prozeß einzubringen, wie es zuvor nur die Malerei selbst erlaubte. Der Farbauftrag wurde durch Art und Größe der Gewebemaschen fast beliebig steuerbar bis hin zu Möglichkeiten des Reliefs (wie etwa bei Voss). Zudem ist der Künstler nicht mehr nur auf Papier als Druckträger wie bei den tradierten druckgrafischen Techniken angewiesen, sondern kann Materialien wie Holz, Glas, Kunststoff, Metalle, Leinen usw. erstmals in den Druckprozeß einbeziehen und den Bereich der Grafik wesentlich erweitern.

Die Möglichkeit, Farbe intensiver und direkter in einem Druckverfahren verwenden zu können, führte mich Mitte der 60er Jahre zu ersten Experimenten mit dem Siebdruck, zunächst in der Absicht, die Technik der Radierung mit der des Siebdrucks zu verbinden, um Strukturen einerseits, intensive Farbe andererseits zusammenfügen zu können. Diese neue Technik faszinierte mich zunehmend und verdrängte die Radierung mit ihren Möglichkeiten letztlich.

Ich richtete mir eine Werkstatt für Siebdruck ein, um unabhängig von kommerziellen Siebdruckereien und den dort für mich beschränkten Möglichkeiten eigene Experimente durchführen zu können, arbeitete zunächst mit Schnittfolien, die mir als werkgerechte Arbeitsform zur Druckvorbereitung für den Siebdruck bekannt waren. Diese hart geschnittenen Arbeiten »Torsi«, »Scooter«, »Dollar Grin« genügten mir in dem flächenhaften technischen Aufbau nicht, und ich suchte nach Möglichkeiten, differenzierte Strukturen in den Gestaltungsprozeß einbringen zu können. Zunächst von der irrigen, heute noch weit verbreiteten Annahme ausgehend, der Siebdruck biete nur flächenhafte Möglichkeiten der Gestaltung, entdeckte ich Raster- und Kornstrukturen, die ich zunehmend in meinen Arbeitsprozeß einband. In der Addition zu konstruktiven und flächigen Teilen des Bildaufbaues erlaubten diese Strukturen einen differenzierten Arbeitsvorgang, der die Möglichkeiten von fotografischen Prozessen, im Tontrennungsverfahren gewonnenen Strukturen, Möglichkeiten der Collage, des additiven wie substraktiven Arbeitens ökonomisch miteinander verband.

Je intensiver ich in das Gebiet des Siebdrucks eindrang, desto deutlicher wurde mir klar, daß ein Maler angesichts der vielen handwerklichen und technischen Problemstellungen dieser neuen Drucktechnik eines Partners (Druckers) bedurfte, der parallel zu den eigenen künstlerischen Gestaltungsprozessen eine permanente technische Forschung betreiben konnte.

Der Drucker mußte Partner werden. Er muß mit seinem technischen Wissen in den Gestaltungsprozeß eingebunden sein und eine ständige Bereitschaft zur Zusammenarbeit mitbringen. Diese Zusammenarbeit darf nicht erst nach Abschluß der künstlerischen Projektierung eines Druckes beginnen, sondern sollte notwendigerweise im frühesten Stadium, bereits im Vorfeld des Gestaltungsprozesses angelegt sein. In dieser Form einer Symbiose sollte der Künstler im Idealfall selbst Drucker sein, der Drucker auch Künstler.

Dieses trifft auf jene herausragenden Drucker wie Chris Prater, Luitpold Domberger, Hajo Schulpius, Hans-Peter Haas und viele andere zu, die nicht nur den künstlerischen Siebdruck entscheidend mitgeprägt haben, sondern einer Vielzahl von Künstlern erst den künstlerischen Einstieg in diese Drucktechnik ermöglichten (Abb. 149). Nicht zu Unrecht widmen Museen den Druckern Ausstellungen. Man kann bei den genannten Druckern von einer eigenen Handschrift sprechen, die zweifellos erkennbar in den Gestaltungsprozeß mit einfließt. Diese Form der Zusammenarbeit zwischen Künstler und Drucker greift eine Tradition auf, die bereits in den Anfängen der Druckgrafik begründet wurde. Durch die Belebung der Druckgrafik in den 60er Jahren, an welcher der Siebdruck einen entscheidenden Anteil hatte, war es vielen Künstlern auch finanziell erst wieder möglich, mit einem Drucker als Partner zusammenzuarbeiten. Diese fruchtbare Zusammenarbeit hat nicht nur die künstlerische Dimension der Druck-

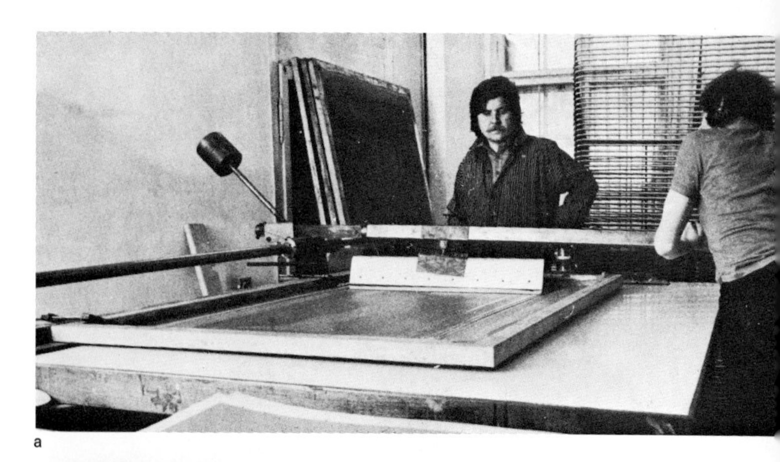

a

b

149 Zusammenarbeit Künstler–Drucker. Gerd Winner und Hajo Schulpius bei der Arbe
a) Druck von Hand auf einem Vakuum-Drucktisch mit Tischschwinge und Einhandrakel
b) Kontrolle des Druckes

grafik erweitert, sondern eine unverwechselbare und originäre Bildsprache geschaffen.

»Man sagt, daß im Siebdruck die Grenzen der graphischen Künste erreicht seien. Grenzen aber sind Konventionen, deren Aufgabe es ist, bestehende Fakten zu erfassen und zu definieren. Die Fakten einer neuen technischen und künstlerischen Welt ändern sich mit ihr, mit ihren Bedürfnissen, Möglichkeiten und Zielen. Grenzen müssen also dem angepaßt werden, was der Künstler als Neuland längst erobert hat. Denn niemals hat das Mittel zu bestimmen, was der Künstler zu tun hat, sondern immer muß der Künstler sich aller Mittel bedienen, deren er bedarf, um seine Vision zu realisieren. Denn sein Eingreifen ist es, daß die Welt stets neu gestaltet, neu entdeckt und damit auch die Realität neu wahr werden läßt. Die Definition der Grenzen aber folgt erst danach.« (Walter Koschatzky, s. Literaturverzeichnis 6 c)

Geschichte und Gegenwart der Serigrafie

Von Jürgen Weichardt

Die Anfänge des künstlerischen Siebdrucks in den USA

Die Geschichte der Serigrafie – der künstlerischen Form des Siebdrucks – kennt zwar experimentelle Ansätze zwischen den Kriegen in Europa, z. B. Versuche französischer Künstler mit Fotoschablonen, doch beginnt seine tatsächliche Geschichte in den USA. Die Serigrafie ist das erste Geschenk der Kunst der USA an Europa, die Pop Art, deren Entwicklung eng mit der Serigrafie verbunden ist, das zweite.

Die Entwicklung der Serigrafie in den USA hängt eng mit dem »New Deal« zusammen, in dessen Rahmen auch notleidende Künstler beschäftigt werden sollten. In diesem Zusammenhang wurde 1938 der Grafiker Anthony Velonis der Poster-Abteilung des New Yorker Kunst-Projekts zugeteilt, die unter Leitung von Richard Floethe stand. Velonis hatte die Aufgabe, die Arbeit im Siebdruck zu reformieren und andere Künstler in diese neue Technik einzuführen. Dies ist der direkte Ausgangspunkt nicht nur für die amerikanische, sondern für die Serigrafie in der ganzen Welt.

Natürlich hat es neben Velonis auch andere Experimentatoren gegeben, so Guy Maccoy, der 1938 die erste Einzelausstellung mit Arbeiten in dieser Technik hatte, oder Bernard Steffen und Max Kahn. Zwölf Künstler schlossen sich 1940 zu einer »Silk Screen Group« zusammen, um zu demonstrieren, daß sie an einer neuen Technik mit Zukunft arbeiteten. Ab 1942 nannte sich diese Gruppe »National Serigraph Society«. Sie nahm damit einen Terminus auf, den Carl Zigrosser, der Mentor dieser neuen Technik, 1940 im Gespräch mit Velonis gefunden hatte: Er fragte Velonis, was er vom Begriff »Serigrafie« halte – Seidenzeichnen analog Steinzeichnen (= Lithografie). Velonis stimmte sofort zu, und damit war die Bezeichnung für den künstlerischen Siebdruck geboren.

Die »National Serigraph Society« bezog 1945 eine eigene Galerie in New York, die bis 1962 bestand und sich dann in »Print Club« umbenannte. Zu dieser Zeit hatte sich die Serigrafie durchgesetzt. Die »National Serigraph Society« hatte dazu einen erheblichen Beitrag geleistet: Ihre Gruppenarbeit und ihre Wanderausstellungen, die ab 1950 auch in der Bundesrepublik, Österreich, Norwegen und Japan zu sehen waren, zeigten die Leistungsfähigkeit der Serigrafie und verhalfen der neuen Technik zum Erfolg. Bis 1952 hatte die Gesellschaft bereits 300 Ausstellungen auf die Wanderschaft geschickt. Doch bei allen Verdiensten der »National Serigraph Society« – ihre Mitglieder haben künstlerisch keinen Ruhm erlangt, weil sie zur neuen Technik keine neuen Inhalte gefunden hatten. Der erste namhafte Künstler, der die Möglichkeiten der Serigrafie erprobte, war Ben Shan, der große Sozialkritiker unter den amerikanischen Künstlern, der bereits 1941 Motive in Siebdruck-Technik publizierte. Wie Shan war auch Francis Picabia, der New Yorker Dadaist, schon vor der Beschäftigung mit der Serigrafie berühmt. 1948 veröffentlichte er seine Serigrafie »Kleine Einsamkeit inmitten der Sonnen« und verwies damit zugleich auf eins der größten Probleme der neuen Technik: Auf die Frage der Originalität. Picabia hatte nichts weiter getan, als eine Arbeit von 1919 in der Siebdruck-Technik zu vervielfältigen: Er hatte die Serigrafie zu Reproduktionszwecken benutzt.

Danach dauerte es noch zwei Jahre, bis Jackson Pollock, der Künstler des action painting, erste Arbeiten speziell für die Serigrafie entwarf.

Die Entwicklung der Serigrafie in Europa

Um 1950 hat es auch in Westeuropa schon künstlerische Siebdrucke gegeben, die relativ unabhängig von amerikanischen Einflüssen entstanden sind. Allerdings ist der neuen Technik nur in zwei Ländern wirklich der Durchbruch gelungen: in der *Bundesrepublik Deutschland* und in *Frankreich.*

In der Bundesrepublik waren es Fritz Winter (Abb. 150) und Willi Baumeister (Farbabb. 11), die sich als erste mit der Seri-

150 Fritz Winter, Rotbrauner Torbogen. 1950. Farbsiebdruck, aus: Schwarze Zeichen. Mappe mit 9 Handdrucken des Künstlers

grafie befaßten. Allerdings ist ihr Ruhm auch unabhängig von der neuen Technik entstanden. Fritz Winter hat 1949 oder 1950 für die Galerie »Der Spiegel« in Köln die Mappe »Schwarze Zeichen« gedruckt. Willi Baumeister hat in den 1949 gegründeten Werkstätten von Luitpold Domberger mit der Technik experimentiert und 1950 erste Blätter veröffentlicht. 1963 ist im Jahrbuch der Hamburger Kunstsammlungen Nr. 8 ein Œuvrekatalog aller Serigrafien Baumeisters erschienen, aus dem deutlich wird, daß die ersten dieser Arbeiten von 1950 und 1951 ebenfalls Reproduktionen sind, wenn auch nicht formatgleich mit den entsprechenden Bildern. Der Katalog nennt die Vorlagen. Für den Künstler müssen diese Serigrafien Eigenwert besessen haben, da die Auflagen limitiert und die Blätter signiert worden sind. Beispiel ist dafür »Amenophis« (1950). Die seinerzeitigen Attacken auf Baumeister von seiten der Presse galten nicht nur seinem Werk, sondern auch der neuen Technik, die im Lande des Dürer-Holzschnittes als modernistisch, überflüssig und »importiert« abgetan wurde. Der Streit um die Serigrafie ist in den Fachzeitschriften von 1951–1954 nachzulesen.

Die damaligen Diskussionen drehten sich allerdings kaum um die eigentlichen Probleme der Serigrafie: ihren Mißbrauch als Reproduktionsmittel, das Massenauflagen ermöglichte. 1951 hatte Fernand Léger 1000 Exemplare von einer Arbeit drucken lassen und damit die gewohnten Vorstellungen vom »Original« gesprengt.

Nach den ersten Veröffentlichungen von Winter und Baumeister haben viele Künstler vor allem an einer technischen Ausweitung der Serigrafie-Möglichkeiten gearbeitet. Rupprecht Geiger (Farbabb. 12) ist danach als nächster überragender Siebdrucker zu nennen, da er ab 1952 für die Serigrafie besonders die feine farbliche Differenzierung von verwandten Tonwerten entwickelt hat. Seine Farbflächen – früher Ansatz zur späteren Monochromie – haben zugleich eine Feinstruktur vom gesprühten Kopierfilm erhalten, die von da an ein künstlerisches Mittel serigrafer Flächenbehandlung geworden ist.

Eine andere Möglichkeit, die Vielfalt der Serigrafie zu erweitern, hat Hans D. Voss 1960 gefunden: Die Reliefserigrafie und die Kunststoff-Schellack-Schablone (s. S. 157). Durch Häufung der Druckvorgänge und Bindung von schwarzer Farbe ist Voss zu Reliefdrucken gekommen, die die Serigrafie nahezu zu einem dreidimensionalen Objekt machen. In didaktisch aufgebauten Mappenwerken hat er dann einzelne Phasen dieses Druckens optisch festgehalten und beschrieben. Ebenfalls um 1960 und davor haben sich u. a. Günter Fruhtrunk etwa mit dem Blatt »Dynamische Geometrie« (1957/58; Abb. 151), Karl Fred Dahmen, Max Buchartz und 1959 Hann Trier mit der Serigrafie auseinandergesetzt. 1960 folgte der vielseitige Timm Ulrichs mit seinen »Interferenzen«. Wichtige Künstler dieser Technik sind in den folgenden Jahren in der Bundesrepublik Almir Mavignier und Dieter Roth gewesen, dessen »6 Piccadillies« (Farbabb. 23) die Auflösung der fotografierten Architektur in Vibration und Variation demonstriert. Mit geometrischen Mitteln hat Gerhard von Graevenitz zur selben Zeit einen gleichen Vibrationseffekt erzielt.

Wie sehr die Serigrafie an Beliebtheit in der ersten Hälfte der 60er Jahre zunahm, kann an den Daten gezeigt werden, zu denen einzelne Künstler erstmals diese Technik für Editionen verwendet haben: 1962 Heinz Trökes, 1963 Georg Karl Pfahler und Lothar Quinte. Selbst die späte Expressionistin Ida Kerkovius entdeckte die Serigrafie für sich.

151 Günter Fruhtrunk, Dynamische Geometrie. 1957/58. Farbserigrafie

1965 gab es in der Aldegrever-Gesellschaft in Münster eine erste Bestandsaufnahme der Serigrafie in der Bundesrepublik: Diese Ausstellung, die in Tecklenburg gezeigt wurde, enthielt Arbeiten von Albers, Camaro, Gaul, Geiger, Kampmann-Hervest, Kerkovius, Pfahler, Quinte, Trier, Trökes, Hans D. Voss, Wind und Winter. Danach – nach 1965 – beginnt die große Flut der Serigrafie-Editionen, aus denen zunächst Otto Piene (Farbabb. 19), der für seine Drucke 1967 den Großen Preis der Biennale in Tokio erhielt, und Gerd Winner (Farbabb. 5), der mehrfach auf Biennalen ausgezeichnet wurde, hervorgehoben werden müssen.

In Frankreich ist die Dominanz Vasarelys (Farbabb. 14) ganz offensichtlich. Nicht nur, daß er schon 1949 Drucke publiziert hat, er gab auch schon in den 50er Jahren ganze Mappen heraus, z. B. »Venezuela« (1955). Seine Arbeit »Markab« (1956/57) leitet überdies eine neue Phase in der Geschichte der Serigrafie ein, da hier die Technik des Siebdrucks auf ein künstlerisches Objekt angewendet wurde.

LA POLICE S'AFFICHE
AUX BEAUX ARTS

LES BEAUX ARTS
AFFICHENT dans la RUE

34

ATELIER
POPULAIRE

152 Plakat der Beaux-Arts (Atelier populaire): La police s'affiche aux Beaux-Arts. Les Beaux-Arts affichent dans la rue (Die Polizei macht sich in den Beaux-Arts breit, die Beaux-Arts verbreiten ihre Plakate in der Straße), Wortspiel. Mai/Juni-Unruhen, Frankreich. 1968

Eine erste Übersicht über die Arbeiten der Künstler, die sich in der neuen Disziplin profiliert hatten, gab 1954 eine Ausstellung in Paris, die Arbeiten von Vasarely, Pillet, Dewasne, Dias, Bacass, Deyrolle, Bloc und Jean Leppien zeigte. Vorher schon hatten Fernand Léger und Auguste Herbin in dieser Technik Arbeiten geschaffen; 1959 kam Hans Arp mit einer Mappe mit zwölf Serigrafien in der Galerie Denise René heraus, gleichzeitig mit einem Druck des Dänen Richard Mortensen, der damals mit der Ecole de Paris eng verbunden war. Kooperationen zwischen der Pariser Galerie und der Kölner Galerie »Der Spiegel« brachten 1960 Arbeiten von Mortensen, 1964 Vasarelys »Planetarische Folklore« und 1965 François Morellets »Trames« heraus.

Interessante technische Möglichkeiten untersuchen zur selben Zeit der in Paris lebende Schweizer Karl Gerstner und Alain Jacquet (Farbabb. 27). Im Gegensatz zu Gerstner versuchte Jacquet die Grenzen zwischen Malerei und Druckgrafik dadurch aufzuheben, daß er in kleiner Auflage Leinwände mit Serigrafien bedruckte. Der Prager Künstler Jiři Kolář hat diese Technik fast zur gleichen Zeit aufgenommen, während Andy Warhol in den USA der Bahnbrecher dieser »Kombinationstechnik« geworden ist.

Eine enorme Popularisierung hat schließlich die Serigrafie in den Tagen des Mai 1968 erfahren, als sie von Studenten der Ecole des Beaux-Arts für Plakate (Abb. 152) und Pamphlete benutzt wurde.

Die neue Bedeutung der Serigrafie in den USA nach 1960 – Pop und Op Art

Die Serigrafie hat entscheidenden Anteil am Erfolg der Pop Art. Sie wird für viele Künstler zur wichtigsten druckgrafischen Technik – nicht nur in den USA, auch in Großbritannien.

Hier hat das für die Entwicklung des künstlerischen Siebdrucks wichtige Kelpra Studio von Chris Prater 1957 in London seine Arbeit aufgenommen. Neben Eduardo Paolozzi (Farbabb. 26), der 1962 erste Drucke erscheinen ließ, haben u. a. auch Jim Dine (Abb. 153) und R. B. Kitaj (Farbabb. 24) sowie Joe Tilson (Farbabb. 25) mit Prater zusammengearbeitet.

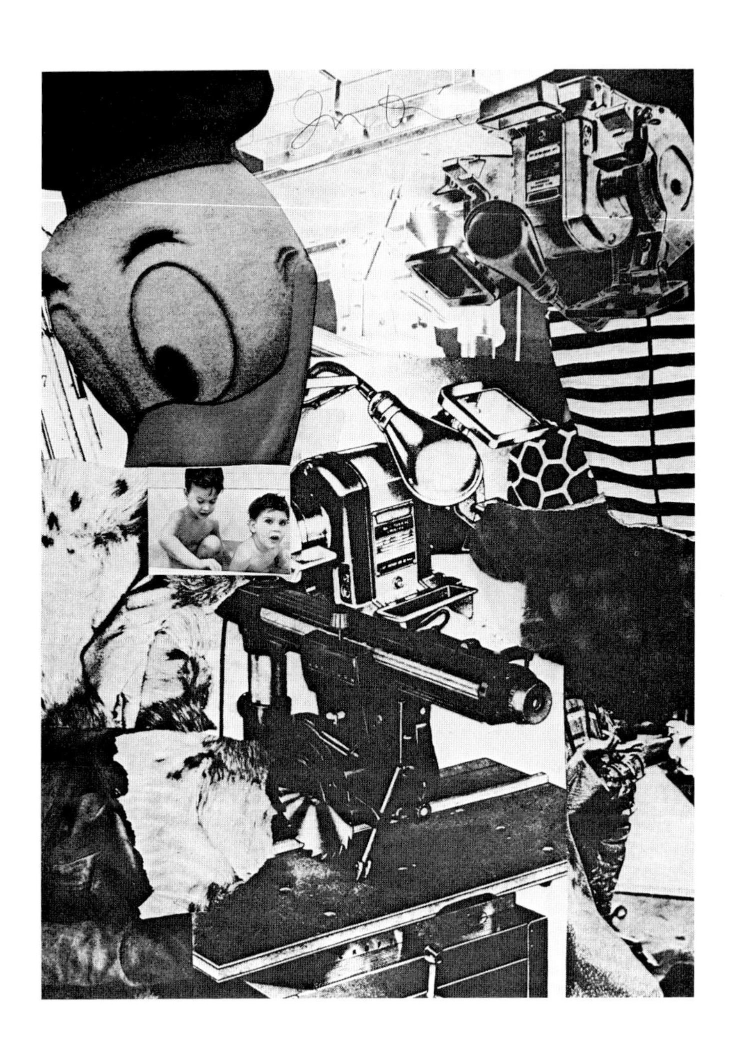

153 Jim Dine, Tool Box I. 1966. Siebdruck und Collage, aus der Mappe: A Tool Box. 10 Siebdrucke mit Collagen. Druck: Chris Prater, Kelpra Studio

In den USA beginnt Andy Warhol als einer der ersten Anfang der 60er Jahre die Siebdrucktechnik auf vielfältige Art für das Bedrucken unterschiedlicher Materialien zu benutzen. So schafft er neue Bildformen und Aussagen, die erst durch die Serigrafie möglich sind. 1962 entstehen großformatige Siebdruck-Bilder und -Folgen auf Leinwand, z. B. »Texan«, ein Portrait Rauschenbergs, 1965 folgen u. a. die »Flowers«, »Jacky Kennedy«, »Elvis« und »Electric Chair«-Serien. Die 1967 erschienene »Marilyn Monroe«-Folge demonstriert wie die »Mao«-Folge von 1972 (Farbabb. 22) mit jeweils 10 Blättern das Prinzip der Reihung und Wandlung durch Farbvariationen, nicht zuletzt auch die direkte Beziehung der Warhol-Serigrafien zur Fotografie.

Einen Einblick in die Druckgrafik der USA Mitte der 60er Jahre gibt die Mappe »New York ten« der Tanglewood Press, N. Y., die auch Lithografien, Radierungen und Prägungen enthält. Arbeiten von Anuszkiewicz, Dine, Lichtenstein, Oldenburg, Segal und Wesselmann bestimmen ihre Bedeutung. Am bekanntesten sind wohl die drei 1965 editierten Mappen »11 Pop Artists«, Verlag Original Editions, USA, die in der Bundesrepublik viel gezeigt worden sind. Auch sie enthalten nicht nur Serigrafien; doch führt sie die meisten namhaften Pop-Künstler vor: d'Arcangelo, Dine, Jones, Laing, Lichtenstein, Phillips, Ramos, Rosenquist, Warhol, Wesley und Wesselmann. Diesen Mappen ist 1967 noch die »Popkiste« der Tanglewood Press, N. Y., gefolgt. Sie deutet an, daß die Serigrafie zunehmend auch für den Objekt-Bereich verwendet wird. Lichtenstein hat mit Email-Bildern experimentiert; Wesselmann (Abb. 154) hat seine »Cut-out«-Figuren in verschiedenen Materialien geschaffen, in der Version von 1965 als Serigrafie auf vakuumverformtem Vinyl. Man Ray hat 1966 eine zweifarbige Serigrafie auf Plexiglas gedruckt; Oldenburg hat Seide als Druckträger genommen. Am erfindungsreichsten ist wahrscheinlich Robert Rauschenberg gewesen, der die Siebdruck-Technik für sehr unterschiedliche Materialien verwendet hat: Der »Tree Frog« (1964) verbindet Malerei mit Siebdruck auf Leinwand (Abb. 155). Schließlich seien die Serien von R. B. Kitaj erwähnt, die sich über Jahre hinwegziehen: die »Mahler Becomes Politics, Beisbol«-Reihe von 1964–1967, die »Portrait«-Serie von 1966–1969, die Serie »Struggle in the West« mit dem Blatt »Die gute alte Zeit« (1968), das Siebdruck und Collage in sich verbindet (Farbabb. 24).

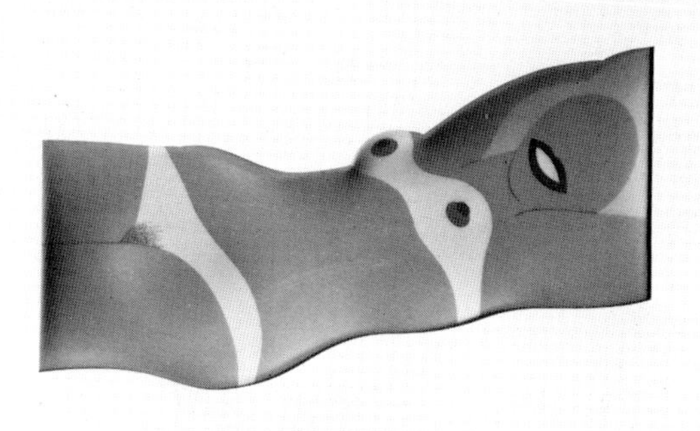

154 Tom Wesselmann, Cut-out Nude. 1965. Farbsiebdruck auf vakuumverformtem Vinyl. Druck: KMF Inc.

Die Serigrafie ist freilich nicht nur für die Pop Art wichtig geworden – auch die Fotorealisten wie Eddy, Estes (Farbabb. 29), Kanovitz (Farbabb. 28), Morley und Nesbitt haben gegen Ende des Jahrzehnts äußerst diffizile Serigrafien mit unterschiedlicher Technik geschaffen. Die konstruktiv-meditative Linie, wie sie Josef Albers (Farbabb. 13) in seinen Farbfeld-Untersuchungen vertritt, hat seit 1962 die Möglichkeiten der Serigrafie wahrgenommen. Bereits 1963 ist eins seiner Standardwerke in dieser Technik, »Interaction of Color«, erschienen, in dem Albers seine Erfahrungen über Farbkonstellationen gesammelt und niedergeschrieben hat. 1965 brachte er dann das Portfolio »Soft Edge – Hard Edge« und das berühmte »Hommage to the Square«, dies bei Denise-René, heraus. Andere Künstler dieser Kunstrichtung der 60er Jahre sind Stella, Krushenick und Anuszkiewicz.

155 Robert Rauschenberg, Tree Frog (Laubfrosch). 1964. Öl, Siebdruck auf Leinwand

Die Anfänge der Serigrafie in Osteuropa

Der relativ karge Informationsstand über die Geschichte der Serigrafie in Osteuropa – Jugoslawien und die Staaten des Warschauer Pakts – erlaubt nur die Erwähnung einiger gesicherter Fakten: So ist *Jugoslawien* auch in der Serigrafie ein Vorreiter aller sozialistischen Staaten. Miroslav Šutej gehört zu den ersten namhaften Künstlern seines Landes, die mit der Serigrafie experimentiert haben. Seine beweglichen Grafiken, serigrafisch bedruckt (Farbabb. 17), haben eine unverwechselbare eigene Note.

In der *ČSSR* hat schon 1967 Jiři Kolář, der berühmteste der lebenden Künstler seines Landes, mit dem serigrafischen Bedrukken von Leinwänden begonnen. Der Fantastik seiner Motive stehen die eher konstruktivistischen Tendenzen gegenüber. Stilistisch am eindeutigsten konstruktiv sind die Arbeiten von Jan Kubiček, während sich hinter den raumhaft verstandenen Flächenformen von Miloš Urbásek (Abb. 156) eine Entwicklung von Buchstabenformen über eine Nullserie zu den flächig angelegten Kompositionen verbirgt.

Auch in *Ungarn* hat die Serigrafie erst 1967 Fuß fassen können. Hier sind es Imre Bak (Abb. 157) und István Nádler gewesen, die die Technik des Siebdrucks nach Ungarn gebracht haben. Zusammen mit János Fájo und Andras Megnyán sind sie im Bereich Serigrafie das Rückgrat einer in der Tradition von Lajos Kassak stehenden Gruppe in Budapest, während in Pecs um Ferenc Lantos eine andere Künstlergruppe arbeitet, die wie Ferenc Ficzek oder Robert Swierkiewicz vor allem fotografisch unterlegte, conceptual verstehbare Drucke herstellen. Lantos freilich gehört der Konstruktivisten-Generation an.

In *Polen* ist Witold Skulicz einer der ersten gewesen, die die Technik des Siebdrucks übernommen haben. Die Zahl der auch international renommierten polnischen Grafiker ist groß: Skulicz und Jan Lenica gehören einer abstrakt-dekorativen Richtung an; während strukturale Probleme die wichtigen Arbeiten von Tadeusz Mysłowski und Msciwoi Olewicz bestimmen. Groß ist auch die Gruppe der mit Fotografien arbeitenden Siebdrucker: Jacek Stocklosa reiht häufig Fotos seriell hintereinander oder verfremdet sie so stark, daß die Korn-Wirkung zum eigentlichen Bildträger wird. Dagegen ist Wojciech Krzywobłocki stärker vom Landschaftlichen ausgegangen. Sein Blatt »West – von der Sonne gedruckt« (Abb. 158) macht dabei den conceptua-

156
157

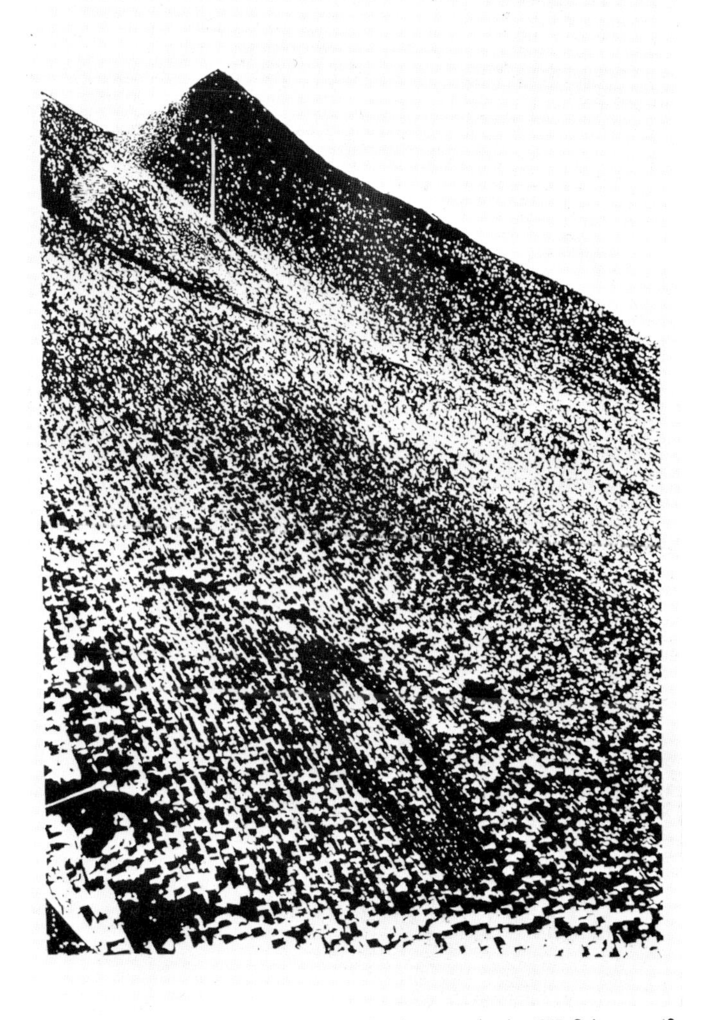

158 Wojciech Krzywoblocki, West – von der Sonne gedruckt. 1977. Schwarzweiß-Serigrafie

◁ 156 Miloś Urbásek, Abschied von der Bundesrepublik. 1971. Serigrafie in 3 Farben

◁ 157 Imre Bak, Ohne Titel. 1970. Zweifarbige Serigrafie

len Ansatz deutlich – die Annahme, die Sonne habe den Schatten des Metallringes auf die Landschaft geworfen.

In der *DDR* hat die Serigrafie nur langsam Boden gewonnen; anders als im Westen hat sich ihr kein Künstler ausschließlich verschrieben. Beispiel ist Wolfgang Mattheuer, vielleicht der wichtigste und grafisch vielseitigste Künstler in der DDR, der in fast allen grafischen Disziplinen gearbeitet hat. Seine Serigrafie »Brennende Gitarre« (1975; Abb. 159) läßt mehreres erkennen – die politische Thematik (die brennende Gitarre ist ein Symbol für den ermordeten chilenischen Sänger Victor Jara), das Interesse an druckgrafischen Erscheinungsformen; die Beziehungen zwischen Malerei und Druckgrafik; denn wie bei vielen anderen Grafiken gibt es auch hier ein Gemälde, das denselben Inhalt hat, ihn aber farblich und kompositionell variiert. Andere Künstler in der DDR, die im serigrafischen Bereich gearbeitet haben, sind Jochen Fiedler und Peter Sylvester mit eher fantastischen Landschaften, während René Graetz eine expressionistische Darstellungsweise bevorzugt. Fotorealistische Züge haben schließlich die Serigrafien von Bernd Heyden und Werner Waalkes, die durch Ausschnitthaftigkeit aus dem Alltag und Pointierung auffallen.

Die geringe Zahl von Siebdruckern in der DDR ist hauptsächlich auf die kleine Zahl entsprechender Druckwerkstätten zurückzuführen. Entsprechendes gilt für die *UdSSR*. Immerhin haben sich hier zwei Serigrafie-Zentren herausgebildet, wobei die Moskauer Gruppe »Bewegung« ihre wichtige Mappe mit kinetisch-konstruktivistischen Darstellungsweisen bei Domberger drucken ließ. Diese Gruppe um Lew Nusberg ist inzwischen in den Westen übergesiedelt. Das andere Zentrum ist Tallinn, dessen Künstler jedoch nur gelegentlich an Biennalen für Grafik teilgenommen haben und ihre Arbeiten überwiegend in sozialistischen Ländern zeigen konnten. Sie verbinden gegenständliche Darstellungen mit konstruktivistischen Elementen, wobei sie sich auf den inzwischen offiziell anerkannten Konstruktivismus in Estland vor 1939 berufen können.

159 Wolfgang Mattheuer, Brennende Gitarre. 1975. Farbserigrafie

Die Serigrafie in den 70er Jahren

Nachklang der Pop Art:
Die Bedeutung, die die Serigrafie für den Erfolg der Pop Art hatte, läßt sich auch für die späteren Stilrichtungen nachweisen, die teils unter dem Einfluß der Pop Art stehen, teils entschieden neue Darstellungsprinzipien aufzeigen. Richard Hamiltons »I'm dreaming of a white Christmas« (1967) enthält die wesentlichen Momente einer Kunst nach der Pop Art: Starkult-Motivik, Fotografie und Verfremdung, leichte Ironisierung (Farbabb. 20). Hamilton hat am rigorosesten die Manipulationsmöglichkeiten der Fotografie für seine ästhetischen Konzeptionen fruchtbar gemacht. Allan Jones, Patrick Caulfield (Farbabb. 33) und auch Eduardo Paolozzi arbeiten ebenfalls heute noch in der Siebdruck-Technik. Paolozzi ist in seiner Grafik ein Organisator vieler kleinzelliger Formen, die aus allen Bereichen des Alltags stammen können und auf diese Weise eine Art Puzzle der banalen Wirklichkeit wiedergeben. »Sun City« (1967, Farbabb. 26), ist dafür ein Beispiel, das sichtbar macht, wie die Kleinzelligkeit die Lautstärke der Pop Art mildert.

Eine Gruppe von Grafikern, die sich besonders mit Landschaftsdarstellungen beschäftigt hat, läßt sich von Allan d'Arcangelo herleiten: Hans-Jürgen Kleinhammes war der Initiator eines neuen Landschaftsbildes, Werner Nöfer, Jens Lausen, Sigi Zahn, Bernd Schwering haben in sehr unterschiedlicher Weise dieses zunächst nur aus wenigen Grundformen aufgebaute pophafte Landschaftsbild erweitert. Nöfer (Farbabb. 31) distanziert die Landschaft durch Trennscheiben und deutet damit an, wie Landschaft in der technoiden Welt gesehen wird.

Neuer Realismus:
Im letzten Jahrzehnt hat der »Neue Realismus« zu einer Vielfalt sehr unterschiedlicher Wirklichkeitserfassungen geführt. Dabei greifen auch die meisten Grafiker auf die Fotografie zurück. Estes' Druck »Big Diamonds« (1978; Farbabb. 29) zeigt eine vielschichtige, spiegelnde Fensterfront, die tatsächlich aber nicht schlicht fotografisch reproduziert, sondern Stufe für Stufe nach handgeschnittenen Kopiervorlagen aufgebaut ist. Auch Ken Danbys Blatt »Early Autumn« (1971; Abb. 160) scheint reiner Fotorealismus zu sein, ist tatsächlich aber für jede Farbe von Hand auf Folie gezeichnet worden.

160 Ken Danby, Early Autumn. 1971. Serigrafie in 19 Farben

Im Gegensatz zu den klaren Bildinhalten von Estes und Danby kombiniert Joe Tilson Bilder verschiedener Bereiche mit Texten und Symbolen und schafft durch diese scheinbar subjektive Sehweise Darstellungen komplexen Inhalts. Sein Druck »Ho Chi Minh« (Farbabb. 25) ist für diese Darstellungsmethode ein gutes Beispiel. Auf eine andere Möglichkeit fotografischer Verfremdung verweist Alain Jacquet mit seinem kunsthistorischen Zitat »Déjeuner sur l'herbe« (Farbabb. 27). Dieses Blatt kann für viele Arbeiten von Jacquet stehen, in denen durch Rasterung die Direktheit des Motivs aufgehoben wird. Doch häufiger sind die schlichten fotobezogenen Abbildungen, wie sie Robert Stanley oder – in zwei Varianten auf demselben Blatt – Richard Artschwager (Abb. 161) erarbeitet haben. Malcolm Morley distanziert diese fotografische Direktheit wieder, indem er durch Hinweise oder Manipulationen die Bezogenheit aufzudecken scheint. Die Möglichkeiten der Siebdruck-Technik nutzen Howard Kanovitz (Farbabb. 28) und Chihiro Shimotani zum Bedrucken ungewöhnlicher Materialien: Kanovitz hat die Gestalten seiner »People«-Gruppe auf Plexiglas gedruckt, während Shimotani auf Steine oder Hände Texte setzen läßt (Abb. 162).

161 Richard Artschwager, Untitled. 1972. Siebdruck

In der Bundesrepublik sind es zuerst die Mitglieder der Gruppe ZEBRA – Dieter Asmus, Peter Nagel, damals noch Nikolaus Störtenbecker und Dietmar Ulrich – gewesen, die für eine neue Beschreibung der Wirklichkeit fotografische Motive verwendeten, sie allerdings durch intensive Farbe und Isolierung des Motivs auch verfremdeten. Fritz Köthe setzt fotografische Elemente für seine »Décollage«-Motive ein (Farbabb. 34). Im Kontrast zu Tilson entstehen seine Kompositionen durch Destruktion der Wirklichkeit. Gerd Winner spiegelt mit seinen oft überdimensionalen Drucken (documenta 77) nicht die Wirklichkeit, sondern überspitzt durch intensive Schärfe, was normalerweise das menschliche Auge nicht wahrnehmen kann.

Kritischer Realismus:
Schon in den Maitagen 1968 ist in Paris die Serigrafie politisch-kritisch eingesetzt worden. Viele Künstler haben hierin eine Möglichkeit gesehen, intensiv an politischen Auseinandersetzun-

162 Chihiro Shimotani, Ohne Titel. Undatiert. Aktion in Japan. Siebdruck auf Hände und Fisch

gen teilzunehmen. Klaus Staeck ist dafür das beste Beispiel, wobei sein Blatt »Sozialfall« (1971; Abb. 163) auf die Dialektik zwischen Sein und Schein, Menschlichkeit und Vorurteil verweist. Auch Siegfried Neuenhausen hat vielfältige politische Stellungnahmen in der Serigrafie abgegeben: Sein Blatt »Situation A – Situation B« (Abb. 164) verweist auf Folter und Unterdrückung in allen politischen Lagern.

Kritik an der Landschaftszerstörung ist Motiv der Arbeiten von János Nádasdy. Meint er den Krieg, so Wilfried Körtzinger die architektonische Verplanung von Landschaft. Bodo Boden greift in eher surrealer Montage verschiedene gesellschaftliche Probleme auf; Wolfgang Hainke kritisiert die Schülerferne und Unwandelbarkeit spezifischer Schullektüre als ein Beispiel verkrusteter Gesellschaftsformen. Das ist im Grundsätzlichen auch immer wieder ein Thema für Wolf Vostell, dessen »TV-Krebs 1« (1970; Abb. 165), Siebdruck auf Leinentuch mit Gebrauchsanweisung, sich gerade gegen Fernsehgewohnheiten und Nachrichtenklischees richtet. Eher zeichnerisch, jedenfalls nicht fotografisch ist Larry Rivers Arbeit angelegt. Er setzt sich mit historischen Erscheinungen der Gewalt auseinander. Sein Blatt »Redcoats-Mist« (Farbabb. 21) reflektiert Greueltaten während des Unabhängigkeitskrieges. Rainer Wittenborn dagegen greift wiederholt Themen zu Indianerfragen auf und setzt sie in Beziehung zu allgemeinen Fragen der Unterdrückung (Abb. 166).

163 Klaus Staeck, Sozialfall. 1971. Plakat zum Dürer-Jahr 1971. Siebdruck

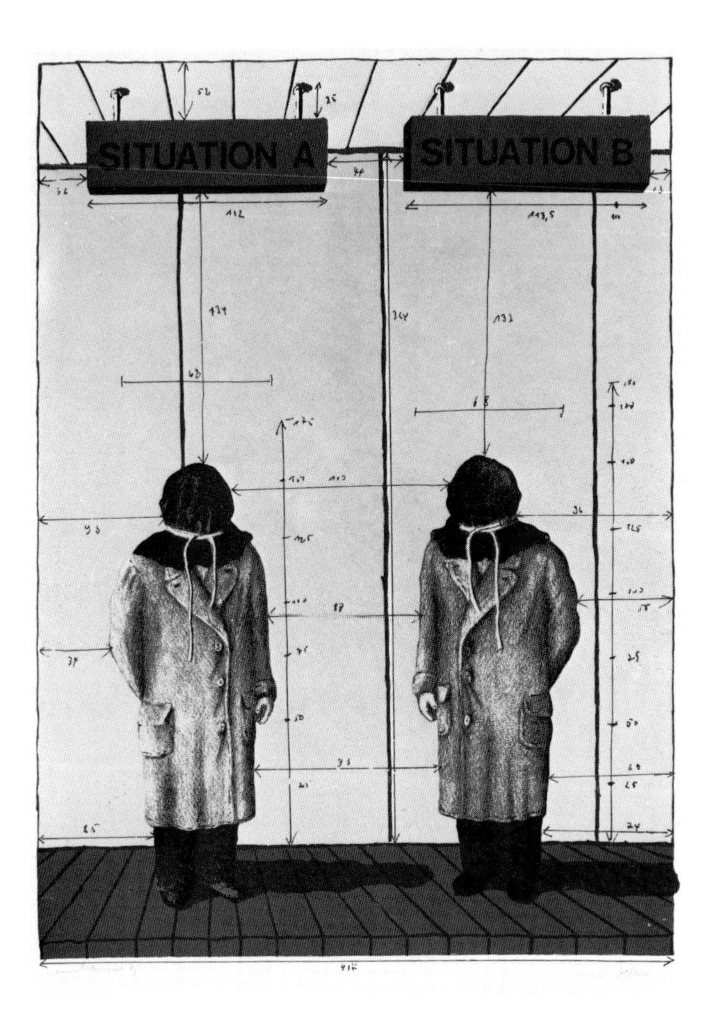

164 Siegfried Neuenhausen, Situation A – Situation B. 1971. Mehrfarbiger Siebdruck

165 Wolf Vostell, TV-Krebs 1. 1970. Einfarbiger Siebdruck auf Leinentuch. Druck: Kindermann und Giesen. Die Aktionsanleitung zu »TV-Krebs 1« besagt, das Leinentuch mit dem Siebdruck (fotografische Sequenz aus der Tagesschau) vor den Bildschirn zu hängen, den Ton abzustellen und das Originalbild durch das konservierte Bild schimmern zu lassen

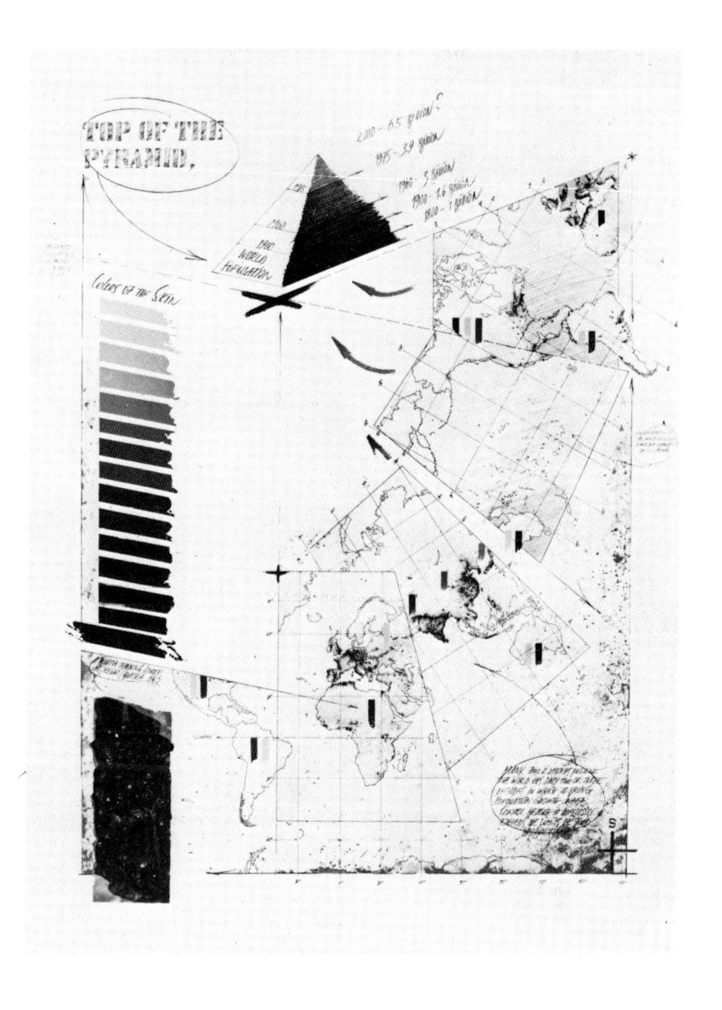

166 Rainer Wittenborn, Top of the Pyramid. 1978. Mehrfarbiger Siebdruck. Druck: Hans-Peter Haas

Conceptualer Realismus:
Natürlich hat auch Joseph Beuys die Chancen der Serigrafie wahrgenommen. Unter vielen Arbeiten ragen die Beispiele der »3-Tonnen-Edition« (1973; Abb. 167), Siebdruck auf PVC-Weich-Folie, hervor, die beidseitig bedruckt worden sind. Der Druck ist eigenhändig von Beuys verfremdet und ironisiert worden – selbstironisch, wenn Beuys Fotos von Beuys überarbeitet.

167 Joseph Beuys, 3-Tonnen-Edition. 1973. Siebdruck auf PVC-Weich-Folie (beidseitig bedruckt, jede Folie zusätzlich manuell bearbeitet). Auflage: 3 Tonnen. Druck: Steidl

Auch Timm Ulrichs ist hier zu nennen, der die Serigrafie mit am vielfältigsten eingesetzt hat – nicht nur realistisch, sondern auch seriell, konstruktiv, landschaftlich und ironisch (vgl. Abb. 136).

Subjektiver Realismus:
Die fotorealistisch klare Darstellungsweise ist in der Gegenwartskunst nur eine Phase gewesen. Sie wird Ende des Jahrzehnts von stärker subjektiven Stilformen abgelöst. Einen wichtigen, international wiederholt ausgezeichneten Beitrag liefert dazu Wolfgang Troschke, in dessen komplizierten Drucken das zeichnerisch-emotionale Element, sichtbar in Tupfern und Wischern, immer größere Bedeutung gewonnen hat (vgl. Farbabb. 32; Abb. 147, 148). In Österreich sind es Arnulf Rainer mit Verwischungen und Verzerrungen von Bildvorlagen und Anton Watzl, der zu den konsequentesten Vertretern einer emotional-subjektiven Zeichnungsweise gehört. Seine Serigrafie »Ernst Fuchs« (Abb. 168) deutet eine Verbindung von präziser Erfassung des Ausdrucks und sensibel-empfindsamer Darstellungsweise an. Auch hinter den fast monomanisch wirkenden Selbstdarstellungen Rudolf Hausners (Farbabb. 30) steht eine ungewöhnlich sensible Subjektivität.

In den Arbeiten von Hans D. Voss wird der Sensibilisierungseffekt durch die in vielen Druckvorgängen erreichte Reliefierung erzielt (vgl. Abb. 145, 146). Hier wie auch in den Arbeiten von Wolfgang Zimmermann (Abb. 169) dienen zwar auch Fotos als Ausgangspunkt der Bildinhalte, doch werden diese durch den Reliefdruck und durch farbiges Überdrucken stark zurückgenommen und subjektiviert.

Konstruktivismus und Flächensensibilisierung:
Unter den erfolgreichsten Künstlern der Serigrafie nehmen die beiden Schweizer Grafiker Max Bill (Farbabb. 15) und Richard Paul Lohse einen hervorragenden Platz ein. Sie haben schon in den 60er Jahren die besondere Eignung des Siebdrucks für die Darstellung konstruktivistisch-konkreter Kompositionen anerkannt. Die hohe Präzision der verschiedenen nebeneinander gestellten Flächenformen ist auf die Technik zurückzuführen. Dabei geht es Bill im wesentlichen um räumliche, durch Farbflächen gekennzeichnete Konstellationen, während Lohse vor allem Farbreihungen und mathematisch errechnete Abläufe von Farb-

168 Anton Watzl, Ernst Fuchs. Undatiert. Einfarbiger Siebdruck

169 Wolfgang Zimmermann, Vilsen II. 1976. Farbiger Reliefdruck

kombinationen gedruckt hat. Der norwegische Grafiker Herman Hebler (Farbabb. 16), der viel für die Popularisierung der Serigrafie in Norwegen getan hat, arbeitet mit reduzierter Farbskala und hat sich mit seinen Gitter- und scharfkantigen Dreieckskonstruktionen ein individuelles Signum in der Masse konstruktivistischer Künstler geschaffen. Karl Korabs konstruktivistische Kompositionen sind in der Kunst Österreichs eine Ausnahme.

Auch und gerade den Metallbildhauern dient die Serigrafie zur Ergänzung und Erweiterung ihres Kompositionsgefüges. Erich Rauser ist dafür ebenso ein Beispiel wie Gerlinde Beck. Beide spiegeln einerseits ihre plastischen Vorstellungen in der Grafik, andererseits finden sie hier flächige Übertragungsmöglichkeiten ihrer dreidimensionalen Konzeptionen. Der Übergang zur Op Art erfolgt nahtlos, weil sich auch diese Künstler vornehmlich auf ein geometrisches Vokabular stützen.

Op Art:
In der Nachfolge Vasarelys haben sich Yvaral, die Italiener Alviani und Biasi sowie Jürgen Peters farbintensive eigene Bildkanons aufgebaut, in denen es um Hell-Dunkel-Abläufe, um Licht und Raum zu gehen scheint. Auch Julio Le Parc und Raphael Soto gehören in diesen Kreis, wobei in Sotos Arbeit die Flächenvibration durch optische Bewegung eine stärkere Rolle spielt.

Ein anderes optisches Phänomen, das der Oberflächensensibilisierung, ist Hauptmotiv der Arbeiten von Gotthard Graubner und Raimund Girke. François Morellet verbindet diese visuelle Oberflächenspannung mit schwarzweißen Streifenstrukturen. Vielfältiger sind dagegen die optischen Vorgänge in den Serigrafien von Heinz Mack (Abb. 170). Besonders sein Sahara-Projekt, das in realisierter Form sicherlich zu den größten optischen Ereignissen der letzten Jahre zu rechnen ist, hat für den Serigrafie-Bereich vielfältige farbliche und räumliche Kombinationen mit Collage-Einsätzen gebracht. Andere Drucke von Mack sind da sparsamer, zuweilen reproduzieren sie die Objekte in anderen Maßstäben, hauptsächlich aber suchen sie das Licht zu erfassen, das den Oberflächen vielschichtigen Glanz verleiht.

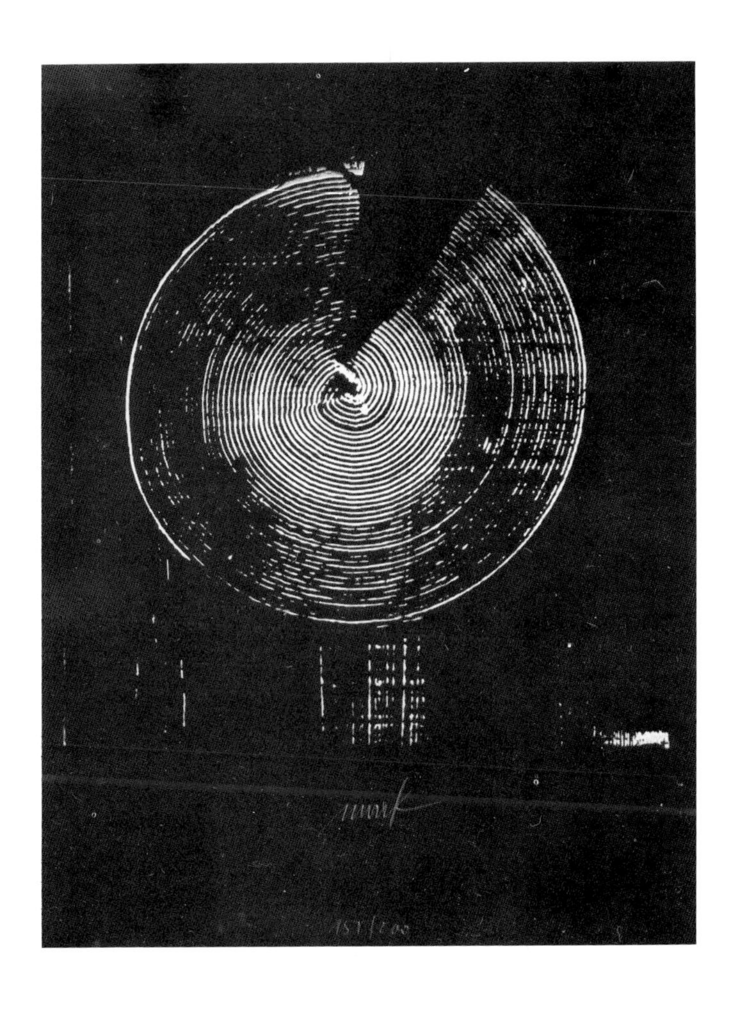

170 Heinz Mack, Zirkel-Raster. Undatiert. Serigrafie/Reliefdruck. Silber auf Schwarz. Nach einer Zeichnung von 1959

171 Jasper Johns, Flags I. 1973. Serigrafie in 31 Farben. Druck: Takeshi Shimada, Kenjiro Nonaka, Hiroshi Kawanishi

Für Jasper Johns ist Siebdruck in den 60er Jahren als grafische Disziplin nicht von Bedeutung gewesen. Um so erstaunlicher ist, daß Johns sich zu einem Zeitpunkt dem Siebdruck zuwendet, nämlich 1971, als andere schon wieder davon Abstand nehmen. In Zusammenarbeit mit den japanischen Druckern Takeshi Shimada, Kenjiro Nonaka und Hiroshi Kawanishi von Simca Print Artists, Tokio (Gruppe von Verlegern und Künstlern), beginnt Johns das Medium in einer technisch sehr ursprünglichen und künstlerisch sehr malerisch bestimmten Art und Weise zu nutzen. Zwischen 1973 und 1977 entstehen eine Reihe von Serigrafien, bei denen sich Johns manueller Schablonentechniken, wie der Schnittschablone, aber vor allem der Tusche-Leim-Auswaschschablone bedient, die ihm direktes Arbeiten auf dem Sieb ermöglicht (vgl. Abb. 171, »Flags I«, 1973, gedruckt von 31 Schablonen, davon 4 Schnitt- und 24 Tusche-Schablonen).

Die Serigrafie hat Ende der 70er Jahre offensichtlich ihre größte Verbreitung erreicht (Übersicht s. u.). Nicht nur in Europa und Japan, auch in den lateinamerikanischen Staaten, in Südafrika und Australien und selbst in den stark traditionsbestimmten mohammedanischen und indischen Kunstbezirken greifen Künstler zur Technik der Serigrafie. Gewiß gibt es hier wie für alle anderen grafischen Techniken noch weitere Ausdehnungsmöglichkeiten. Das eigentliche Schwergewicht aber liegt im Schul- und Universitätsbereich. Hier kann die Serigrafie noch bisher ungeahnte pädagogische und künstlerische Perspektiven eröffnen. Für die Kunst fallen dabei ein besseres Verständnis stilistischer und technischer Fragen und vielleicht auch eine Verbesserung des Ausbildungsstandes des Nachwuchses ab.

Die Technik jener grafischen Disziplin, die als charakteristisch für das 20. Jahrhundert bezeichnet worden ist, kann noch viele Freunde gewinnen und hat ihre Grenzen noch nicht erreicht.

Der Anteil der Serigrafie auf den internationalen Grafik-Biennalen in Relation zu den anderen Techniken:

Biennalen	Jahr	Grafik	Radie-	Seri-	Litho-	Holz-	Linol-	son-
Bienn		insges.	rung	grafie		schnitt		stige
Krakau	1966	1001	407	31	147	149	124	143
Ljubljana	1967	886	350	94	144	110	56	128
Krakau	1968	948	446	50	142	108	60	142
Ljubljana	1969	851	314	146	156	98	23	114
Krakau	1970	1226	512	159	192	151	68	144
Ljubljana	1971	952	329	276	134	72	32	109
Krakau	1972	1062	333	346	138	72	56	117
Frechen	1972	657	289	119	102	51	18	88
Fredrikstad	1972	410	177	89	63	43 +	—	38
Ljubljana	1973	1034	352	327	157	57	23	118
Krakau	1974	1071	247	412	198	58	39	117
Frechen	1974	752	319	180	90	63	23	77
Fredrikstad	1974	525	249	137	66	48 +	—	25
Krakau	1976	992	198	365	171	32	30	196
Frechen	1976	756	326	151	84	52	17	106
Fredrikstad	1976	570	243	154	90	45 +	—	37
Krakau	1978	781	203	241	157	26	20	134
Frechen	1978	376	198	55	41	19	10	43
Fredrikstad	1978	645	235	142	96	40 +	—	132

+ = Holz- und Linolschnitt

Foto-, Abbildungs- und Copyrightnachweis

Für Fotos, Zeichnungen, Tabellen und die Gewährung von Reproduktionsrechten danken Autor, Mitarbeiter und Verlag den folgenden Künstlern, Galerien, Museen, Firmen und Privatpersonen:

Bergamo/Italien, Policrom S.p.A. Abb. 107, 108
Berlin, Michael S. Cullen Abb. 140, 153
Berlin, Wolf Vostell (Foto: Thomas J. Tilly, Düsseldorf) Abb. 165
Bielefeld, Projekt Offene Werkstatt Abb. 72, 74, 127, 128
Bietigheim-Bissingen, Klemens Bochonow Maschinenbau Abb. 40
Billerbeck-Beerlage, Wolfgang Troschke (Fotos: Manfred Schoon, Münster) Farbabb. 32; Abb. 147, 148
Bratislava/CSSR, Miloś Urbásek Abb. 156
Bremen, Oskar Müller Siebdruck Farbabb. 8
Bremen, Schule Robinsbalje Farbabb. 2, 3; Abb. 78 b, 95, 100, 101, 104, 118, 119, 120 b, 120 c, 121, 122, 123, 124, 129, 130
Bremen, Universität Bremen (Fachbereich 8, Siebdruckwerkstatt) Abb. 61, 78 a, 94 a, 102, 125, 126 (Jutta Virus: Abb. 94 d, 126 a; Jens Krüger: Abb. 126 c; Willi Zitzen: Abb. 126 b)
Bremen, VFW-Fokker GmbH Farbabb. 1
Bremen, Hans D. Voss Abb. 145, 146
Bremen, Robert Wirth Abb. 3, 9, 10, 11, 24, 25, 28, 29, 30, 31, 32, 33, 45, 49, 55, 62, 64, 66, 67, 68, 69, 70, 71, 73, 75, 77, 80, 89, 99, 111 b, 112 b, 113 b
Bremen, Wolfgang Zimmermann (Fotos) Farbabb. 1, 2, 3, 4, 5, 6, 7, 8, 9, 10, 16, 19, 30, Umschlagabb. Vorderseite; Abb. 4 a, 4 c, 7, 8, 34, 54, 56, 58, 59, 60, 61, 63, 72, 74, 76, 78 a, 78 b, 82, 84, 87, 88, 90, 91, 92, 94, 95, 100, 101, 102, 103, 104, 118, 119, 120, 121, 122 b–g, 123 b–f, 124, 125, 126, 127, 128, 130, 138, 146, 151, 156, 157, 158, 159, 162, 164, 166, 169, 170
Budapest, Imre Bak Abb. 157
Düsseldorf, Mölnlycke GmbH Abb. 57
Düsseldorf, Otto Piene Farbabb. 19
Filderstadt (Bonlanden), Domberger KG (Fotos: Gerd Maier) Farbabb. 11, 13, 14, 15, 29; Abb. 139, 143
Flechtorf, Siegfried Neuenhausen Abb. 164
Frankenthal, Albert-Frankenthal AG Abb. 37, 43, 47
Frankfurt a. M., Deutsche Letraset GmbH Abb. 96, 97 a, 98
Fredrikstad/Norwegen, Herman Hebler Farbabb. 16
Göttingen, Gerhard Steidl (Fotos) Abb. 163, 167
Hamburg, Dr. Buse Farbabb. 23
Hamburg, Magazin DER SPIEGEL Abb. 166
Hamburg, Werner Nöfer Farbabb. 31

Hamburg, K. A. Vollborn Abb. 145
Hannover, Timm Ulrichs Abb. 136
Heidelberg, Edition Staeck Abb. 138, 163, 167
Hempstead/N. Y., Eric Pollitzer Abb. 171
Karlsruhe, Gertrud Calmbach Abb. 1, 4 b
Karlsruhe, Manfred Pfeiffer Abb. 131, 132, 133, 134
Kelheim, Devappa Trockentechnik Abb. 48
Köln, Archiv DuMont Buchverlag Abb. 8
Köln, Galerie Jöllenbeck (Fotos: Friedrich Rosenstiel) Farbabb. 27, 28; Abb. 161
Köln, Wallraf-Richartz-Museum Farbabb. 20; Abb. 155
Köln, Heinz Mack Abb. 170
Köln, Galerie Wilbrand Farbabb. 34
Köln, Rheinisches Bildarchiv Abb. 155
Köln, Zentak Haftdruck GmbH Abb. 97 b
Korntal, Hans-Peter Haas Farbabb. 6, 7, 30; Abb. 141, 142
Krakau/Polen, Wojciech Krzywoblocki Abb. 158
Krefeld, Kaiser Wilhelm-Museum (Fotos: Sigwart Korn) Farbabb. 12, 18; Abb. 150, 154
Küsnacht-Zürich/Schweiz, Ulano AG Abb. 65, 99
Kutina, Miroslav Šutej Farbabb. 17
Leipzig, Wolfgang Mattheuer Abb. 159
Liebenburg, Hajo Schulpius Farbabb. 9
Liebenburg, Gerd Winner Farbabb. 4, 5; Abb. 144, 149
London, Editions Alecto Limited Farbabb. 26; Abb. 140, 153
London, Marlborough Fine Art (London) Ltd. Farbabb. 24
London, The Tate Gallery Farbabb. 21, 26
London, Thames and Hudson Ltd. Abb. 2
London, Rodney Todd-White & Son Farbabb. 25, 33
London, Waddington Galleries Ltd. Farbabb. 33
London, Waddington Graphics Farbabb. 25
Mannheim, Robert Häusser Abb. 140, 153
München, Günter Fruhtrunk Abb. 151
München, Rupprecht Geiger Farbabb. 12
München, Ilsegard Reiner Abb. 142
München, Seri-Plastica Abb. 23, 27, 86 c
München, Galerie Tanit Abb. 162
München, Gebr. Weber GmbH Abb. 22
New York, Brooke Alexander Abb. 161
New York, Marlborough Gallery Inc. Farbabb. 21
New York, Multiples, Inc., Marian Goodman Gallery Farbabb. 22; Abb. 135, 137, 171
Nordheim-Nordhausen, EMM-Siebdruckmaschinen GmbH Abb. 19, 35 a, 35 b, 39, 41, 44, 86 b, 116
Sakurai/Japan, Chihiro Shimotani Abb. 162

Schierbrok, Archiv des Verfassers Abb. 6, 58, 59, 60, 63, 96, 105
Selb, Netzsch Maschinenfabrik Abb. 117
Stuttgart, Kodak AG Abb. 109
Sulingen, Hans Dunker Abb. 106
Thal, Schweizerische Seidengazefabrik AG Abb. 12, 13, 14, 15, 16, 18, 21, 50, 51, 52, 53, 115
Toronto/Kanada, Gallery Moos Ltd. (Foto: T. E. Moore) Abb. 160
Ulm, Karl Gröner Abb. 5, 38, 46
Varrelbusch, Leonhard Klosa Abb. 76
Walldorf, Hans Sixt KG Abb. 85, 86 a, 110, 114
Wiesloch, Kissel & Wolf GmbH Abb. 79, 81, 83
Wolfratshausen, Raster Union EFHA-KOHINOOR Abb. 111 a, 112 a, 113 a
Wuppertal, SPS-Siebdruckmaschinen von Holzschuher Abb. 20, 36, 42, 93
Zürich, Züricher Beuteltuchfabrik AG Abb. 17, 26

Anhang

I Fachbegriffe

Abdecken a) Auftragen einer Randabdeckung auf das Sieb – b) Auftragen von Schablonenschichten (Lack, Leim, Kopierschicht, Schneidefilm), um Teile des Gewebes farbundurchlässig zu machen – c) Abkleben der Rahmeninnenkanten mit Klebeband oder Abdichtpaste.

Abdeckfarbe Stark pigmenthaltige, lichtundurchlässige Spezialfarbe zum Zeichnen und Malen auf transparenter Folie manuell hergestellter Kopiervorlagen und/oder zum Retuschieren fotografisch hergestellter Kopiervorlagen (Dias).

Abdeckmittel Bei der Schablonenherstellung das Mittel, das die Schablonenschicht bildet (z.B. Papier, Folie, Leim, Lack, Kopierlösung, Schneidefilm, Pigmentpapier oder -film).

Abdeckschablone Manuell hergestellte Zeichenschablone. Nichtdrukkende Teile des Gewebes werden durch direktes Zeichnen oder Malen auf dem Sieb mit Leim, Lack oder Emulsion abgedeckt.

Absprung Ablösen des Siebgewebes vom Bedruckstoff während des Druckvorganges unmittelbar hinter der sich bewegenden Rakel. Der Absprung wird durch die Absprunghöhe (Abstand zwischen Gewebeunterseite und Bedruckstoff) beeinflußt. Der Abstand ist nötig, damit das bedruckte Material nach dem Druck nicht unter dem Sieb kleben bleibt und die Farbe verschmiert.

Adhäsiv Allgemein: Klebemittel. Beim Druck ohne Vakuumvorrichtung können Klebemittel auf den Drucktisch gestrichen oder gesprüht werden, um den Bedruckstoff während des Druckens vorübergehend auf dem Drucktisch festzuhalten und ein Ankleben an das Sieb zu verhindern.

Aktinität Chemische Wirksamkeit des Lichtes auf lichtempfindliche Schichten führt zur Veränderung dieser Schichten; bei der Schablonenkopie Lichtquellen mit hohem UV-Anteil, die eine chemische Härtung der Kopierschicht bewirken.

Andruck Druck, anhand dessen der passergenaue Stand auf dem Bedruckstoff, die Einstellung (Konsistenz) und der Ton der Farbe und die Schablonenqualität geprüft werden.

Anlegemarken (Passermarken) Kleine Papier- oder Pappstücke, die in Winkellage zueinander auf die Druckbasis (Drucktisch) geklebt werden, um passergenaues Einlegen des Bedruckstoffes zu gewährleisten; üblich ist im Siebdruck eine Drei-Punkt-Anlage.

Anpreßdruck (Rakeldruck, Rakelanpreßdruck) Beim manuellen Druckvorgang der vom Drucker ausgeübte Anpreßdruck mit der Rakel auf den Bedruckstoff.

Ansaugen Vorübergehendes Fixieren des Bedruckstoffes auf der Druckbasis (Drucktisch) während des Druckvorganges durch eine Vakuumansaugvorrichtung.

Auflage Gesamtanzahl der Exemplare einer Druckgrafik, ausgenommen mögliche Andrucke, Probedrucke und Künstlerdrucke. Beim künstlerischen Siebdruck wird die Auflage in der Regel sofort vollständig ausgedruckt. Der Auflagenvermerk (die Numerierung) ist unten links auf jedem Druck angegeben. Die erste Zahl der Numerierung gibt das Exemplar der Auflage, die zweite Zahl die Auflagenhöhe an.

Auswaschschablone Manuell hergestellte Zeichenschablone; sie beruht auf dem sich gegenseitigen Abstoßen von Fett und Wasser. Das Motiv wird z.B. mit fetthaltiger Kreide oder Tusche direkt auf das Sieb gemalt und mit wasserlöslichem Leim abgedeckt. Nach dem Trocknen des Leimes wäscht man das Motiv mit einem fettlösenden Mittel frei und öffnet damit die druckenden Stellen der Schablone.

Bedruckstoff Das zu bedruckende Material.

Belichten a) In der Fotografie: Einwirken von Lichtstrahlen auf lichtempfindliche Fotoschichten (Papiere und Filme); führt zu einer Schwärzung des fotografischen Materials – b) im Siebdruck: Einwirken von Lichtstrahlen auf lichtempfindliche Schichten der Fotoschablone bei der Kopie; hat eine chemische Durchhärtung der Schicht zur Folge.

Beschichten Aufbringen einer Kopierlösung auf das Siebgewebe, um eine Fotoschablone herzustellen.

Beschichtungsrinne (Kipprakel, Hohlrakel) Hilfsmittel in Form einer »hohlen« Rakel zum Auftragen der Kopierlösung auf das Siebgewebe.

Bindemittel Mittel, das bei Siebdruckfarben Farb- und Füllstoffe miteinander bindet.

Bronzedruck Druck mit speziellen Siebdruckbronzen in Gold-, Silber- oder Kupfertönen.

Deckfarben Siebdruckfarben mit hohem Pigmentanteil, die den Bedruckstoff oder überdruckte Farben völlig abdecken.

Deckweiß Stark pigmenthaltige, weiße Siebdruck-Deckfarbe, die in einem Druckgang Schwarz abdecken können muß.

Dia (Abk. für Diapositiv) Beim Siebdruck Sammelbegriff für alle manuell oder fotografisch hergestellten, transparenten Kopiervorlagen (Strich- und Raster-Dias, Maskierfilm usw.). Auf der Kopiervorlage ist das Motiv undurchlässig abgedeckt, um bei der Schablonenkopie ein Durchhärten der Kopierschicht zu vermeiden.

Diazo Stickstoffverbindung; dient bei der Fotoschablonenherstellung als Sensibilisator für die Fotoemulsion (Diazo-Schichten sind biologisch abbaubar).

Dichromat Salz der Chromsäure; dient bei der Fotoschablonenherstellung als Sensibilisator für die Fotoemulsion (Dichromat-Schichten sind biologisch nicht abbaubar).

Direktdurchleuchtung Kontaktkopiertechnik, bei der einseitig bemalte oder bedruckte Vorlagen (Zeichnungen, Fotos, Texte usw.) direkt durchleuchtet und auf das Sieb kopiert werden.

Druckbasis Beim Flachsiebdruck die Platte (z.B. Tischplatte), auf der beim Druckvorgang der Bedruckstoff liegt (umgangssprachl.: Drucktisch).

Druckfolge (Farbfolge, Farbreihenfolge) Beim Mehrfarbendruck festgelegte Reihenfolge einzelner Farben.

Druckgrafik a) Allgemein: grafische Erzeugnisse im weitesten Sinne, die in einem Druckverfahren vervielfältigt worden sind – b) im engeren Sinne: künstlerische Drucke.

Drucklack Druckhilfsmittel (Matt-, Seidenglanz-, Glanz- oder Einbrennlacke) zum Schutzüberzug auf Farboberflächen.

Durchdruck Oberbegriff für die Druckverfahren, die auf der Schabloniertechnik beruhen, d.h., die druckenden Stellen in der Druckform sind farbdurchlässig, die nichtdruckenden farbundurchlässig.

Eigendruck Drucke, die der Künstler selbst gedruckt hat.

Einhandrakel (Einmannrakel) Für große Formate und Flächen geeignete mechanisch geführte, aber vom Drucker manuell bediente Rakel.

Einrichten Passergenaues Aufeinander-Einstellen von Druckvorrichtung, Siebdruckform und Bedruckstoff vor dem Druck der Auflage.

Emulsion a) Beim Siebdruck die lichtempfindliche Schicht von Fotoschablonen – b) in der Fotografie die sehr dünne, lichtempfindliche Schicht von Filmen und Papieren.

Entfetten Gründliche Reinigung des Siebgewebes vor jeder Schablonenübertragung mit Hilfe eines speziellen Siebentfettungsmittels.

Entschichten Lösen und Entfernen von Siebdruckschablonen aus dem Siebgewebe mit einem entsprechendem Lösungs- oder Entschichtungsmittel.

Entwickeln (Auswaschen, Ausspülen) Beim Siebdruck das Entfernen der Schichtteile mit Wasser, die beim Belichten einer Fotoschablone abgedeckt waren, also weich geblieben sind.

Entwurf Hier: Bild- und/oder Textvorlage (Skizze, Zeichnung, Foto usw.), nach der ein Druck hergestellt werden soll.

Farbauszug Manuelle oder fotografische Trennung (Zerlegung) einer mehrfarbigen Vorlage in einzelne Farben; a) manueller Farbauszug: mit Abdeckfarbe auf Zeichenfolie gezeichnete, gemalte oder aus Maskierfilm geschnittene Dias, auf die man jeweils einzelne Farben aus der Vorlage überträgt, »auszieht« – b) fotografischer Farbauszug: durch Zwischenschaltung von Farbauszugsfiltern bei der fotografischen Aufnahme in der Reprokamera lassen sich mehrfarbige Vorlagen in die drei Grundfarben Gelb, Rot (Magenta, Purpur) und Blau (Cyan) zerlegen, aufrastern und im Rasterdruck wieder zu einem vielfarbigen Bild zusammendrucken.

Farbkonsistenz (Viskosität) Dichte oder Festigkeit einer Farbe, die durch Hilfs- oder Verschnittmittel (Verdünner, Druckpasten) für die jeweilige Druckaufgabe genau eingestellt werden kann.

Farbruhe Für das eigentliche Druckformat nicht genutzter Raum zwischen Rahmeninnenkante und zu druckendem Motiv; dient zur Aufnahme der Farbe nach dem Druckvorgang.

Farbstoffe Farbgebende, lösliche chemische Verbindungen (»echte« Farbstoffe) und unlösliche Substanzen (Pigmente). Zur Einfärbung von Siebdruckfarben dienen in erster Linie organische und anorganische Pigmente.

Filmdruck Siebdruck (Durchdruck) auf Textilien.

Flächendruck Vollflächiger Druck einer Farbe ohne linienhafte oder strukturierte Elemente.

Fluten Rakeln ohne Anpreßdruck: Überziehen des Siebes mit Druckfarbe vor dem eigentlichen Druck. Offene Stellen der Schablone werden mit Farbe gefüllt, ohne diese bereits an den Bedruckstoff zu übertragen.

Fotoschablone Fotomechanisch hergestellte Schablone. Als Schablonenschicht dienen lichtempfindliche Emulsionen, die bei Einwirkung von aktinischem (chemisch wirksamem) Licht durchhärten. Durch eine lichtundurchlässige Kopiervorlage (Dia) abgedeckte (= nicht belichtete) Teile der Emulsion lassen sich beim Entwickeln (Auswaschen mit Wasser) entfernen und bilden die geöffneten (= druckenden) Stellen der Schablone. Nach der Herstellung unterscheidet man: (s.) direkte, indirekte und direkt-indirekte (Kombi-) Fotoschablonen.

Fotoschablone, direkte Fotomechanisch hergestellte Schablone, bei der eine Kopierlösung auf das Sieb aufgebracht und getrocknet wird. Die Kopierschicht wird unter Zwischenschaltung einer Kopiervorlage belichtet und anschließend entwickelt.

Fotoschablone, direkt-indirekte (Kombischablone) Fotomechanisch hergestellte Schablone. Eine Kopierlösung und ein Fotokontaktfilm werden auf das Sieb übertragen, unter Zwischenschaltung einer Kopiervorlage belichtet und entwickelt.

Fotoschablone, indirekte Fotomechanisch hergestellte Schablone (Pigmentfilm oder -papier), die erst nach dem Belichten und Entwickeln auf das Sieb übertragen wird.

Füllstoffe Zusatzstoffe (z.B. Druckpasten), die Siebdruckfarben zur Erzielung bestimmter Eigenschaften beigemischt werden (z.B. Verändern der Konsistenz, Strecken der Farbe, Mattierung, Aufbau eines Farbreliefs).

Hand-Dia Manuell hergestellte Kopiervorlage (Zeichnen oder Malen mit Abdeckfarbe auf transparenter Folie, Schneiden in Maskierfilm usw.).

Handdruck a) Die Rakel wird im Gegensatz zum maschinellen Druck vom Drucker manuell geführt – b) das von Hand hergestellte Druckprodukt.

Halbtonbild Ein manuell (durch Zeichnen oder Malen) oder fotografisch hergestelltes Bild, das nicht nur Schwarz oder Weiß enthält, sondern zwischen diesen beiden Polen viele Tonwerte (Grautöne, Farbtöne, Farbverläufe = Halbtöne) zeigt. Im Siebdruck lassen sich Halbtöne durch Stufen- und Rasterdruck wiedergeben.

Irisdruck Gleichzeitiger Druck von zwei oder mehr Farben in einer ungeteilten Schablone, um durch die sich vermischenden Farben Farbtonverläufe zu erzielen.

Jet-Farbe Extrem schnell trocknende Siebdruckfarbe, besonders für Siebdruckereien mit thermischer Trockenvorrichtung geeignet.

Kombischablone s. direkt-indirekte Fotoschablone.

Kombinationsdruck Verwendung unterschiedlicher druckgrafischer Techniken (z.B. Siebdruck und Lithografie) zusammen in einer Druckgrafik.

Kontaktdruck (Druck ohne Absprung) Die Siebunterseite liegt direkt auf dem Bedruckstoff auf (Anwendung bei stark saugenden Materialien wie Textilien). Bei Drucktischen ohne Ansaugvorrichtung bleibt der Bedruckstoff nach dem Druck unter dem Sieb haften. Im künstlerischen Siebdruck einsetzbar, um im Druckbild Texturen, die von der Gewebestruktur herrühren, zu erzielen.

Kontaktkopiergerät Gerät, in dem in Kontakt transparente Vorlagen (Dias) auf Kopierfilmmaterialien im Maßstab 1 : 1 umkopiert werden (z.B. vom Negativ zum Positiv).

Kontaktraster Rasterfilme – bei der fotografischen Aufnahme in der Reprokamera, im Kontaktkopiergerät oder im Vergrößerungsgerät zwischengeschaltet – zerlegen (rastern) Halbtonbilder in Punktsysteme, wodurch die Halbtöne druckbar werden.

Kopie a) Allgemein: die Kontaktübertragung einer transparenten Vorlage durch Lichteinwirkung auf lichtempfindliche Schichten – b) im Siebdruck: der Belichtungsvorgang bei der Herstellung von Fotoschablonen, bei dem die Kopiervorlage im Kontakt durch Lichteinwirkung auf die lichtempfindliche Schicht übertragen wird (Schablonenkopie).

Kopieren s. Belichten, s. Kopie.

Kopiergerät Im Siebdruck Geräte (Kopierrahmen, Kopiersack oder Kopierkissen), die bei der Belichtung von Fotoschablonen durch mechanisches Anpressen oder durch Vakuum besten Kontakt zwischen lichtempfindlicher Schicht und Kopiervorlage herstellen.

Kopierlösung Durch einen Sensibilisator (Dichromat oder Diazo) lichtempfindlich gemachte Flüssigkeit, die nach dem Übertragen auf das Sieb die Kopierschicht der direkten Fotoschablone bildet.

Kopierschicht Aus Kopierlösung hergestellte und auf das Sieb übertragene lichtempfindliche Schablonenschicht der direkten Fotoschablone.

Kristallpaste Verschnittmittel ohne Pigmentierung, um Siebdruckfarben lasierend (durchscheinend) und »kurz« (nach dem Druck nicht verlaufend) einzustellen.

Künstlerdrucke Drucke in begrenzter Anzahl, die zusätzlich zur angegebenen Auflage (ca. 10–20% der Auflage) für den Eigengebrauch des Künstlers hergestellt werden; in abgekürzter Form auf dem Druck als E.A. (Abk. für franz.: Épreuve d'artiste) bezeichnet.

Kunststoff-Schellack-Schablone Manuell hergestellte Schablonenkombination, bei der selbstklebende Kunststoffolie ausgeschnitten, auf das Sieb übertragen und mit Schellacklösung zusätzlich verklebt wird.

Kurze Farbe (»kurz« oder »stockig« eingestellte Farbe) Durch Zugabe von Druckpaste (Transparent-, Kristall- oder Rasterpaste) so eingestellte Farbe, daß sie nach dem Druck, ohne trocken zu sein, nicht mehr verläuft, um ein scharfes Druckbild (z.B. beim Rasterdruck) zu gewährleisten.

Lasurfarbe »Durchscheinende«, aber nicht durchsichtige Farbe, durch die andere Farben oder der Bedruckstoff nicht voll abgedeckt werden. Übereinanderdrucke mehrerer Lasurfarben ergeben Mischtöne (z.B. beim Stufendruck).

Leimschablone Manuell hergestellte Zeichenschablone bei der die Schablonenschicht aus Leim besteht (z.B. Abdeck- oder Auswaschschablone).

Limitierung Begrenzung einer Auflage, u.a. um den Raubdruck (unerlaubten Nachdruck) zu verhindern; beim künstlerischen Siebdruck häufig eine willkürliche Begrenzung der Auflagenhöhe, die in der Regel nicht durch Abnutzung der Druckform bedingt ist, sondern eher durch Mechanismen des Kunstmarktes.

Lösemittel Mittel, das bei Siebdruckfarben die Bindemittel löst.

Manuell hergestellte Schablone Die von Hand hergestellten Schnittschablonen (Papierschablone, Schneidefilme) und Zeichenschablonen (Abdeck- und Auswaschschablone).

Manufix-Schablone Manuell hergestellte Zeichenschablone, bei der nach Auftragen einer Emulsion das Motiv mit einer Spezial-Tinte auf das Sieb gemalt oder gezeichnet wird. Nach dem Fixieren der Emulsion kann das abgedeckte Motiv mit kaltem Wasser freigespült werden und bildet die druckenden Stellen.

Maskierfilm Zwei- oder dreischichtige Folie mit lichtsicherer (roter) Schneideschicht auf transparentem Kunststoffträger; dient als Kopiervorlage (Dia). Durch Ausschneiden und Ablösen der lichtsicheren Schicht wird das Druckmotiv freigestellt. Die stehengebliebene lichtsichere Schicht ergibt die druckende Form in der Fotoschablone.

Moiré Auffallende, störend wirkende und regelmäßig wiederkehrende Musterbildung, die im Druckbild durch Überlagerung zweier oder mehrerer Rastersysteme entstehen kann; a) Überlagerung einzelner gerasterter Farbpunkte im Mehrfarbendruck durch zu enge Winkelung der Raster untereinander – b) im Siebdruck: zusätzliche Überlagerung von Rasterpunkten und Gewebestruktur durch schlechte Winkelung der beiden Systeme zueinander.

Montage a) Anordnung verschiedener einzelner Kopiervorlagen (Dias) zu einer Kopiervorlage auf einer transparenten Montagefolie – b) Anordnung mehrerer gleicher Kopiervorlagen zu einer Kopiervorlage (Nutzen-Montage), um in einem Druckvorgang von einem Motiv die mehrfache Anzahl zu drucken – c) Anordnung von Schrift und Bild.

Multiple (multiple) Auflagenobjekt. Dreidimensionales Kunstwerk, das vom Künstler zur Vervielfältigung entworfen worden ist und in Handarbeit oder in industrieller Fertigungsweise serienmäßig produziert werden kann. Die Idee des Auflagenobjektes geht auf Marcel Duchamp zurück. Siebdruck wird beispielsweise zum Bedrucken von Multiples verwendet.

Nadelstiche Kleine, punktförmige Öffnungen (Fehlerstellen) in der Schablonenschicht (bedingt durch Staub oder fehlerhafte Kopiervorlage).

Numerierung Die einzelnen Exemplare einer Auflage werden vom Künstler durchnumeriert, um die festgelegte Auflagenhöhe zu kontrollieren. Die erste Zahl der Numerierung gibt das Exemplar der Auflage, die zweite die Auflagenhöhe an. Beispiel: 1/100 (= das erste Exemplar von insgesamt 100 Exemplaren).

Oeuvrekatalog s. Werkverzeichnis.

Original a) Entwurf oder Vorlage, die im Druck zu reproduzieren ist – b) Vorlage für die fotografische Reproduktion (Reproaufnahme), um z.B. eine Kopiervorlage herzustellen – c) vom Künstler selbst hergestelltes Kunstwerk.

Original-Druckgrafik Im engeren Sinne nur die druckgrafische Arbeit, die vom Künstler selbst für den Druck entworfen wurde. Auch die Anfertigung der Druckform, der Druck der Auflage oder zumindest die Drucküberwachung müssen von ihm selbst vorgenommen werden. Die genaue Definition des Begriffes ist in der Bildenden Kunst umstritten. Heutzutage werden für Entwurfsgestaltung und Druckformherstellung häufig fotografische Reproduktionstechniken und für den Druck industrielle Techniken verwendet, die eine Erweiterung und Veränderung des Begriffes erfordern. Gerade der Siebdruck, bei dem sich industrieller Druck und Handdruck im Ergebnis in der Regel nicht unterscheiden, wirft die Frage nach dem Begriff »Original« auf.

Papierschablone Manuell hergestellte Schnittschablone; einfachste Siebdruckschablone, bei der das Motiv aus Papier ausgeschnitten und die so erhaltene Schablone mit Farbe an der Siebunterseite verklebt wird.

Passer Das genaue Zusammenpassen aller Bildteile und der einzelnen Farben bei Schablonenherstellung und Mehrfarbendruck.

Passerdifferenz (Passerungenauigkeit) Einzelne Bildteile oder Farben passen nicht zusammen, sind im Druck verschoben.

Passermarken (Paßkreuze) Markierungen auf der Vorlage in Kreis- oder Kreuzform an drei Stellen, die mit in die Schablone übertragen werden. Beim Mehrfarbendruck erlauben sie das passergenaue Einrichten der Druckformen und das Zusammendrucken der einzelnen Farben.

Pigmente Organische (sehr brillante und farbstarke) und anorganische (sehr lichtechte) Stoffe zur Einfärbung von Farben. Anorganische Farbstoffe sind nicht wasser- und kaum lösemittellöslich, dienen in erster Linie als farbtragende Substanz bei Siebdruckfarben.

Polychrom Mehrfarbig.

Portfolio (franz.: portfeuille) Bezeichnung für eine Anzahl (Serie) von Druckgrafiken von einem oder mehreren Künstlern, die zusammen in einer Mappe herausgegeben werden.

Probedruck Druck vor der Auflage, der leichte Abweichungen zur Auflage zeigen kann. Probedrucke werden als Probe, Proof (engl.), Épreuve d'essai (franz.) oder abgekürzt als A. P. (engl.: Artist's Proof) bezeichnet (s. Künstlerdrucke).

Rakel (Druckrakel) Gummi- oder Kunststoffstreifen (Rakelblatt), eingelassen in eine Griffleiste (Rakelhalterung) aus Holz oder Metall. Die Rakel wird benutzt, um die Farbe über das Sieb zu streichen, die offenen Stellen der Schablone mit Druckfarbe zu füllen und das Gewebe beim Druck an den Bedruckstoff zu pressen. Profil und Härte des Rakelblattes richten sich nach dem Einsatzbereich.

Rakeldruck s. Anpreßdruck.

Rakelwinkel Anstellwinkel der Rakel auf dem Sieb beim Druckvorgang (normaler Winkel beim Handdruck: ± 75°).

Rasterdruck Druck zur Wiedergabe von Halbtönen. Als Kopiervorlage dienen Raster-Dias, auf denen die Halbtöne aus der Vorlage in einzelne Punkte zerlegt worden sind.

Rasterfarbe Besondere Normfarbe für den Vierfarben-Rasterdruck (DIN-, Kodak- und Europa-Skala) in den drei Grundfarben Gelb, Rot (Magenta, Purpur), Blau (Cyan) und in Schwarz.

Rasterpaste Verschnittmittel zur Verbesserung der randscharfen Wiedergabe feiner und feinster Details bei Rasterarbeiten.

Rasterreliefdruck Reliefdruckverfahren, bei dem zusätzlich grobe Geweberaster unter das Sieb gespannt werden, bevor gedruckt wird. Bei weiteren Druckvorgängen werden die groben Geweberaster gegen feinere ausgetauscht, die Farbfeldraster werden aufgefüllt und zum Farbrelief aufgebaut.

Raubdruck Unerlaubter Nachdruck ohne Genehmigung durch den Autor (Künstler) oder durch den Verleger.

Reliefdruck Besonderheit des Siebdruckverfahrens: dicke Schablonen und pastose Druckfarben ergeben auf dem Bedruckstoff erhabene, reliefartige Farbaufträge.

Reproduktion (Originalgetreue) Wiedergabe einer Vorlage, eines Originals in Schrift und/oder Bild durch manuelle, fotografische oder drucktechnische Verfahren.

Reproduktions-Druckgrafik Gedruckte Kopie nach einem Original (Zeichnung, Ölbild, Aquarell, Foto usw.), die durch rein mechanische Reproduktionsvorgänge mit Hilfe der Reproduktionsfotografie erstellt wird, ohne daß der Künstler an der Reprografie, Druckformherstellung und/oder Druckdurchführung selbst beteiligt ist.

Reproduktionskamera (Reprokamera) Fotografisches Gerät zur genauen Wiedergabe planer Vorlagen (Zeichnungen, Fotos, Dias, Texte usw.) auf Fotomaterialien. Vorlagen können verkleinert, vergrößert, umkopiert, gerastert und/oder in einzelne Farben zerlegt werden; besonders geeignet zum Herstellen von Raster-Dias.

Schablone Druckform, s. Abdeckschablone, s. Auswaschschablone, s. Fotoschablone, s. Kunststoff-Schellack-Schablone, s. Leimschablone, s. Manuell hergestellte Schablone, s. Manufix-Schablone, s. Papierschablone, s. Schellack-Schnittschablone, s. Schellack-Sprüh-Schablone, s. Schneidefilmschablone, s. Schnittschablone.

Schablonenträger Das auf den Siebdruckrahmen gespannte siebartige Material (Siebgewebe), das die Schablone trägt.

Schellack-Schnittschablone Manuell hergestellte ältere Form der Schnittschablone, die nach dem Ausschneiden des Motivs aus einem schellackbeschichteten Papier an das Siebgewebe gebügelt wird.

Schellack-Sprüh-Schablone Manuell hergestellte Abdeckschablone, bei der verdünnte Schellacklösung auf das Siebgewebe gesprüht wird, um körnige Wirkungen zu erzielen.

Schneidefilmschablone Manuell hergestellte, »moderne« Form der Schnittschablone mit zwei- oder mehrschichtigem Aufbau (Schneide- und Trägerschicht). Das Motiv wird aus der Schneideschicht ausgeschnitten. Nach Übertragen mit einem Lösungsmittel oder mit Wasser wird die Trägerschicht abgezogen.

Schnittschablone (Handschneideschablone) Sammelbegriff für durch Handschnitt hergestellte Schablone, die erst nach dem Schneiden an das Siebgewebe übertragen wird (Papierschablone, mehrschichtige Schablonenpapiere zum Anbügeln und Schneidefilme zum Anlösen).

Seidendruck (auch: Seidensiebdruck) Begriff für den künstlerischen Siebdruck aus der Frühzeit der Entwicklung, da zu dieser Zeit zumeist durch Seidengewebe gedruckt wurde.

Sensibilisieren Im Siebdruck: Lichtempfindlichmachen von Kopierlösungen, Pigmentfilmen und -papieren bei Fotoschablonen.

Serigrafie (Serigraphie) Im deutschen Sprachgebrauch: die künstlerische Form des Siebdrucks, Original-Druckgrafik. Der Begriff dient vor allem dazu, um künstlerische Siebdrucke von gewerblichen und industriellen Drucken abzusetzen.

Sieb Allgemein: Bezeichnung für das in einem Rahmen aufgespannte Siebdruckgewebe (Siebgewebe). Umgangssprachlich: die Einheit von Siebdruckrahmen, aufgespanntem Siebdruckgewebe und aufgebrachter Schablone.

Siebdruckbronze Metallpaste oder -pulver (in Gold-, Silber- oder Kupfertönen), die vor dem Druck mit einem Bronzebinder selbst anzumischen ist. Für metallisch glänzende, gut deckende und brillante Bronzedrucke geeignet.

Siebdruckfarbe Sehr fein geriebene Spezialfarbe (Paste oder Flüssigkeit) mit unterschiedlichen Eigenschaften für diverse Materialien und Einsatzbereiche. Siebdruckfarben bestehen aus Farbstoffen, Bindemitteln, Lösemitteln und Zusatzstoffen.

Siebdruckform Durchdruckform, in der die druckenden Stellen geöffnet sind; beim Siebdruck bestehend aus dem Rahmen, dem aufgespannten Siebgewebe (= Schablonenträger) und der Schablone (umgangssprachl.: Sieb).

Siebdruckrahmen Holz- oder Metallrahmen zum Aufspannen des Siebgewebes. Es gibt starre und selbstspannende Rahmen.

Siebdruckschablone Nichtdruckende Stellen im Siebgewebe werden durch eine Sperrschicht (Abdeckmittel aus Papier, Leim, Lack, Emulsion, Folie usw.) abgedeckt, farbundurchlässig gemacht. Druckende Stellen im Siebgewebe bleiben offen, farbdurchlässig. Man unterscheidet manuell und fotomechanisch hergestellte Schablonen.

Siebfüller Abdeckflüssigkeit für offene Gewebeflächen.

Signatur Handschriftliches Zeichen des Künstlers auf der Druckgrafik.

Simultandruck Zwei oder mehrere Farben werden in einem Arbeitsgang von einer Schablone gleichzeitig gedruckt. Die Farbzonen werden auf dem Sieb durch Stege getrennt.

Stapelfähig Der Farbauftrag auf dem bedruckten Material ist zwar nicht durchgetrocknet, aber soweit an der Farboberfläche angetrocknet, daß der Bedruckstoff gefahrlos (ohne anzukleben) gestapelt werden kann.

Strich-Dia Manuell oder fotografisch hergestellte Kopiervorlage für reine Schwarzweiß-Arbeiten; enthält keine Halbtöne.

Stufendruck Drucktechnik zur Wiedergabe von Halbtönen ohne Raster. Der Aufbau des Bildes erfolgt »stufenweise«. Einzelne Farben werden entsprechend einzelner Tonwertstufen der Halbtonvorlage über- und/oder nebeneinander gedruckt.

Thixotropie Eigenschaft zahlreicher Siebdruckfarben, sich durch mechanische Einwirkung (Rühren, Schütteln, Rakeln) etwas zu verflüssigen und durch Ruhe nach einiger Zeit wieder zu erstarren. Rasterfarben z.B. sind thixotrop eingestellt.

Tischschwinge (Druck- oder Rahmenschwinge) An der Druckbasis (Drucktisch) befestigte, stabile Vorrichtung, bei der der Rahmen zum Heben und Senken an einem Schwingbalken befestigt und in der Regel dreidimensional verstellbar ist.

Tischzwinge (Rahmen- oder Tischklammer) Einfache, stabile Rahmenbefestigung in Form von beweglichen Doppelklammern, mit der der Rahmen aufklappbar (zum Heben und Senken) an der Druckbasis (Drucktisch) befestigt wird.

Transparentdruck Druck mit durchsichtigen (transparenten) und/oder durchscheinenden (lasierenden) Farben, die im Übereinanderdruck (z.B. beim Stufendruck) Mischtöne ergeben. Vollfarben lassen sich mit Transparent- oder Kristallpaste versetzen und »transparent« einstellen.

Transparentpaste (Transparentmasse, Transparentmittel) s. Kristallpaste.

Trocknung Siebdruckfarben trocknen, bedingt durch den verhältnismäßig dicken Farbauftrag, langsamer als andere Druckfarben. Trocknungsarten: a) physikalisch (durch Verdunsten der in der Farbe enthaltenen Lösemittel) – b) oxydativ (durch Luftsauerstoffaufnahme und gleichzeitige chemische Veränderung der molekularen Struktur der Farbe) – c) physikalisch-oxydativ (Kombination von a und b) – d) chemisch (Härtung durch chemische Reaktion zweier Komponenten).

Übertragen Befestigen der Schablonenschicht auf, im oder unter dem Siebgewebe (Schablonenträger).

Verdünner Lösemittel oder Lösemittelgemisch, das der Siebdruckfarbe vor dem Druck zum Verdünnen beigegeben werden kann.

Verzögerer Lösemittel oder Lösemittelgemisch, das der Siebdruckfarbe vor dem Druck beigegeben werden kann, um das Trocknen der Farbe (z.B. das Eintrocknen im Sieb) zu verhindern, d.h. den Trocknungsvorgang zu verlangsamen.

Vierfarbendruck (Vierfarben-Rasterdruck) Druck zur tonwertrichtigen Wiedergabe von Halbtonvorlagen durch Zerlegung der Halbtöne in Rasterpunkte. Ausgehend von fotografischen Farbauszügen aus der Vorlage in die drei Grundfarben Gelb, Rot, Blau und zusätzlich in Schwarz werden vier Raster-Dias als Kopiervorlage hergestellt. Im Zusammendruck der vier Farben ergibt sich eine vielfarbige Halbtonwirkung entsprechend der Vorlage.

Viskosität Grad der Zähflüssigkeit oder des Fließzustandes der Farbe. Siebdruckfarben sind in der Regel mittel- bis hochviskos eingestellt (s. Farbkonsistenz).

Werkverzeichnis (Oeuvrekatalog) Wissenschaftlich aufgebautes Verzeichnis, das sämtliche Werke eines bildenden Künstlers in chronologischer Reihenfolge angibt, zudem abbildet und außerdem Technik, Datierung, Titel, Maße, Auflagen und Besitzer nennt.

Zusetzen Das langsame Verstopfen offener Gewebemaschen in der Schablone durch eintrocknende Siebdruckfarbe.

II Literaturverzeichnis

1 Fachbücher: Siebdruck

Auvil, Kenneth W. Serigraphy. Silk Screen Techniques for the Artist. Englewood Cliffs, New Jersey: Prentice-Hall, Inc. 1965

Bachler, Karl Serigraphie – Geschichte des Künstler-Siebdrucks. Lübeck: Verlag Der Siebdruck. 1977

Biegeleisen, J. I. Siebdruck. Eine Einführung in die Technik des Siebdrucks für Künstler, Designer und Handwerker. Bonn-Röttgen: Hörnemann. 1978. Deutsche Ausgabe von: Screen Printing. New York: Watson-Guptill Publications. 1971

Biegeleisen, J. I. / Cohn, Max Arthur Silk Screen Techniques. New York: Dover Publications, Inc. 1958

Biegeleisen, J. I. The Complete Book of Silk Screen Printing Production. New York: Dover Publications, Inc. 1963

Birkner, Heinrich Siebdruck auf Papier und Stoff. Eine Anleitung mit praktischen Hinweisen. 3., neubearbeitete Aufl. Ravensburg: Maier. 1968

Birkner, Heinrich / Dierßen, Klaus Siebdruck und Foto-Siebdruck auf Papier und Stoff. 6., überarbeitete und erweiterte Aufl. Ravensburg: Maier. 1977

Carr, Francis A Guide to Screen Process Printing. London: Studio Vista Books. 1961

Caza, Michel Der Siebdruck. Genf: Les Editions de Bonvents. 1973 (Reihe: Das Kunsthandwerk)

Cermak, Werner Lehrbuch für den Siebdrucker. Arbeitsbeschreibungen mit Hinweisen auf Fehlerquellen und Rezeptvorschriften. 7., bearbeitete Aufl. Leipzig: VEB Fachbuchverlag. 1976

van Duppen, Jan Handbuch für den Siebdruck. Lübeck: Verlag Der Siebdruck. 1977

Ehlers, Kurt Friedrich Siebdruck. Einrichtung – Werkstoffe – Technik – Anwendungsbeispiele. 2. Aufl. München: Callwey. 1972

Eisenberg, James / Kafka, Francis J. Silk Screen Printing. 2. Aufl. Bloomington/Illinois: McKnight & McKnight. 1957

Ernst, Hans Der Siebdruck. Ein Lehr- und Handbuch. 2., verbesserte Aufl. Bayreuth: Ellwanger. 1973

Fuchs, Siegfried E. Die Serigraphie. Ein technischer Leitfaden für Künstler und Sammler. Recklinghausen: Aurel Bongers. 1981

Hainke, Wolfgang Siebdruck in der Hauptschule. Bremen: Eigenverlag. 1974

Hiett, Harry L. 57 How-To-Do-It Charts on Materials – Equipment – Techniques for Screen Printing. 9. Aufl. Cincinnati/Ohio: The Signs of the Times. 1977

Kosloff, Albert Screen Process Printing. Cincinnati/Ohio: The Signs of the Times. 1950, 3. Aufl. 1964

Kosloff, Albert Photographic Screen Process Printing. Cincinnati/Ohio: The Signs of the Times. 1955, Neuaufl. 1972

Kosloff, Albert Textile Screen Printing. Cincinnati/Ohio: The Signs of the Times. 1966

Kosloff, Albert Screen Printing Techniques. Cincinnati/Ohio: The Signs of the Times. 1972

Marsh, Roger Silk Screen Printing. London: new edition. 1974

Meissner, Gerhard Der Siebdruck. Praktische Anleitung. 2. Aufl. Leipzig: VEB E. A. Seemann. 1971

Rinne, Gerd Siebdruck in Schule und Atelier. Eitorf: Gerstäcker. 1976

Ross, John / Romano, Clare The Complete Screenprint and Lithograph. New York: The Free Press. 1972, Neuaufl. 1974

Shokler, Harry Artists Manual for Silkscreen Printmaking. 1940. New York: Tudor Publishing Co. 3. Aufl. 1960

Weiler, Karlernst Der Siebdruckerlehrling. Beilagen-Sammelwerk (ca. 150 Folgen) zu: Der Siebdrucker. Internationale Fachzeitschrift für Sieb- und Filmdruck. Blaubeuren. 1978 eingestellt

Weiler, Karlernst Siebdruck-Lexikon. A bis Z. Blaubeuren: Der Siebdrucker. 1973

Weiler, Karlernst Siebdruck für Anfänger. Beilagen-Sammelwerk. Blaubeuren: Der Siebdrucker. Ohne Jahr. (Kurzfassung von: Der Siebdruckerlehrling)

2 Ergänzende Fachbücher: Druck und Reproduktion

Born, Ernst Lexikon für die graphische Industrie. 2. Aufl. Frankfurt: Polygraph. 1972

Croy, Otto Perfekte Fototechnik. München 1973

Croy, Otto Fotomontage und Verfremdung. Zweck und Technik. München 1974

Lehrbuch der Druckindustrie, Band 2: Reproduktionsfotografie. Hrsg. v. Bundesverband Druck e.V., Roland Golpon und Fachautoren. 2., revidierte Aufl. Frankfurt: Polygraph (Ringbuchausgabe, Loseblattform, Lösungsheft zum Lehrbuch)

Lexikon der Graphischen Technik. Hrsg. v. Institut für graphische Technik. Leipzig: 2. Aufl. München-Pullach 1967

3 Fachzeitschriften

Der Siebdruck. Europäische Fachzeitschrift für den Siebdruck. Lübeck: Verlag Der Siebdruck, Graphische Werkstätten GmbH

Der Siebdrucker. Internationale Fachzeitschrift für Sieb- und Filmdruck. Hrsg. v. Karlernst Weiler, Blaubeuren. 1978 eingestellt

Sieb und Rakel. Deutsche Fachzeitschrift für den Sieb- und Verpackungsdruck. Allgemeines Fachorgan für den Siebdrucker, die siebdruckverarbeitende Industrie und den Verpackungsdruck. Au bei Freiburg i. Br.

druckwelt (früher: graphische woche) Hannover: Schlütersche Buchdruckerei und Verlagsanstalt. Erscheint zweimal im Monat

Der Polygraph. Allgemeiner Anzeiger für die gesamte Druckindustrie, Reproduktionstechnik, Buchbinderei und Papierverarbeitung. Frankfurt a. M.: Polygraph

4 Siebdruck und Schule: Bücher/Aufsätze

Boit, Harro / Zerull, Ludwig Siebdruck – Preisvergleich, Anregung und Ratschläge. In: Kunst und Unterricht, 13/1971, S. 29–31

Bruse, Hasso Drucken Sie doch mal selbst. In: Hobby. Das Magazin der Technik, 4/1973, S. 62–68 (Anleitung für den Freizeit-Siebdruck)

Buchholz, Wolfgang / Güse, Wilhelm / Treu, Rolf Die Eigenart des Mediums Plakat. Analyse und Umsetzung der erarbeiteten Grundlagen in der Technik des Siebdrucks. Arbeitsheft für die gleichnamige Unterrichtseinheit. Universität Bremen, Fachbereich Kunstpädagogik/Visuelle Kommunikation. Wintersemester 1975/76

Flögel, W. / Hoffmeister, F. T-Shirt-Druckerei. In: Kunst und Unterricht, 48/1978, S. 43

Hainke, Wolfgang Siebdruck in der Hauptschule. Bremen: Eigenverlag. 1974

Kerbs, D. Drucken – eine pragmatische Dimension der ästhetischen Erziehung. In: Kunst und Unterricht, 13/1971, S. 22 ff.

Young, J. Werkbuch für die Woodstock-Generation. 10 Kreative Werk- und Handarbeitstechniken. Ravensburg: Maier (darin: Siebdruck, S. 31–46). 1973

Peters, Ursula Siebdruck in Kursen mit geringer Teilnehmerzahl. In: Kunst und Unterricht, 13/1971, S. 32

Rhein, Erich Die Kunst des manuellen Bilddrucks. Eine Unterweisung in den grafischen Techniken (darin: Siebdruck, Serigrafie, S. 172–180; außerdem: Kunstpädagogische Bedeutung der grafischen Techniken, S. 192–194). 3. Aufl. Ravensburg: Maier. 1964

Rinne, Gerd Siebdruck in Schule und Atelier. Eitorf: Gerstäcker. 1976

Spitta, G. / Gerhäuser, Ch. Lernspielkasten für den Erstleseunterricht – Siebdruck der 5. für die 1. Klasse. In: Kunst und Unterricht, 34/1975, S. 18 ff.

Schul-Siebdruck. Das Unternehmen »Kalender«. In: Der Siebdrucker. Internat. Fachzeitschrift für Sieb- und Filmdruck, 12/1972, S. 958 f.

Druckgraphik am Beispiel. Hrsg. v. Studenten der Kunstpädagogik und Karl Schulz, Dozent für Druckgraphik. Staatliche Hochschule für Bildende Künste (Druckgraphik) Braunschweig (darin: Siebdruck, S. 92–118). 1976/77

5 Lehrmittel: Filme/Dias/Lehrtafeln/Ordnungsmittel

Die Serigraphie. Film aus der Reihe: Künstlerische Techniken. NDR III. Programm, Schulfernsehen

Kommunikation durch Siebmaschen. 16-mm-Farbtonfilm. Für Institutionen ausleihbar beim Siebdruck-Centrum Nürnberg. Nürnberg: Hermann Wiederhold GmbH. Bereich Sieb-Druckfarben

Siebdruck. Arbeitsstreifen (5 Min.) Super 8. Farbe. München: Institut für Film und Bild München. 1969

Unerkannte Bekannte. Siebdruck, ein Element im täglichen Leben. Farbtonfilm. Düsseldorf: Lehrmittelverlag Atelier Sohnius

Künstlerischer Siebdruck – Gerd Winner / Hajo Schulpius. Farbtonfilm, ca. 15 Min. Institut für Film und Bild in Wissenschaft und Unterricht (FWU), Grünwald bei München. 1979/80 (ausleihbar über die Landes-, Kreis- und Stadtbildstellen)

Ton-Bild-Schau Siebdruck (Farbdias). Für Institutionen ausleihbar beim Siebdruck-Centrum Nürnberg. Nürnberg: Hermann Wiederhold GmbH. Bereich Sieb-Druckfarben

Lehrtafel Siebdruck. 77 x 117 cm. Düsseldorf: Lehrmittelverlag Atelier Sohnius. 1978

Normblatt DIN 16610: Begriffe für den Siebdruck. Berlin/Köln: Beuth. August 1969

Prüfungsanforderungen für Siebdrucker-Lehrmeister. Hrsg. v. d. Arbeitsstelle für Betriebliche Berufsausbildung, Bonn. Januar 1963. Bielefeld: Bertelsmann

Siebdrucker. Blätter zur Berufskunde. Band I–IV B 606. Hrsg. v. d. Bundesanstalt für Arbeit, Nürnberg. 3. Aufl. 1978. Bielefeld: Bertelsmann

Verordnung über die Berufsausbildung zum Siebdrucker. Vom 1. August 1974. (Bundesgesetzblatt Teil I, S. 1733). Bielefeld: Bertelsmann

6 Siebdruck und Kunst

a) Aufsätze/Kataloge

Bruse, Hasso Kalender im Siebdruck. In: Der Polygraph, 1–72, S. 3–5. Frankfurt a. M. 1972

Dahmen, Karl Fred Der Siebdruck. In: Lob der Graphik, S. 108 ff. Heidelberg: Rothe. 1963

Domberger, Luitpold Die industrielle Entwicklung der Grafik. In: Grafische Techniken. Ausstellungskatalog des Neuen Berliner Kunstvereins, S. 125 ff. Berlin 1973

Domberger, Luitpold Serigrafie. In: Das ist Siebdruck. Sonderausgabe des Verlages Der Siebdruck, Mai 1970, S. 18 ff. Lübeck: Verlag Der Siebdruck 1970

Field, Richard S. Silkscreen: History of a Medium. Vorwort und Ausstellungsverzeichnis zur gleichnamigen Ausstellung im Philadelphia Museum of Art. Philadelphia 1971/72

Field, Richard S. Silkscreen, the Media Medium. In: Art News, Vol. 70, No. 9, Juni 1972, S. 40 ff.

Gercken, Günther Graphik und Objekte: Vervielfältigte Kunst. In: Katalog 2, documenta 4, S. XIV–XVI. Kassel 1968

Gilmour, Pat The Mechanised Image. An Historical Perspective on 20th Century Prints. Katalog zur gleichnamigen Ausstellung 1978 des Arts Council of Great Britain, London (darin: Screenprinting, S. 90 ff.)

Morschel, Jürgen Gedanken zum Thema »Oberfläche« (über Chihiro Shimotani und sein Werk). In: Magazin Kunst, 4/1976, S. 41 ff.

Tilson (Joe)-*Winner* (Gerd) Siebdruck und Workshop. Katalog zur Ausstellung im Haus am Waldsee Berlin. 1970

Voss, Hans D. Zur Technik meiner Serigrafien I. In: Katalog der Kunsthalle Bremen. 1962

Voss, Hans D. Zur Technik meiner Serigrafien II. In: graphische woche, 14/1963

Voss, Hans D. Reproduktionssiebdruck oder Serigrafie; Kleine Technologie des Siebdrucks; In: Katalog der Kunsthalle Bremen. 1972

Voss, Hans D. Mala technologia sitodruku. In: SZTUKA (Warschau), 5/1/1974

Weichardt, Jürgen Die Grafik-Biennalen 1971–1974. In: Magazin Kunst. Heft 3/1975

Weichardt, Jürgen »Formen der Serigrafie«. In: Magazin Kunst. Heft 46/1972

Winner, Gerd Gerd Winner: Amalienprojekt. Entstehungsbericht eines Stahl-Emaille-Reliefs im Adalberthof (Amalienpassage) München 1977

Winner, Gerd Gerd Winner. Arbeitsprozesse und Ergebnisse. Katalog zur Ausstellung im Heidelberger Kunstverein (fotografische Dokumentation über den Arbeitsprozeß Siebdruck). Hrsg. v. Heidelberger Kunstverein. 1975

Winner, Gerd Winner-Siebdruck. Ausstellung und Workshop. Katalog zur Ausstellung im Kölnischen Kunstverein (Entstehung eines Siebdrucks – Fotografische Dokumentation und Beschreibung). Hrsg. v. Kölnischer Kunstverein. 1973

Amerikanischer Fotorealismus. Grafik. Katalog. Hrsg. v. Kunstverein Braunschweig. Braunschweig 1973

Amerikanische Graphik seit 1960. Katalog. Hrsg. v. Kunstmuseum Basel/Kunsthaus Chur. Basel/Chur 1972

Amerikanische Siebdrucke und ihre Technik. Ausstellung der National Serigraph Society für den U.S. Informationsdienst. Einführung von D(oris) M(eltzer). Bad Godesberg (Printing and Distribution Section) o. J. (1957?) (Angaben nach: Karl Bachler, Serigraphie. Geschichte des Künstler-Siebdrucks. Lübeck 1977)

ars multiplicata. vervielfältigte kunst seit 1945. Katalog (mit einem informativen Textteil über Druckgrafik) zur Ausstellung des Wallraf-Richartz-Museums in der Kunsthalle Köln. Köln 1968

Blattkünste. Internationale Druckgraphik seit 1945. Von Paul Wember unter Mitarbeit von Gisela Fiedler. Hrsg. v. Kaiser Wilhelm Museum Krefeld. Bestandskatalog 5. Krefeld: Scherpe. 1973

documenta 4: Katalog 2 (Graphik und Objekte). Kassel 1968

Grafische Techniken. Katalog zur gleichnamigen Ausstellung im Neuen Berliner Kunstverein (enthält u. a.: Lexikon der Druckgrafik, verschiedene Aufsätze, viele Bildbeispiele; Siebdruck, S. 218 ff.). Berlin 1973

Kelpra Prints. Katalog. London 1970

Kelpra Studio. Artist Print's 1961–1980. Katalog zur Ausstellung der Tate Gallery, London (enthält wichtige Texte und eine Liste aller Kelpra Siebdrucke 1961–1980). London 1980

Siebdrucke aus der Edition Domberger und den Werkstätten für Druckgraphik, Stuttgart, und Darstellung der Siebdrucktechnik. Ausstellung der BP Benzin und Petroleum AG. Hamburg 1968. Texte: Spielmann, Domberger (Angabe nach: Karl Bachler, Serigraphie. Geschichte des Künstler-Siebdrucks. Lübeck 1977)

Serigrafien aus der Werkstatt Hans-Peter Haas. Ausstellungskatalog. Text: Edwin Kuntz. Kunstverein Schwetzingen 1972

Spezialität: Kunst- und Künstler-Siebdrucke. Das Siebdruckatelier Hans-Peter Haas, 7015 Korntal. In: Der Siebdrucker. Internationale Fachzeitschrift für Sieb- und Filmdruck, 5/70, S. 1196 ff.

b) Ausgewählte Werkverzeichnisse

Die Auswahl der Œuvrekataloge (Werkverzeichnisse) der Druckgrafik von den genannten Künstlern erfolgte unter dem Gesichtspunkt ihrer Bedeutung für die Serigrafie. Es war aus zeitlichen und technischen Gründen nicht in jedem Fall möglich, die Angaben nachzuprüfen. Teilweise handelt es sich um Auszüge aus Ausstellungskatalogen, welche außer Druckgrafik (Serigrafien) auch andere Exponate katalogisieren.

Baumeister, Willi (1889–1955)
Das graphische Werk I: Serigraphien. Jahrbuch der Hamburger Kunst-Sammlungen Bd. 8. Bearb.: Heinz Spielmann, Hrsg.: Hamburger Kunstsammlungen. Hamburg 1963

Bernik, Janez (geb. 1933)
Das graphische Werk – Gemälde. Katalog zur Ausstellung der Kunsthalle Düsseldorf 1972/73. 156 Nummern, davon ab 1971 25 Serigrafien. Bearb.: Melita Stelê-Mozina, Hrsg.: Kunstverein für die Rheinlande und Westfalen. Düsseldorf 1972

Beuys, Joseph (geb. 1921)
Werkverzeichnis 1965–1977: Multiplizierte Kunst. 167 Nummern, wobei Serigrafien die Ausnahme sind. Die Wvz.-Nr. 75, »3-Tonnen-Edition«, besteht aus 40 verschiedenen Motiven, beiseitig auf PVC mit Siebdruck bedruckt und überarbeitet. Bearb. u. Hrsg.: Jörg Schellmann und Bernd Klüser. München 1977

Bill, Max (geb. 1908)
Das druckgrafische Werk bis 1968. 93 Nummern. Bearb.: Herbert Bessel und Elisabeth Rücker nach Angaben von Max Bill. Hrsg.: Albrecht-Dürer-Gesellschaft / Kunsthalle Nürnberg. 1968

Dahmen, Karl Fred (geb. 1917)
Werkverzeichnis der Druckgraphik 1956–1978. 240 Nummern, davon 11 Serigrafien aus der Zeit 1957–1962. 1971 eine, 1972 eine und 1973 vier Serigrafien. Bearb.: Roland Angst, Verlag: Galerie ± Edition A. München 1979

Dexel, Walter (1890–1973)
Werkverzeichnis der Druckgrafik 1915–1971. 73 Nummern, davon ab 1968, 56 Serigrafien. Bearb.: Walter Vitt, Verlag: Buchhandlung Walther König. Köln 1971

Geiger, Rupprecht (geb. 1908)
Werkverzeichnis der Grafik 1948–1964. 78 Nummern, davon 47 Serigrafien ab 1952. Bearb.: Rolf Schmücking, Verlag: Galerie Schmücking. Braunschweig 1964

Geiger Rupprecht
Werkverzeichnis Druckgrafik 1948–1972. 171 Nummern, davon 138 Serigrafien ab 1952. Bearb.: Monika Geiger, Verlag: Art Press Verlag. Düsseldorf 1972

Hamilton, Richard (geb. 1922)
Verzeichnis der Druckgrafik 1950–1972. Katalog zur Ausstellung Grafische Techniken, Berlin. 41 Nummern, davon 28 Serigrafien, z. T. Mischtechniken mit Offset, Radierung, Collage. Hrsg.: Neuer Berliner Kunstverein. Berlin 1973

Hebler, Herman (geb. 1911)
Herman Hebler/Siebdrucke. Katalog zur Ausstellung der Deutsch-Norwegischen Gesellschaft in Bremerhaven, Bocholt, Münster, Soest und Witten. 71 Nummern, ausschließlich Serigrafien. Hrsg.: Deutsch-Norwegische Gesellschaft. Münster 1969

Hebler, Herman
Herman Hebler, Serigrafien. Katalog zur Ausstellung der Kunsthalle Bremen 1972. 38 Nummern, ausschließlich Serigrafien. Bearb.: Jürgen Schultze/Annemarie Winther, Hrsg.: Kunsthalle Bremen 1972

Indiana, Robert (geb. 1928)
Werkverzeichnis Druckgraphik und Plakate 1961–1971. Edition Domberger. Stuttgart/New York 1971

Johns, Jasper (geb. 1930)
Jasper Johns: Prints 1970–1977. Katalog mit Verzeichnis der Druckgrafik 1970–1977. 131 Nummern, davon 11 Serigrafien. Bearb.: Richard S. Field, Hrsg.: Petersburg Press, Ltd., London, in Zusammenarbeit mit Wesleyan University, Middletown/Connecticut

Kitaj, Ronald B. (geb. 1932)
Complete graphics 1963–1969. 54 Nummern, davon 53 Serigrafien, z. T. in Kombination mit Collage. Bearb.: Michael S. Cullen, Hrsg.: Galerie Mikro. Berlin 1969

Kitaj, Ronald B.
Graphik 1963–1969. Katalog zur Ausstellung der Kestner-Gesellschaft Hannover 1970. Bearb.: von Kitaj durchgesehen, korrigiert und erweitert, Hrsg.: Kestner Gesellschaft Hannover 1970

Lausen, Jens (geb. 1937)
Werkverzeichnis der Druckgrafik 1960–1972. Hrsg.: Galerie Walther. Düsseldorf 1972

Lenk, Thomas Kaspar (geb. 1933)
Werkverzeichnis der Druckgrafik 1966–1977. Bearb.: Helgard Rottloff, Verlag: Edition Rottloff. Karlsruhe 1979

Mavignier, Almir (geb. 1925)
Verzeichnis der Grafik 1961–1968 und Plakate 1958–1968. Katalog zur Ausstellung der Kestner-Gesellschaft Hannover 1968. 32 Serigrafien als Einzelblätter und 55 Serigrafien in 2 Mappenwerken. Von den 70 verzeichneten Plakaten wurden 51 in der Technik des Siebdrucks gedruckt. Hrsg.: Kestner-Gesellschaft Hannover. 1968

Morandini, Marcelo (geb. 1940)
Werkverzeichnis der Serigrafien auf Papier und Metallfolie. Katalog zur Ausstellung der Kestner-Gesellschaft Hannover. Hrsg.: Kestner-Gesellschaft Hannover. 1972

Paolozzi, Eduardo (geb. 1924)
Ausgewählte Druckgrafik 1950–1974. Katalog zur Ausstellung der Kestner Gesellschaft Hannover 1974/75. 50 Serigrafien, z. T. als Kombinationsdruck mit Lithografie, außerdem 7 Mappenwerke bzw. Suiten in der gleichen Technik. Hrsg.: Kestner-Gesellschaft Hannover 1974

Eduardo Paolozzi
Handzeichnungen. Collagen. Druckgrafik. Ausstellungskatalog der Kunsthalle Bremen 1975. Mit einem Verzeichnis der Druckgrafik

Pfahler, Georg Karl (geb. 1926)
Werkverzeichnis der Druckgrafik 1960–1975. Bearb.: Helgard Rottloff, Verlag: Edition Rottloff. Karlsruhe 1975

Piene, Otto (geb. 1928)
Werkverzeichnis der Druckgrafik von 1960–1976. Bearb.: Helgard Rottloff, Verlag: Edition Rottloff. Karlsruhe 1977

Rauschenberg, Robert (geb. 1925)
Robert Rauschenberg Prints 1948–1970. Bearb.: Suzanne Delehanty und Dwight Daman, Hrsg.: The Minnesota Institute of Arts, Minneapolis 1970

Roth, Dieter (geb. 1930)
Bücher und Grafik 1947–1971. 223 Nummern, davon 69 Serigrafien. Tatsächlich ist der Anteil der Einzelblätter höher, da Auflagen von 12–16 Exemplaren als Unikate gedruckt wurden. Bearbeitung durch Stanzen u. ä., Kombinationen mit Stempeldruck, Offset und verschiedenen Materialien. Bearb.: Hansjörg Mayer und Hanns Sohm, Hrsg.: Edition Hansjörg Mayer. Stuttgart 1972

Staeck, Klaus (geb. 1938)
Klaus Staeck – Rückblick in Sachen Kunst und Politik. Ausstellungskatalog mit Werkverzeichnis. Frankfurter Kunstverein 1978. Bearb.: Georg Bussmann, Hrsg.: Frankfurter Kunstverein. Frankfurt a. M. 1978

Troschke, Wolfgang (geb. 1947)
Zeichnungen und Serigraphien. Katalog zur Ausstellung in der Galerie Foerster, Münster. Textbeiträge von Manfred de la Motte und Jürgen Weichardt. Der Katalog enthält zahlreiche z. T. farbige Abbildungen, jedoch kein durchgehend geführtes Werkverzeichnis der Serigrafien. Alle angeführten Zeichnungen sind freie zeichnerische Überarbeitung von Siebdruck auf Leinwand oder Papier. Hrsg.: Galerie Foerster. Münster 1978

Urbásek, Miloś (geb. 1932)
Die O-Serien 1966–1969. 108 Serigrafien. Bearb.: Heinz Teufel und Heinz Neidel, Hrsg.: Galerie Teufel. Koblenz 1970

Vasarely, Victor (geb. 1908)
Vollständiges Graphik-Verzeichnis. Katalog zur Ausstellung der Kestner-Gesellschaft Hannover 1963. Bearb.: Text von Wieland Schmied, Hrsg.: Kestner-Gesellschaft Hannover. 1963

Vasarely, Victor
Werkverzeichnis der Serigrafien 1949–1966. Bearb.: Text von Victor Vasarely, Hrsg.: Stedelijk-Museum Amsterdam. 1967

Voss, Hans D. (geb. 1926)
Das druckgraphische Werk 1956–1972 (darin: Werkverzeichnis der Reliefserigrafien 1956–1972). Katalog zur Ausstellung der Kunsthalle Bremen 1972. 60 Reliefserigrafien und 16 Mappenwerke. Bearb.: Ilona Voss, Hrsg.: Kunsthalle Bremen. 1972

Voss, Hans D.
Collagen 1959–1978 – Serigraphien 1972–1978 (darin: Werkverzeichnis der Reliefserigrafien 1972–1978). Katalog zur Ausstellung Bremen/ Witten 1978. 28 Reliefserigrafien, 5 Mappenwerke und 4 didaktische Tafeln. Bearb.: Ilona Voss, Hrsg.: Kunsthalle Bremen / Märkisches Museum Witten. 1978

Vostell, Wolf (geb. 1932)
Verzeichnis der Druckgrafik 1960–1971. In: Grafik des Kapitalistischen Realismus, S. 161–186. Berlin 1971. 51 Nummern, davon 49 Siebdrucke. Bearb.: René Block und Prof. Dr. Carl Vogel, Hrsg.: Edition René Block. Berlin 1971

Vostell, Wolf
Verzeichnis der Druckgrafik September 1971–Mai 1976. In: Werkverzeichnisse der Druckgrafik. Band II, S. 253–264. Berlin 1976. 12 Nummern, sämtlich Siebdrucke (einschließlich 2 Mappenwerke). Bearb.: René Block, Hrsg.: Edition René Block. Berlin 1976

Warhol, Andy (geb. 1928)
Andy Warhol. Bilder 1961 bis 1981. Katalog zur Ausstellung der Kestner-Gesellschaft Hannover 1981

Winner, Gerd (geb. 1936)
Gerd Winner, Bilder und Graphik 1970–1975. Katalog zur Ausstellung der Kunsthalle Bremen 1975. Mit Werkverzeichnis der Siebdrucke 1968–1975. 84 Nummern. Hrsg.: Kunsthalle Bremen. 1975

Winner, Gerd
Ausstellungskatalog mit Werkverzeichnis der Druckgrafik (Siebdrucke). Neuer Berliner Kunstverein – Nationalgalerie 1976. Berlin 1976

Winner. Bilder und Graphik 1970–1980 (darin: Werkverzeichnis der Siebdrucke). Bearb.: Dieter Blume, Hrsg.: Dieter Blume. Braunschweig 1980

Winter, Fritz (1905–1976)
Das grafische Werk von Fritz Winter 1950–1968. Mit Nachtrag. 71 Nummern, davon 18 Serigrafien aus den Jahren 1950/51, sämtlich Handdrucke des Künstlers. Bearb.: Karlheinz Gabler, Hrsg.: Frankfurter Kunstkabinett. Frankfurt a. M. 1968

c) *Ergänzende Literatur: Druckgrafik*

Bachler, Karl / Dünnebier, Hanns Bruckmann's Handbuch der modernen Druckgraphik (darin: Der Siebdruck – Serigraphie, S. 107–108). München: Bruckmann. 1973

Block, René / Vogel, Carl Grafik des Kapitalistischen Realismus, Band I: Brehmer, Hödicke, Lueg, Polke, Richter, Vostell. Werkverzeichnisse 1960–1971. Berlin: Edition René Block. 1971. – Band II: Brehmer, Hödicke, Polke, Richter, Vostell. Werkverzeichnisse der Druckgraphik. September 1971–Mai 1976. Bearb.: René Block. Berlin: Edition René Block. 1976

Bonin, Wibke von / Cullen, Michael S. Jim Dine. Complete Graphics. Werkverzeichnis der Druckgrafik. Berlin: Galerie Mikro (in Zusammenarbeit mit: Kestner-Gesellschaft Hannover und Petersburg Press London). 1970

Brunner, Felix Handbuch der Druckgraphik. Ein technischer Leitfaden. Teufen/Schweiz 1962, 5. Aufl. 1975

Cahn, Joshua Binion (Hrsg.) What is an Original Print? Principles recommended by the Print Council of America. Brooklyn/N. Y.: J. Curtis Blue. 1961, 1964, 1967 f.

Castleman, Riva Moderne Graphik seit 1945. München: Hirmer. 1973

Castleman, Riva Printed Art. A View of Two Decades. New York: The Museum of Modern Art. 1980

Crone, Rainer Andy Warhol. Teufen/Schweiz: Niggli. Stuttgart: Hatje 1970

Gerhardt, Claus W. Prägedruck und Siebdruck. Geschichte der Druckverfahren, Bd. 1. Stuttgart: Hiersemann. 1974

Gilmour, Pat Modern Prints. London: Studio Vista. 1970

Gilmour, Pat The Mechanised Image. An Historical Perspective on 20th Century Prints. Katalog zur Ausstellung des Arts Council of Great Britain. London: Arts Council of Great Britain. 1978

Gilmour, Pat Understanding prints: a contemporary guide. London: Waddington Galleries Limited. 1979

Heusinger, Christian von Die Kunst – Die Graphik. Aus der Reihe: Wissen im Überblick (darin: Das Schablonenverfahren, S. 357–358). Freiburg/Basel/Wien: Herder. 1972

Hofstätter, Hans H. Geschichte der Kunst und der künstlerischen Techniken. Band 3: Holzschnitt, Kupferstich, Radierung, Lithographie, Serigraphie. Berlin: Ullstein. 1968

Klein, Heijo: DuMont's Kleines Sachwörterbuch der Drucktechnik und grafischen Kunst. Köln: DuMont. 1975

Koschatzky, Walter Die Kunst der Graphik. Technik, Geschichte, Meisterwerke (darin: Der Siebdruck, S. 317–320, und historische Tabelle, S. 323). Salzburg/Wien: Residenz. 1972.

Koschatzky, Walter Die Kunst der Graphik (darin: Der Siebdruck, S. 195–197, und historische Tabelle, S. 202). München: dtv. 1975

Scheidegger, Alfred Druckgraphik – Einführung in die Techniken graphischer Kunst (darin: Der Siebdruck, S. 66–68). 4. verbesserte Aufl. Bern/Stuttgart: Hallwag. 1974

Singer, Hans Wolfgang Die Fachausdrücke der Graphik. Ein Handlexikon für Bilder- und Büchersammler. Leipzig: Hiersemann. 1933

Sotriffer, Kristian Die Druckgraphik – Entwicklung, Technik, Eigenart (darin: Der Siebdruck, S. 132). Wien und München: Schroll. 1966

Wedewer, Rolf Bildbegriffe – Anmerkungen zur Theorie der neuen Malerei. Stuttgart: Kohlhammer. 1963

ars multiplicata. vervielfältigte kunst seit 1945. Katalog zur Ausstellung des Wallraf-Richartz-Museums in der Kunsthalle Köln. Köln 1968

Deutsche Druckgraphik – Sammlung Rothe. Hrsg. v. Wolfgang und Maria Rothe. Heidelberg 1969

figura 2 – Künstler drucken. Ausstellungskatalog zur Sonderausstellung der Internationalen Buchkunst-Ausstellung Leipzig 1977, 209 Künstler aus 45 Ländern. Leipzig 1977

Grafik International – 71 Künstler aus 14 Ländern. Ausstellungskatalog der Wiener Secession 1968

Die Graphik. Entwicklungen – Stilformen – Funktion. Hrsg. v. Michel Melot, Anthony Griffiths, Richard S. Field und André Béguin. Genf/Stuttgart: Skira, Klett-Cotta. 1981

Grafische Techniken. Ausstellungskatalog des Neuen Berliner Kunstvereins. Berlin 1973

Internationale Grafik – 75 Künstler aus 26 Ländern. Ausstellungskatalog des Kunstvereins Oldenburg. Oldenburg 1968

Internationale Kunst des 20. Jahrhunderts – Bilder, Zeichnungen, Grafik, Objekte. Katalog 12. Hrsg. v. d. Galerie Wilbrand. Köln 1976

Kunst der sechziger Jahre. Sammlung Ludwig. Im Wallraf-Richartz-Museum Köln. Katalog. Hrsg. v. Gert von der Osten und Horst Keller. 4. verbesserte Aufl. Köln 1970

Multiples. Ein Versuch, die Entwicklung des Auflagenobjekts darzustellen. Ausstellungskatalog des Neuen Berliner Kunstverein. Berlin 1974

POP Sammlung Beck. Ausstellungskatalog zur gleichnamigen Wanderausstellung. Düsseldorf: Rheinland Verlag. 1970

d) Kataloge der wichtigsten Grafik-Biennalen in Europa (Stand 1979)

Bradford / England: 1. bis 6. British International Print Biennale 1969–1979 Bradford. 6 Kataloge in englischer Sprache (Britische Internationale Druck-[Grafik]-Biennale, Bradford)

Frechen / Bundesrepublik Deutschland: 1. bis 5. Internationale Grafik-Biennale Frechen 1970–1978. 5 Kataloge in deutscher Sprache (Einführungs-Texte auch in englisch und französisch). Der erste Katalog 1970 wurde unter dem Titel »Internationale Graphik und Illustration« herausgegeben.

Fredrikstad / Norwegen: 1. bis 4. Norske Internasjonale Grafikk Biennale Fredrikstad, 1972–1978. 4 Kataloge in norwegischer und englischer Sprache (Norwegische Internationale Grafik-Biennale, Fredrikstad)

Krakau/Polen: 1. bis 7. Międzynarodowe Biennale Grafiki Kraków 1966–1978. 7 Kataloge in polnischer und französischer Sprache (Internationale Grafik-Biennale, Krakau)

Ljubljana / Jugoslawien: 1. bis 13. Mednarodna Grafična Razstava, 1955–1979, Ljubljana. 13 Kataloge in slowenischer und französischer Sprache. Standardwerk über internationale Druckgrafik nach dem zweiten Weltkrieg. Enthält zweisprachig ausführliche Künstler-Biografien. (Ab 1973 Internationale Grafik-Biennale, Ljubljana)

Warschau/Polen: 1. bis 7. Międzynarodowe Biennale Plakatu Warszawa, 1966–1968. 7 Kataloge in polnischer und französischer Sprache. Standardwerk über die internationale Plakat-Kunst nach dem zweiten Weltkrieg (Internationale Plakat-Biennale, Warschau).

7 Publikationen der Siebdruck-Lieferindustrie

Siebdruck. Hrsg.: EMM-Siebdruckmaschinen GmbH. Nordheim-Nordhausen. O. J. (Text über Siebdruck für Laien)

Der Filmdruck. Hrsg.: Schweizerische Seidengazefabrik AG, Thal/Schweiz. 1950

FESPA '70. Begleitender, informativer Katalog zur internationalen Fachausstellung zum Europäischen Siebdruck-Kongreß 1970. Hamburg 1970

KIWO-Information (Gesammelte Merkblätter über Kopierschichten, Siebreinigungsprogramm, Schablonenlacke und -kleber) Hrsg.: Kissel & Wolf GmbH, Wiesloch

Marabu-Mitteilungen 1–12 (1953–1960). Loseblattsammlung. Hrsg.: Marabuwerke Erwin Martz KG, Tamm (Informationen über Probleme des frühen maschinellen und manuellen Siebdrucks in der BRD)

Marabu-Siebdruck-Report 17. Das Siebdruck-Magazin. 17. Ausgabe (der Marabu-Hausmitteilungen). Hrsg.: Marabuwerke Erwin Martz KG, Tamm

Schablonen unter dem Mikroskop (Schablonengewebe). Deutsch/Englisch. Hrsg.: Schweizerische Seidengazefabrik AG, Zürich. O. J. (Fotobroschüre)

Messerschmidt, E. Messen und Prüfen im Siebdruckbetrieb. Hrsg.: Bundesverband Druck E. V. Technischer Informationsdienst. Fachbereich Siebdruck. Januar 1977

Scheer, Hans-Gerd Die Siebdruckschablone. Untersuchung der Maßgenauigkeit, Bildwiedergabe und Farbsteuerung. Hrsg.: Züricher Beuteltuchfabrik AG, Rüschlikon/Schweiz. 1972

Scheer, Hans-Gerd Siebdruck. Monyl Informationsmappe. Loseblattsammlung in Ringordner. Hrsg.: Züricher Beuteltuchfabrik AG, Rüschlikon/Schweiz. 1967

Siebdruck. Das Druckverfahren der unbegrenzten Möglichkeiten. (Broschüre). Hrsg.: Fachverband Siebdruck E. V. Wiesbaden. O. J.

Siebdruck. Ein Druckverfahren bekennt Farbe. Hrsg.: Bundesverband Druck E. V., Wiesbaden. Fachbereich Siebdruck. 1977

Siebdruck. Ein Handbuch für Siebdruckgewebe und Siebdruckpraxis. Loseblattsammlung in Ringordner. Hrsg.: Schweizerische Seidengazefabrik AG, Thal/Schweiz

Siebdruck-Fachwörter – in 10 Sprachen. Hrsg.: FESPA (Föderation der europäischen Siebdruckverbände). 1966

Siebdruck in der Elektronik. Hrsg.: Schweizerische Seidengazefabrik AG, Thal/Schweiz (Informationsmappe mit Druckbeispielen)

Siebdruck-Katalog. Siebdruck-Farben, Materialien, Maschinen und Geräte. Hrsg.: F. Huhn u. Sohn. Hamburg 1969 (der sehr umfangreiche Katalog faßt die »Technischen Mitteilungen« der Farbenfabrik Hermann Pröll bis 1969 zusammen)

Untersuchungen über Schablonengewebe (Broschüre). Hrsg.: Züricher Beuteltuchfabrik AG, Rüschlikon/Schweiz

Werbung + Siebdruck = Mehr Gewinn. Siebdruck-Digest. Hrsg.: Hermann Wiederhold. Bereich Sieb-Druckfarben. Nürnberg o. J.

Zeman, Othmar Scharfer und sägezahnfreier Druck durch optimalen Gewebestrukturausgleich auf der Druckseite des Gewebes. (Siebdruck-Technikum, Dez. 1976). Hrsg.: Kissel & Wolf GmbH, Wiesloch

III Hersteller- und Lieferantenverzeichnis

Das Verzeichnis erhebt keinen Anspruch auf Vollständigkeit und stellt kein Werturteil dar. Zusätzliche Orientierungshilfe bieten die örtlichen Branchenverzeichnisse der Fernsprechbücher oder evtl. am Ort ansässige Siebdruck-Werkstätten.

a) Siebdruckgeräte und -maschinen

Albert-Frankenthal AG Verkauf Siebdruck Postfach 247 6710 Frankenthal/Pfalz	Siebdruckmaschinen, Tischschwingen, Trockengestelle, Entschichtungsgeräte, Kopiereinrichtungen u. a.

EMM-Siebdruckmaschinen GmbH Heuchelbergstr. 8 7107 Nordheim-Nordhausen	Siebdruckmaschinen, -geräte und Hilfsmittel unterschiedlicher Art (Tischzwingen und -schwingen, Spanngeräte, Kopiereinrichtungen, Rahmen, Rakel, Reinigungs- und Entschichtungsgeräte, Trockengestelle)
Klemens Bochonow Maschinenbau Platanenweg 14 7120 Bietigheim-Bissingen	(Siri-) Siebdruckmaschinen, Handdrucktische, Tischschwingen
SPS-Siebdruckmaschinen von Holzschuher 5600 Wuppertal 22	Handdrucktische, Siebdruckmaschinen, Rahmen, Spanngeräte, Hochdruckentschichter, Waschanlagen, Kopierlampen
Gebr. Weber GmbH Mühldorfstr. 8 8000 München 80	(SAB-) Siebdruckmaschinen, -geräte und Einrichtungen
Devappa Trockentechnik Starenstr. 50 8420 Kelheim/Donau	Sieb-Trockenschränke, Schnell-Trockengeräte, Farbrührer
Siebdruck-Technik Seri-Plastica GmbH Mainzingerweg 7 8000 München 60	Selbstspannende Rahmen (Me-Rahmen), Spanngeräte-, Spannmeßgeräte, Vakuumkopiersäcke
Gebr. Netzsch Maschinenfabrik Postfach 1460 8672 Selb/Bayern	Automatische Geschirr-Siebdruckmaschinen
Svecia Deutschland GmbH Happurgerstr. 88 8500 Nürnberg	Siebdruckmaschinen (Automaten)

b) Siebdruckfarben

Marabuwerke Erwin Martz KG 7146 Tamm/Württ.	Farben und Hilfsmittel für alle Anwendungsbereiche im grafischen Siebdruck, Spezialfarben
Sericol GmbH: Schultenhofstraße 42 4330 Mülheim/Ruhr	Farben und Hilfsmittel für alle Anwendungsbereiche im grafischen Siebdruck, Spezialfarben

Hermann Wiederhold, Lackfabriken Bereich Sieb-Druckfarben Am Stadtpark 69 8500 Nürnberg	Farben und Hilfsmittel für alle Anwendungsbereiche im grafischen Siebdruck, Spezialfarben
Farbenfabrik Hermann Pröll Postfach 8830 Treuchtlingen	Farben und Hilfsmittel für alle Anwendungsbereiche im grafischen Siebdruck, Spezialfarben
Ruco-Druckfarben A. M. Ramp & Co. GmbH Postfach 6239 Eppstein/Taunus	Farben und Hilfsmittel für alle Anwendungsbereiche im grafischen Siebdruck, Spezialfarben
Degussa Postfach 6000 Frankfurt a. M.	Farben für Keramischen Druck
DEKA-Textilfarben AG Postfach 8025 Unterhaching	Farben für Textildruck

c) Siebdruckgewebe

Schweizerische Seidengazefabrik AG Zürich Postfach CH-8027 Zürich	Monofile Nylon- und Polyestergewebe, auch gefärbt (NYBOLT, POLYmon)
Schweizerische Seidengazefabrik AG CH-9425 Thal (St. Gallen)	Monofile Nylon- und Polyestergewebe, auch gefärbt und metallisiert (NYTAL, ESTAL MONO)
Züricher Beuteltuchfabrik AG Postfach CH-8803 Rüschlikon	Monofile Nylon- und Polyestergewebe, auch gefärbt und metallisiert) MONyl, monolen, Metalan)
Vereinigte Seidenwebereien AG Krefeld Speefeld 7 4152 Kempen 4	Monofile und multifile Nylon-, Polyester- und Perlongewebe, auch gefärbt (VS-Monoprint, VS-Multiprint)

d) Siebdruck-Schablonenmaterial

Kissel & Wolf GmbH Chemische Fabrik Postfach 1326 6908 Wiesloch	Kopierschichten für direkte Fotoschablonen, Foto-Filme für Kombischablonen
Ulano AG CH-8700 Küsnacht-Zürich	Kopierschichten für direkte Fotoschablonen, Fotofilme für indirekte Fotoschablonen, Schneidefilme für indirekte (manuell-hergestellte) Schablonen, Maskierfilme
Marabuwerke Erwin Martz GmbH 7146 Tamm/Württ.	Manufix-Schablone (Zeichenschablone)
Sericol Group GmbH Schultenhofstr. 42 4330 Mülheim/Ruhr	Kopierschichten für direkte Fotoschablonen
McGraw Colorgraph B-1080 Brüssel	Schneidefilme für direkte (manuell-hergestellte) Schablonen, Fotofilme für indirekte Fotoschablonen, Maskierfilme

e) Hilfsmittel: Chemikalien

Bar Chem Bismarckstr. 20 7120 Bietigheim-Bissingen	Entfettungs-, Entschichtungs- und Reinigungsmittel, Siebfüller, Rakelstreifen, Aladur Handrakel »Rapid«
Kissel & Wolf GmbH Chemische Fabrik Postfach 1326 D-6908 Wiesloch	Entfettungs-, Reinigungs- und Entschichtungsmittel (»Pregan«-Programm), Schablonenkleber, Spezialklebstoffe, Beschichtungsrinnen, Siebfüller, Retusche- und Schutzlacke, metallisiertes Klebeband, Färbemittel für Kopierschichten (Kiwo-Loseblattsammlung mit Verarbeitungs- und Anwendungsvorschriften für die einzelnen Produkte)

f) *Hilfsmittel: Entwurfsgestaltung/Kopiervorlagenherstellung*

Ulano AG CH-8700 Küsnacht-Zürich	Präzisions-Drehmesser und zusätzliche Schneidewerkzeuge, Maskierfilme (Produktinformationen mit diversen Arbeitanleitungen und Anwendungsbeispielen)
Claus Koenig KG Fabrik für Selbstklebetechnik 8520 Erlangen	»Regulus«-Fabrikate für das grafische Gewerbe: Drehmesser, Maskierfilme, Abdeck-Klebebänder, Litho-Marker (Abdecklack in Stiftform gegen aktinisches Licht), Raster-, Montage-, Selbstklebefolien und -papiere (Katalog: Regulus-Sonderheft G)
Deutsche Letraset GmbH Mergenthaler Straße 8 6000 Frankfurt a. M. 63	Letraset-Schriftprogramm, Grafische Symbole, Anreibe- und Selbstklebefolien u. a. (Katalog)
Zentak-Haftdruck GmbH Probsteigasse 12–18 5000 Köln 1	»Alfac«-Programm, Schriften, technische Symbole, Selbstklebe- und Anreiberaster u. a. (Katalog)

g) *Reprotechnik*

Agfa-Gevaert AG 5090 Leverkusen	Reprofilme, Hilfsmittel, Chemikalien, Kontaktraster
Deutsche Durst GmbH Postfach 2000 Hamburg 70	Fototechnische Apparate
Hans Sixt KG Fabrik für Reproduktionseinrichtungen Daimlerstr. 32 6909 Walldorf/Baden	Reprokameras, Kopiergeräte, Laboreinrichtungen, Vakuum-Kopierrahmen, Kopierlampen, Montage- und Retuschetische, Sieb-Auswasch-Anlagen

degra Albert Deist Postfach 114 3508 Melsungen	Reprokameras, Kopiergeräte, Laboreinrichtungen, Trockengestelle und -schränke, Sieb-Kopierrahmen
Klimsch + Co. Postfach 6000 Frankfurt a. M.	Reprokameras, Laboreinrichtungen, grafische Materialien für den Druck- und Reprobereich
Kodak AG Postfach 369 7000 Stuttgart 60	Reprofilme, Hilfsmittel und Chemikalien, Kontaktraster (Kodak Repro-Handbuch)
DUPONT FOTOWERKE ADOX GmbH Hochstraße 43 6000 Frankfurt a. M. 1	Reprofilme, Hilfsmittel und Chemikalien, Kontaktraster (Graphic Arts Handbook, Anwendungstechnik)
Raster-Union EFHA-Kohinoor GmbH & Co. Hans-Urmiller-Straße Postfach 1549 8190 Wolfratshausen 1	Präzisionsraster (Filmkontakt- und Glasraster, Effekt-Raster)
Policrom Photo Products S. p. A. 24100 Bergamo/Italien (Generalvertreter: Udo Grein. Graphischer Fachhandel Siemensstraße 4 6073 Egelsbach)	Präzisionsraster (Filmkontakt- und Glasraster), Spezial-Effekt-Raster (Film-Kontaktraster)

h) Siebdruckbedarf: Fach- und Großhandel

5100 Aachen
Gerhard Bock
Feldchen 9

4902 Bad Salzuflen 1
Europa-Siebdruck-Centrum
Borghoff & Wilk GmbH
Heldmannstraße 30
Postfach 3649

1000 Berlin 31
Spitta & Leutz
Hohenzollerndamm 174

4630 Bochum-Werne
R. Gabler
Siebdruck-Service
Heinrich-Gustav-Straße 121

5300 Bonn
Hans Frintrup
Johanniterstraße 27

3300 Braunschweig
Jürgen Flachsbart
Schuhstraße 12

2800 Bremen 1
Karl Konczak
Siebdruck-Service-Center
Bornstraße 65

6072 Dreieich-Buchschlag
Siebdruck-Krämer
(Großhandel)
Am Siebenstein 7

4000 Düsseldorf 11
Graph. Fachgeschäft Eugen Koch
Salierstraße 6

5208 Eitorf
Joh. Gerstäcker Verlag KG
Postfach 349

4300 Essen 1
Ludwig Lockamp
Emilienstraße 8

7800 Freiburg 1
Albert Tritschler
Friedrichring 25

2000 Hamburg
F. Huhn & Sohn
Sorbenstraße 53

2000 Hamburg 39
Klaus Meyer
Fach-Großhandlung für
Siebdruck-Bedarf
Forsmannstraße 3

3000 Hannover-Linden 91
Eugen Klinger
Struckmeyerstraße 5–7

6900 Heidelberg 1
Curt Werner
Plöck 75

6750 Kaiserslautern
Ludwig Fischer
(Rhein-Graphia)
Steinstraße 39

7500 Karlsruhe 1
Papier-Fischer
Kaiserstraße 130

3500 Kassel 1
Hans Höpken
Karlsplatz 5

6715 Lambsheim/Pfalz
Siebdruck-Service
Kurt Barczewski
Raiffeisenstraße 2

6700 Ludwigshafen/Rhein
Karl Thomer & Co.
Bruchwiesenstraße 19a

6500 Mainz
Fa. Pauls
Markt 33

8000 München 45
Erich Feucht
Waldmeisterstraße 76

7107 Nordheim-Nordhausen
EMM-Siebdruckmaschinen
GmbH
Heuchelbergstraße 8

8500 Nürnberg 116
J. Trump
Hohenlohestraße 40

4500 Osnabrück
Heintzmanns Farbenkiste
Stubenstraße 4–6

7000 Stuttgart-Rohr 80
Hans Raabe
Osterbronnstraße 73

7900 Ulm-Söflingen
Karl Gröner
Riedweg 27

7220 VS-Schwenningen
Siebdruckservice Walter Bartel
Dickenhardtstraße 38

5600 Wuppertal 22
Hermann Schmittke & Co.
Langerfelder Straße 78

DuMont Taschenbücher

Stand Herbst '81

Band 2
Horst W. und Dora Jane Janson
Malerei unserer Welt

Band 3
August Macke Die Tunisreise

Band 4 Uwe M. Schneede
René Magritte

Band 6 Karin Thomas
DuMont's kleines Sachwörterbuch zur Kunst des 20. Jahrhunderts

Band 7 Hans-Joachim Albrecht
Farbe als Sprache

Band 8 Christian Geelhaar
Paul Klee

Band 12 José Pierre
DuMont's kleines Lexikon des Surrealismus

Band 13 Joseph-Émile Muller
DuMont's kleines Lexikon des Expressionismus

Band 14 Jens Christian Jensen
Caspar David Friedrich

Band 15 Heijo Klein
DuMont's kleines Sachwörterbuch der Drucktechnik und grafischen Kunst

Band 17 André Stoll
Asterix – das Trivialepos Frankreichs

Band 18 Horst Richter
Geschichte der Malerei im 20. Jahrhundert

Band 22 Wolfgang Brückner
Elfenreigen – Hochzeitstraum

Band 23 Horst Keller
Marc Chagall

Band 25 Gabriele Sterner
Jugendstil

Band 26 Jens Christian Jensen
Carl Spitzweg

Band 27 Oto Bihalji-Merin
Die Malerei der Naiven

Band 28 Hans Holländer
Hieronymus Bosch

Band 29
Herbert Alexander Stützer
Die Etrusker und ihre Welt

Band 30
Johannes Pawlik (Hrsg.)
Malen lernen

Band 31 Jean Selz
DuMont's kleines Lexikon des Impressionismus

Band 32 Uwe M. Schneede
George Grosz

Band 33
Erwin Panofsky
Sinn und Deutung in der bildenden Kunst

Band 35 Evert van Uitert
Vincent van Gogh

Band 38 Ingeborg Tetzlaff
Romanische Kapitelle in Frankreich

Band 39 Joost Elffers (Hrsg.)
DuMont's Kopfzerbrecher
TANGRAM

Band 40 Walter Pach
Auguste Renoir

Band 41
Heinrich Wiegand Petzet
Heinrich Vogeler – Zeichnungen

Band 43 Karl Heinz Krons
Gestalten mit Papier

Band 44 Fritz Baumgart
DuMont's kleines Sachlexikon der Architektur

Band 45 Jens Christian Jensen
Philipp Otto Runge

Band 47 Paul Vogt
Der Blaue Reiter

Band 48 Hans H. Hofstätter
Aubrey Beardsley – Zeichnungen

Band 49 Heinrich Hüning
Gestalten mit Holz

Band 50
Conrad Fiedler
Schriften über Kunst

Band 52 Jörg Krichbaum/
Rein A. Zondergeld
DuMont's kleines Lexikon der Phantastischen Malerei

Band 53 Edward Quinn
Picasso – Fotos 1951–1972

Band 54 Karin Thomas / Gerd de Vries
DuMont's Künstler-Lexikon von 1945 bis zur Gegenwart

Band 55 Kurt Schreiner
Kreatives Arbeiten mit Textilien

Band 56 Ingeborg Tetzlaff
Romanische Portale in Frankreich

Band 57 Götz Adriani
Toulouse-Lautrec und das Paris um 1900

Band 58 Hugo Schöttle
DuMont's Lexikon der Fotografie

Band 59 Hugo Munsterberg
Zen-Kunst

Band 60 Hans H. Hofstätter
Gustave Moreau

Band 61 Martin Schuster / Horst Beisl
Kunst-Psychologie

Band 62 Karl Clausberg
Die Manessische Liederhandschrift

Band 63 Hans Neuhaus
Werken mit Ton

Band 65 Harald Küppers
Das Grundgesetz der Farbenlehre

Band 66 Sam Loyd/
Martin Gardner (Hrsg.)
Mathematische Rätsel und Spiele

Band 67 Fritz Baumgart
»Blumen-Brueghel«

Band 68 Jörg Krichbaum
Albrecht Altdorfer

Band 69 Erich Burger
Norwegische Stabkirchen

Band 70 **Ernst H. Gombrich**
Kunst und Fortschritt

Band 71 José Pierre
DuMont's kleines Lexikon der Pop Art

Band 72 Michael Schuyt / Joost Elffers /
Peter Ferger
Rudolf Steiner und seine Architektur

Band 73 Gabriele Sterner
Barcelona: Antoni Gaudi

Band 74 Eckart Kleßmann
Die deutsche Romantik

Band 75 Hilda Sandtner
Stoffmalerei und Stoffdruck

Band 76 Werner Spies
Max Ernst 1950–1970

Band 77 Wolfgang Hainke
Siebdruck

Band 78 Wilhelm Rüdiger
Die gotische Kathedrale

Band 79 Otto Kallir
Grandma Moses

Band 80 Rainer Wick /
Astrid Wick-Kmoch (Hrsg.)
Kunst-Soziologie

Band 81 Klaus Fischer
Erotik und Askese in Kult und Kunst der Inder

Band 82 Jörg Krichbaum /
Rein A. Zondergeld
Künstlerinnen

Band 83
Ekkehard Kaemmerling (Hrsg.)
Bildende Kunst als Zeichensystem 1

Band 84 Hermann Leber
Plastisches Gestalten

Band 85 Sam Loyd /
Martin Gardner (Hrsg.)
Noch mehr Mathematische Rätsel und Spiele

Band 86 **Rudolf Arnheim**
Entropie und Kunst

Band 87 Hans Giffhorn
Kritik der Kunstpädagogik

Band 88 Thomas Walters (Hrsg.)/
Gabriele Sterner
Jugendstil-Graphik

Band 89 Ingeborg Tetzlaff
Griechische Vasenbilder

Band 90 **Ernesto Grassi**
Die Theorie des Schönen in der Antike

Band 91 Hermann Leber
Aquarellieren lernen

Band 93 Joost Elffers / Michael Schuyt
Das Hexenspiel

Band 94 Kurt Schreiner
Puppen & Theater

Band 95 Karl Hennig
Japanische Gartenkunst

Band 96 Hans Gotthard Vierhuff
Die Neue Sachlichkeit

Band 97 Karin Thomas
Die Malerei in der DDR 1949–1979

Band 98 Karl Clausberg
Kosmische Visionen

Band 99 Bernd Fischer
Wasserburgen im Münsterland

Band 100 Peter-T. Schulz
Der olle Hansen und seine Stimmungen

Band 101 Felix Freier
Fotografieren lernen – Sehen lernen

Band 102 Doris Vogel-Köhn
Rembrandts Kinderzeichnungen

Band 103 **Kurt Badt**
Die Farbenlehre van Goghs

Band 104 Wilfried Hansmann
Die Apokalypse von Angers

Band 105 Rolf Hellmut Foerster
Das Barock-Schloß

Band 106 Martin Gardner
Mathematik und Magie

Band 107 Joost Elffers / Michael Schuyt /
Fred Leeman
Anamorphosen

Band 108 Götz Adriani /
Winfried Konnertz / Karin Thomas
Joseph Beuys

Band 109 Bernd Fischer
Hanse-Städte

Band 110 Günter Spitzing
Das indonesische Schattenspiel

Band 111 Gerd Presler
L'Art Brut

Band 112 Alexander Adrion
Die Kunst zu zaubern

Band 113 **Jan Bialostocki**
Stil und Ikonografie

Band 114 Peter-T. Schulz
Der Kuckuck und der Esel

Im Januar 1982 erscheinen:

Band 115 Angelika Hofmann
Ton

Band 116 Sara Champion
DuMont's Lexikon der archäologischen Fachbegriffe und Techniken

Band 117 Rosario Assunto
Die Theorie des Schönen im Mittelalter

DuMont's kleines Sachwörterbuch der Drucktechnik und grafischen Kunst

Von Abdruck bis Zylinderpresse.

Von Heijo Klein. 205 Seiten mit 8 farbigen und 140 einfarbigen Abbildungen, Literatur- und Namenverzeichnis, Fremdsprachen Glossar (Band 15)

»Hier werden alle technischen Ausdrücke, die sich auf Druckerei und graphische Künste beziehen erläutert. Bevor er jedoch dazu übergeht, führt der Autor den Leser in einem kurzen Kapitel ganz allgemein in die Prinzipien der Drucktechniken ein. In beiden Teilen sind die Illustrationen vorzüglich ausgewählt. Jeder Freund der künstlerischen Graphik sollte diesen kleinen Band stets in Griffnähe haben.« *Basler Nachrichten*

DuMont's kleines Lexikon der Pop Art

Von José Pierre. 155 Seiten mit 72 farbigen und 48 einfarbigen Abbildungen, Bibliographie, Zeittafel (Band 71)

»Der Autor erklärt den Begriff ›Pop Art‹ als Großstadtprodukt, als Versuch, alles, was zum Umkreis der Massenmedien gehört, gleichsam in Szene zu setzen. Der Bogen der Interpretation spannt sich von den ersten ›Readymades‹ der Franzosen und Amerikaner bis zu Andy Warhols Popfabrik. Ebenso instruktiv wie der Text des Taschenbuches sind die zeichnerischen Abbildungen sowie eine Zeittafel über korrespondierende Ereignisse von 1950 bis 1971.« *Berliner Morgenpost*

DuMont's kleines Sachwörterbuch zur Kunst des 20. Jahrhunderts

Von Anti-Kunst bis Zero

Von Karin Thomas. 228 Seiten mit 16 farbigen und 141 einfarbigen Abbildungen, Namenverzeichnis (Band 6)

»Ein handliches und übersichtliches Sachwörterbuch zur Kunst des 20. Jahrhunderts, das für jeden Interessenten erschwinglich ist und ihm einen wertvollen Leitfaden an die Hand gibt, sich durch das Labyrinth der neuen Kunst hindurchzufinden, für die die alten Maßstäbe keine Gültigkeit mehr haben.« *Westfälische Nachrichten*